築苑·南岭之归园田居

016

陆琦　潘莹　陈亚利　主编

◎ 国家自然科学基金“基于文化地理学的岭南汉民系传统聚落景观的特征、区划与机制研究”，编号 51978275

◎ 亚热带建筑科学国家重点实验室自主开放课题“传统人居环境下的中国理景艺术研究”，编号：2017KB06

◎ 广州市哲学社会科学发展“十三五”规划 2020 年度课题“基于层累效应下的珠江三角洲水乡聚落景观风貌特征研究”，编号：2020GZGJ19

中国建材工业出版社

图书在版编目（CIP）数据

南岭之归园田居 / 陆琦，潘莹，陈亚利主编 . -- 北京 : 中国建材工业出版社，2021. 1

（筑苑）

ISBN 978-7-5160-3019-6

Ⅰ . ①南… Ⅱ . ①陆… ②潘… ③陈… Ⅲ . ①民居－建筑艺术－研究－广东②园林建筑－建筑艺术－研究－广东 Ⅳ . ① TU241.5 ② TU986.4

中国版本图书馆 CIP 数据核字（2020）第 139275 号

南岭之归园田居

Nanling zhi Guiyuan Tianju

陆琦　潘莹　陈亚利　主编

出版发行：中国建材工业出版社

地　　址：北京市海淀区三里河路 1 号

邮政编码：100044

经　　销：全国各地新华书店

印　　刷：北京中科印刷有限公司

开　　本：710mm×1000mm　1/16

印　　张：21.5

字　　数：300 千字

版　　次：2021 年 1 月第 1 版

印　　次：2021 年 1 月第 1 次

定　　价：158.00 元

本社网址：**www.jccbs.com**，微信公众号：**zgjcgycbs**

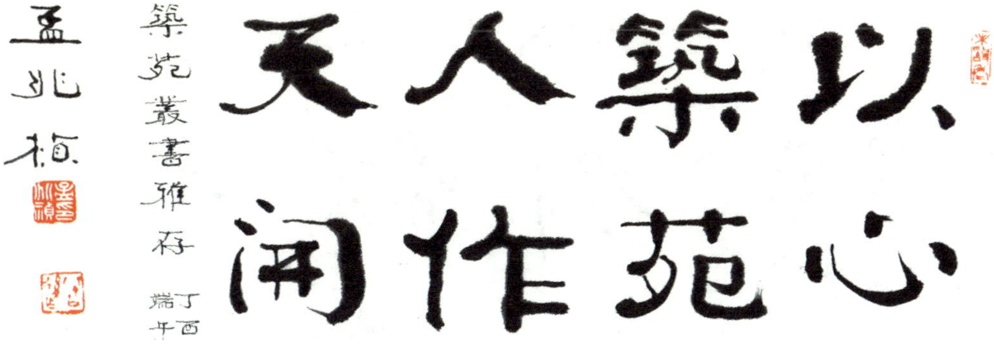

孟兆祯先生题字
中国工程院院士、北京林业大学教授

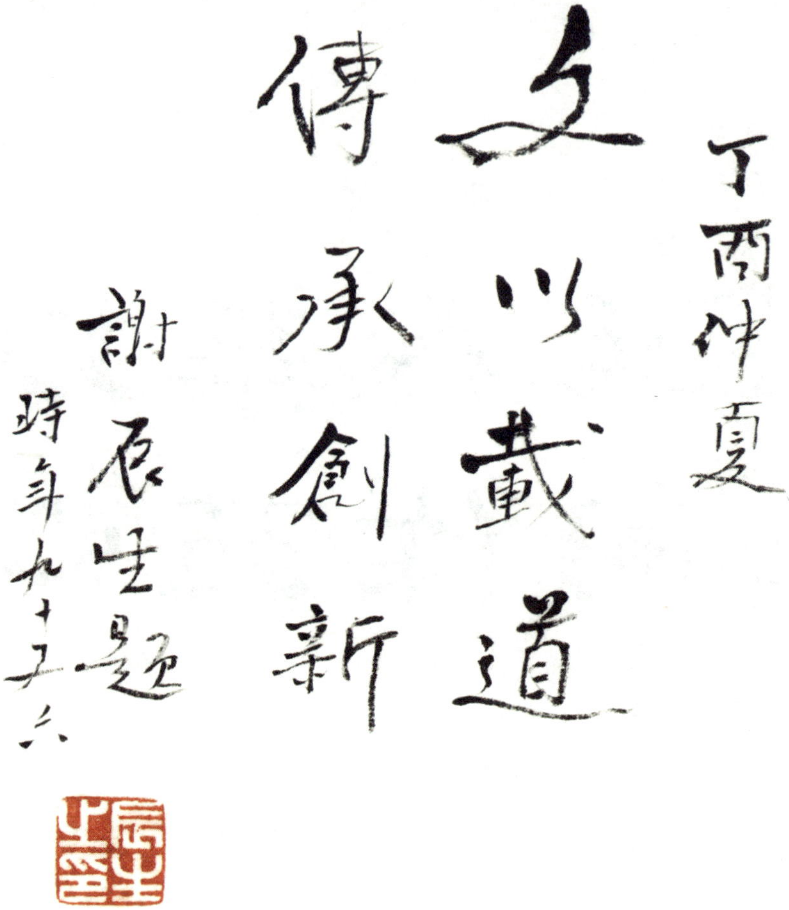

谢辰生先生题字

国家文物局顾问

筑苑 · 南岭之归园田居

投稿邮箱：zhangqu@jccbs.com.cn
联系电话：010-88376510
传　　真：010-68343948

筑苑微信公众号

前　言

人们总是在特定的地域中营造社会，伴随着自然的演化，也创新和发展着与之和谐的人居环境。

在中国的广东省，湿热的气候、充沛的降雨、茂密的植被、连绵的南岭、低平的三角洲平原构成了这里独特的自然基底。在这里，一代代的南迁汉民与本地人，携手共建了壮丽的人居文化图景，他们一起面对各种频发的自然灾害、多元的产业状况和人类存续的各方面的需求。无论在城在乡、近海近山，还是造园建屋、设道立村，放眼所见的景观都具有鲜明的地域特色，以至于大家习惯将这样的文化称为“岭南的”。

我们的研究团队根植和浸润在岭南的自然人文环境中，从事着岭南地域传统聚落和景观的研究，从拓耕者陆元鼎教授2001年创立华南理工大学民居建筑研究所以来，已近20载。在此期间，我们满怀热情地在南粤城乡大地进行田野调查和资料收集，认真细致地进行资料分析和数据整理，客观审慎地进行理论梳理和观点提炼，先后完成了十余项国家和省部级科研课题，发表和出版了百余篇论文及论著。

“开荒南野际，守拙归园田”是东晋诗人陶渊明《归园田居·其一》中的诗句，本书书名借用此诗句，意在表达我们对先人开拓南岭形成的传统文化与智慧的敬重，同时也是为了申明我们团队几代学人执着秉承的学术信念，我们对“岭南”研究领域的坚守源于我们对岭南大地的热爱，我们会为之不断地奋斗。今天，借助中国建材工业出版社“筑苑”学术品牌平台，我们将既往研究集结成书，以飨读者！

华南理工大学建筑学院民居建筑研究所

2020年6月

目　录

一

粤岭汉民系聚落特点

一、广东汉民系聚落格局

自秦汉到明清，生活在中原地区的北方汉人由于原居住地生态环境的不断恶化和数次大规模战乱的发生，被迫迁往南方。南迁汉民由于迁徙时期、路径、历程的不同而分布到南方的不同区域，最终形成了东南地区的五大族群分支：越海民系、湘赣民系、闽海民系、广府民系和客家民系 [1] 。

移民会对原居住地和多个目标迁徙地进行自然和人文环境的比较，从中选择优质目的地。富余的土地、便利的交通、较高的经济发展水平、较少战争和自然灾害等因素对移民形成引力，影响移民做出判断和选择。江浙地区距离政治中心较近，开发较早，经济文化水平均领先南方地区，接纳早期移民最多，因此五大民系中最早形成的为越海民系即聚居于此。而最晚形成的客家民系聚居的区域为赣、闽、粤三省交界的山区，远离政治中心，交通不便且开发难度最高。可以说，环境择优规律使得不同时期的移民在地理区域选择上有了相对集中，进而造成了不同民系之间的聚落景观的差异化发展。目前广东地区有广府民系、潮汕民系（闽海民系分支）、客家民系三大汉民系聚居区，他们有着各自独立稳定的地理和文化区域，各民系间聚落景观差异鲜明。（图 1–1–1）

（一）汉民系传统聚落的选址特征

1. 顺水迁徙与沿河择居的广府民系

从秦朝至唐代，北方汉民不断南下至广东地区，但数量与原有南

[1] 罗香林 . 客家研究导论［M］. 新北：众文图书股份有限公司，1992.

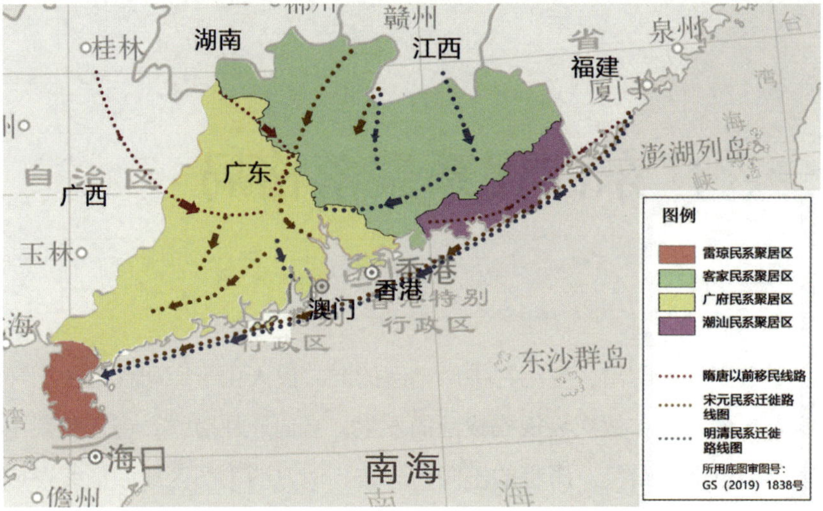

图 1–1–1　广东地区民系迁移时序与分布区域示意图

越土著居民相比还不占优势。从北方南迁的汉人军籍移民和民籍移民，主要沿北江和西江水系交通线迁徙，并大多在这两条水系两岸和珠江三角洲的高地形成聚落。当时汉人聚落数量不多且集中分布以便相互援应，周边尚有强大的土著聚落势力。这些早期出现的汉人聚落成为后来广府民系的主要聚居区，其聚落分布特点构成了广府民系聚落沿河择居的原始基因。唐代张九龄开通了大庾岭道之后，南北交通更为便利。中唐安史之乱后，北方汉人入粤的数量渐增。在两宋交替和宋元之交的战乱时期，大量移民迁入岭南，步步南移，最终沿北江和西江汉化程度较高的移民走廊到达下游的珠江三角洲。大量人口的聚集加快了珠江三角洲的土地开发进程，因人工堤围的加速修建而形成越来越多的沙田。广府民系文化核心区伴随着珠江三角洲一带沙田的不断成陆和开发利用而发展，并在明清步入高速发展期 [1] 。综上所述，广府民系的形成发展历程具有顺水迁徙和沿河择居的特点，广府民系的聚落营造也可反映出居民在长期的滨河土地开发进程中积累了丰富的堤围治水经验。

[1] 中华人民共和国住房和城乡建设部 . 中国传统建筑解析与传承：广东卷［M］. 北京：中国建筑工业出版社，2016.

2. 滨海居住与沿海迁徙的潮汕民系

潮汕民系为闽海民系在潮汕地区的分支，主要由经福建迁徙而至的移民组成。在福建境内，闽海民系早期的聚居点具有鲜明的二元化特点，经海路迁徙到达的移民落脚于闽东沿海地区，经陆路迁徙到达的移民定居于闽西北地区，两处移民长期隔离，联系甚少，文化形态差异很大[1]。唐宋时期是南迁汉民进入潮汕的重要历史阶段，人口主要来自福建沿海地区人口密度很高的莆田、漳州和泉州。这些地区的居民颇具开发海洋资源的经验，善于利用鱼盐舟楫之利，亲海耕海，从事海洋捕捞业和海外贸易，这种海洋文化精神随着移民的迁入成为潮汕文化的重要内容之一。宋、元以后，潮汕地区人口剧增，除部分人口留居潮汕平原地区谋生外，大量人口再次外迁至与潮汕地区有着相似临海环境的雷州半岛、海南岛沿海地区甚至更远的东南亚沿海国家。在远距离的沿海、渡海迁徙中，移民倚仗的是长期形成的“善舟亲海”的海上交通能力[2]。因此可以说，潮汕民系的形成和发展始终经受大海的考验和洗礼，潮汕民系掌握了比广府民系和客家民系更为丰富的滨海生存经验。

3. 靠山居住与循山迁徙的客家民系

客家进入广东地区的时间较晚，在宋、元时期才最终形成民系[3]。广府民系已经占据了地理位置优越、河网密布的冲积平原和三角洲平原，潮汕民系也已经稳定分布在潮汕平原和海陆丰地区。所以客家民系只能将条件艰苦的粤东北和北部山区作为其聚落选址地。

唐代及唐以前自中原南迁的客家先民大多止步于赣湘地区，经过较长时间的生存与繁衍，在唐末尤其是宋元以后才陆续迁入粤、闽、赣三省交界的山区。被迫进入山区的客家民系，在山中营建聚落，逐步适应了山区条件，掌握了山地耕种技术。当聚落人口逐渐饱和时，常会与周边民系发生抢夺平原地区居住地的争斗，如明清时期的“土客大械斗”。在争斗中失利的部分客家人不得不沿山地返迁入赣南，

[1] 余英 . 中国东南系建筑区系类型研究［M］. 北京：中国建筑工业出版社，2001.
[2] 司徒尚纪 . 广东文化地理［M］. 广州：广东人民出版社，1993.
[3] 司徒尚纪 . 岭南历史人文地理——广府、客家、福佬民系比较研究［M］. 广州：中山大学出版社，2001.

甚至在人烟稀少的赣西北山区寻觅住地，更有客家人在“湖广填四川”大潮下，继续向西远迁至汉水谷地和秦巴山地。客家移民的聚落多依山而建，以至于有俗语道：“无客不成山，无山不留客。”

4. 三大民系传统聚落选址特征比较

汉民系的迁徙线路，已体现出对地理环境的选择偏好，不同民系聚落分布的区域具有鲜明的环境差异。广府民系聚落分布在珠江流域、山谷平原、三角洲平原、山地丘陵以及靠近海岸和海湾河口等多种地形环境中，其西北部为山区，中部和南部水网密布，聚落选址的海拔高度和坡度较为多元。潮汕民系聚落分布在广东省东部沿海的平原台地，内部有少量山地丘陵，西北侧横亘着莲花山系，是背山面海、相对独立的平原地理环境，聚落的选址较为低平。客家民系聚落多分布于粤东北和北部山区，地形起伏较大，聚落选址的海拔高度和坡度较大。（图 1–1–2）~（图 1–1–5）

在聚落分布密度方面，根据广东省 1987 年的统计数据可知，潮汕民系聚落核心区所处的粤东沿海地区，自然村落的占地规模为 1.3km^2/ 村，人口密度达到 894 人 /km^2；广府民系聚落核心区所处的粤中地区，自然村落的占地规模为 0.97km^2/ 村，人口密度为 406

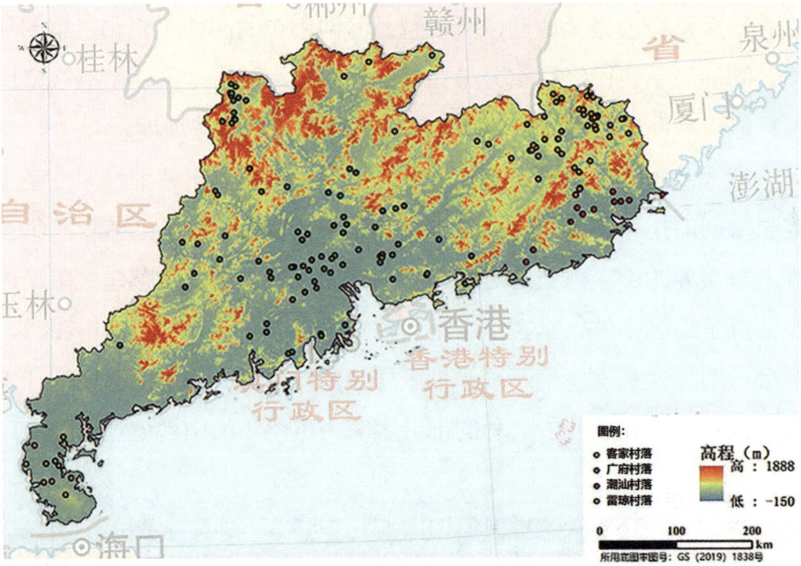

图 1–1–2　广东省传统聚落高程分布图

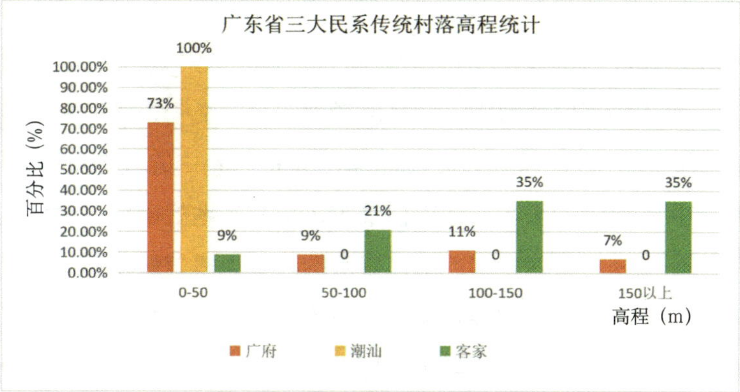

图 1-1-3　广东省传统聚落高程统计图

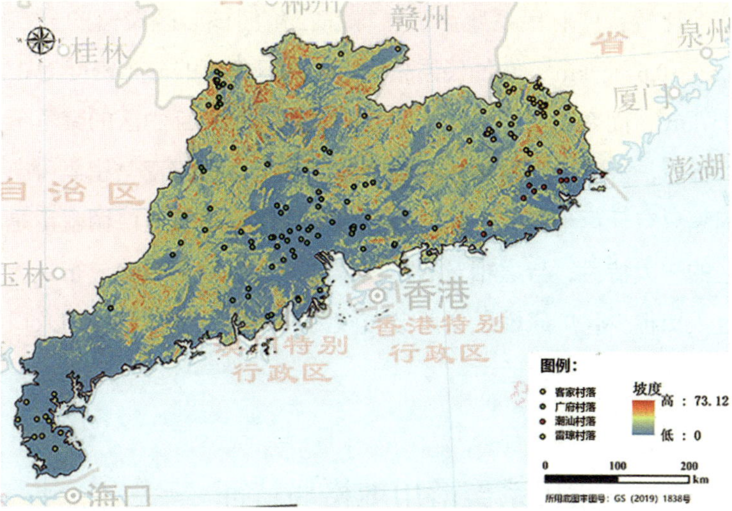

图 1-1-4　广东省传统聚落选址坡度分布图

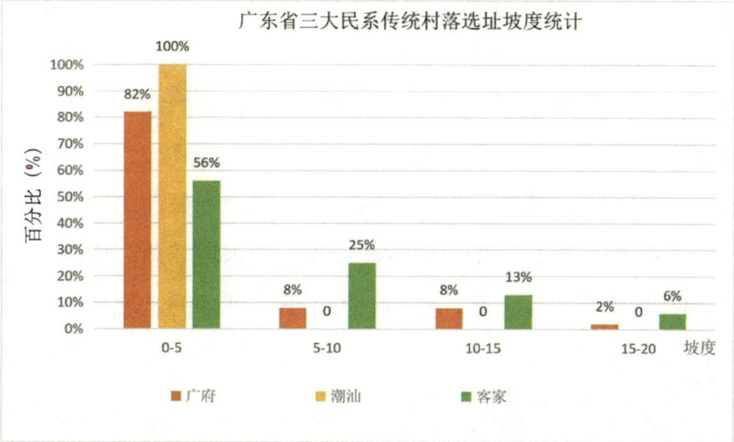

图 1-1-5　广东省传统聚落选址坡度统计图

人 /km^2。客家民系聚落核心区所处的兴梅区域，自然村平均占地规模为 1.57km^2/ 村，人口密度仅为 243 人 /km^2。[1] 这一数据显示出潮汕地区是中国平原地形中人口密度最大的地区之一，潮汕民系聚落的平均占地面积并不少，但因人口密集，潮汕村寨中的人均资源非常紧张。客家民系聚落的平均占地规模最大，但由于地处山区，耕地资源最为有限，限制了人口规模，所以聚落的人口规模是最小的。广府民系聚落集中地区的地形种类多样，密布的水网在一定程度上限制了聚落规模，同时耕地资源比较丰富，人口密度适中，人均占有耕地相对较多。

根据中山大学地理学院在 2009 年对广东省土地第二次调查数据的比较：广府民系聚居地区珠江三角洲核心区聚落的分布密度为 0.5 ～ 0.6 个 /km^2，潮汕民系聚居平原地区聚落的分布密度为 0.7 ～ 0.9 个 /km^2，而客家民系聚居区所处的粤东北和北部山区的聚落分布则较为稀疏，密度多低于 0.3 个 /km^2。[2] 潮汕地区聚落常密集分布，相互间隔只有几百米到一千米。巨村广寨连绵分布且人口稠密正是潮汕地区的一大特色。与之相对的是客家地区，客家聚落的分布最为分散，且人口稀少。广府地区聚落分布较为均衡，每个自然村的人口规模和村落间的距离较为适中。

（二）三大民系聚落用地格局特征

广府民系聚居地区的地理环境地势相对低洼，时有水害，其聚落布局非常注重对水的处理和对微地形的利用。首先，广府民系聚落多利用丘陵地貌，顺山坡而建，建筑群从前到后逐步升高，这样方便雨水快速排出，保证暴雨期聚落内部的安全。其次，结合珠江三角洲地区水网密布的特征，发展了围筑河坦和改造低洼潮田的特色农业模式——基塘。将低洼积水地进一步深挖为水塘养鱼，用挖出的塘泥筑起围基种植蔗、果、桑，合理利用了低洼地区的土地和水资源，形成

[1] 广东省民政厅 . 广东省行政区划简册 1986［M］. 广州：广东旅游出版社，1987.
[2] 杨忍 . 基于自然主控因子和道路可达性的广东省乡村聚落空间分布特征及影响因素［J］. 地理学报，2017（10）.

高效的立体化农业用地格局。另外，广府民系聚落多在居住用地后面种植风水林，前面修建风水塘，外围修建基塘。风水林可以抵挡寒风；风水塘水体蒸发吸热，可降低聚落小环境温度。[1] 另外，风水塘还能起到蓄水与排污的作用。这种层次分明的格局，营造了一个较为舒适的聚落环境。

潮汕民系聚居地区的滨海平原地貌，使其聚落与海洋之间的关系更为紧密。海洋在给潮汕地区提供丰富渔业资源的同时，也会带来台风、暴雨、潮汐等灾害。所以潮汕民系聚落居住地的选址往往离海岸线有一段距离，在居住地与海之间，一般会辟有农田，在近海处还会留有空间用于滩涂养殖业。这种近海但不临海的分布方式，使聚落既能利用海洋资源又能尽量减少海洋灾害的影响。另外，潮汕平原自明代起人口密度就居全省之冠，潮汕民系聚居区的人地矛盾在广东三大汉民系中尤为突出，潮汕民系对土地的各项利用都讲究集约。面对有限的土地资源和众多人口的生存需要，潮汕聚落多成“密集式布局”，多个居住组团相互集中、连片发展，让出居住地周边较大范围的用地给农田，增加粮食产量。

客家民系聚落处于地形复杂多变的山区环境，可耕地资源少，平地异常珍贵。聚落中不同类型的用地分布在不同的海拔高度上。客家民系聚落的居住建筑多以围屋形式倚靠山脚而建，尽可能少占平地。围屋借助山体，前低后高，有利于采光排水。围屋前方较为平缓的土地，留作农田用地；围屋周边坡度较缓的山地，常被改造成梯田；梯田上方坡度更陡的山地，会种植适合生长的经济果林。这样就能充分利用不同坡度的山地环境，形成利用山区土地的立体格局。（图 1-1-6、图 1-1-7）

（三）三大民系聚落农业景观特色

三大民系因聚居地地理区位和环境特色不同，发展出不同类型的

[1] 汤莉．我国湿热地区传统聚落气候设计策略数值模拟研究［D］．长沙：中南大学，2013.

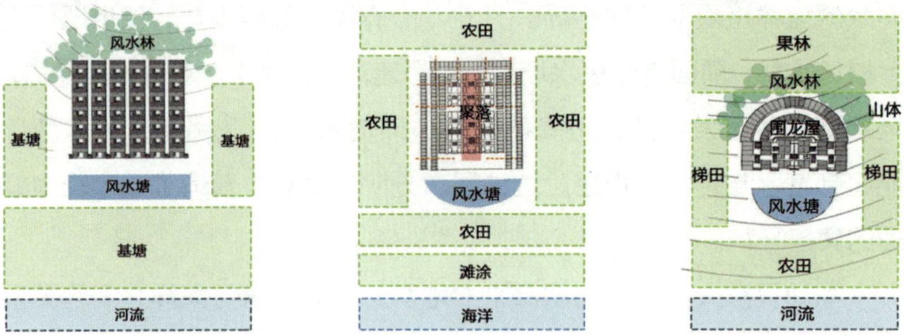

（a）广府聚落　（b）潮汕聚落　（c）客家聚落

图 1-1-6　三大民系典型用地布局平面示意图

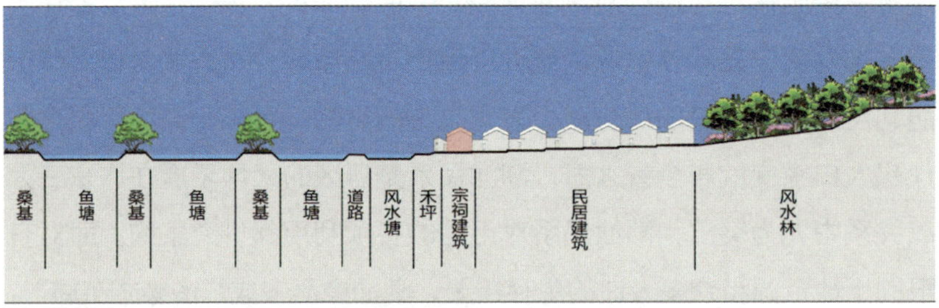

（a）广府传统聚落典型适应性格局剖面示意图

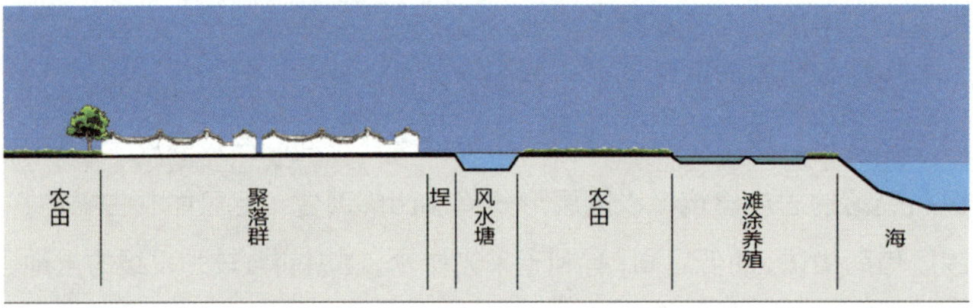

（b）潮汕传统聚落典型适应性格局剖面示意图

（c）客家传统聚落典型适应性格局剖面示意图

图 1-1-7　三大民系典型聚落景观格局初步示意图

农业景观[1]。

广府民系聚居地所占的珠江三角洲地区，水网密布、土地肥沃，适合稻类和多种经济作物生长。清中期后广州一度成为中国唯一保留的对外贸易口岸，与海外市场保持密切联系，带动了珠江三角洲地区商品性农业的发展。乾隆年间至鸦片战争前，外商在粤大量采购生丝，在利益的驱使下，大量珠江三角洲乡村将原有的果基鱼塘改为桑基鱼塘，其他一些以水稻种植为主的乡村也改稻植桑，逐步形成了极具特色的“桑基鱼塘”农业景观类型。（图 1–1–8）

潮汕民系聚居地同时拥有潮汕平原和漫长的海岸线，在发展种植业的同时，可利用独特的滨海优势发展海洋捕捞和海产养殖，其农业产业构成早有“三分田，七分渔”之说。潮汕民系以竹制的鱼箔将沿海滩涂围起，养殖鱼类、贝类等海产品，发展出“鱼佃”式浅海养殖业，经济效益不亚于海洋捕捞，因此滩涂养殖景观成为潮汕聚落景观的重要组成部分。（图 1–1–9）

客家民系聚居地所在的粤北和粤东北山区，梯田成为非常重要的土地利用形式。客家聚落人口规模小，村民就近耕作，为解决平耕地

图 1–1–8　广府民系的桑基鱼塘

[1] 傅晨，项美娟，宋慧敏 . 广东农业区域结构变迁：2000-2014 [J] . 南方农村，2017（01）.

资源匮乏的问题，将聚落中的小坡地开垦为一块块梯田，加以充分利用。另外，由于山地浇灌不便，所以客家地区大量种植旱作作物。此外，客家人会种植适宜山区生长的各种经济林，如柑橘、柚、李子、茶叶等[1]。经济果林和梯田景观是客家农业景观的重要特点。（图 1–1–10）

图 1–1–9　客家民系精耕细作的农田

图 1–1–10　客家民系的梯田果林

[1] 孙莹．梅州客家传统村落空间形态研究［D］．广州：华南理工大学，2015.

（四）三大民系聚落居住空间差异

1. 聚落空间肌理差异

聚落的居住空间因不同的地理环境，形成各异的空间组织方式。广府民系聚居地潮湿多雨、洪涝灾害频繁，居住空间多采用“梳式布局”，以顺应山坡的纵向巷道为主要交通脉络，以横向巷道为次要交通脉络，形成以纵向为主的内部肌理。“梳式布局”的居住空间组织方式，能够形成顺应地势的排水通道和通风渠道，达到聚落内部快速排水和通风降温的目的[1]。（图 1-1-11）

图 1-1-11　广府的梳式布局

[1] 陆琦．广东民居［M］．北京：中国建筑工业出版社，2008.

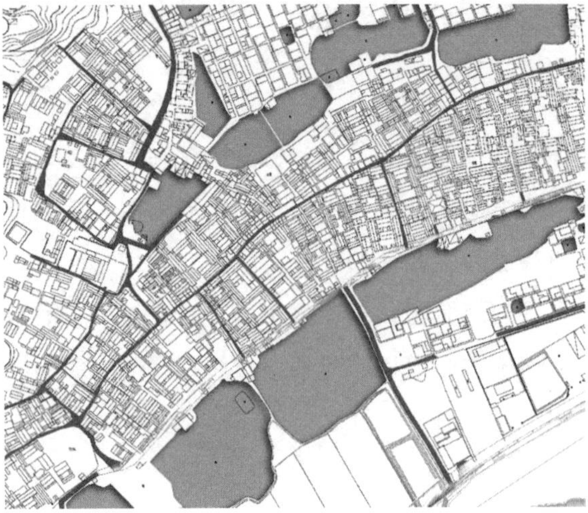

图 1-1-12　潮汕的密集式布局

潮汕民系聚居地多处于平原地区，中间较少有水系或山体穿插分隔，加之人多地少，多采用密集成片式布局。潮汕民系聚落的居住空间由多个组团形成，组团与组团往往连在一起，少有明确的界限。每个组团内部常以一两个大型府第式民居建筑为核心，周边散落分布小型民居，建筑排列密集。大型府第式民居中，多为“从厝屋”环绕家祠的向心围合式布局，“从厝屋”鳞次栉比、间间相连，巷道间距也很小。密集成片式布局，不仅有利于容纳较大规模的人口，而且有利于减少台风的侵害。此外，窄小的街巷能够形成热压通风，降低聚落内部空间的温度。（图 1-1-12）

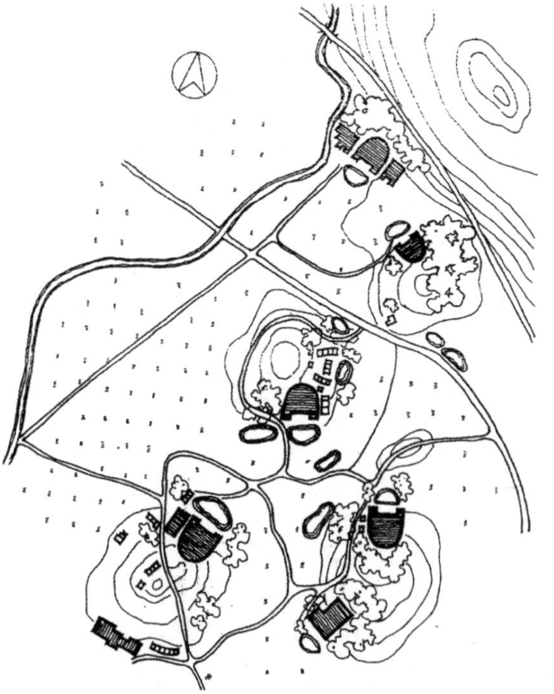

图 1-1-13　客家的分散式布局

客家民系聚落分布的山地区域，平均海拔高、坡度大，很难形成像潮汕地区一样的大规模聚落群，需要聚落能够灵活适应坡度、方向多变的山区环境。客家聚落多分散分布，以单独的“围龙屋”为基本单位，三五成群地呈组团分布。“围龙屋”选址最重视的是以山作为后部的依托，有山靠山，无山靠岗，或借远山做背衬。客家的“围龙屋”随山体变化调整朝向和位置，形成朝向多元、有机分布的聚居空间肌理。（图 1-1-13）

2. 建筑形制的差异

广府地区商品性农业发达、经济富裕。明清以后，大家庭逐渐解体，形成儿子成年即分家、单立门户的习俗，这使得小型核心家庭成为社会的基层组成细胞。广府聚落大量采用以“三间两廊”为代表的小型民居作为容纳小型核心家庭的居住单元，数十栋“三间两廊”民居或串联或并联，形成完整的宗族聚落。（图 1-1-14、图 1-1-15）

潮汕地区濒临南海，位于封建文化传播的末梢，自唐末五代移民大潮后，就少有外来移民文化的扰动，边缘社会中的自保需要使得聚族而居的习惯被强化，象征着封建伦理孝悌思想的向心围合式院落的居住古制延续了下来，称作府第式建筑，几乎每一个潮汕村寨均以一座或数座府第式大型民居为核心。每一座府第式民居以三坐落的祠堂为中轴，两侧对称布置大量用于居住的从厝屋或以四点金、下山虎为代表的单元式民居，形成体量庞大的密集式建筑群。（图 1-1-16、图 1-1-17）

客家所处的山区环境，有着野兽侵扰和贼匪劫掠的双重威胁，加上与周边民系争夺资源的防御需要，使得客家民居特别强调聚居和防御。各式围屋围楼都是单体规模较大的聚居建筑，都是通过外部厚实的高墙把人居环境和周边的自然环境分隔开来。围楼和围楼之间一般不存在街巷体系的营造，而建筑内部是以堂屋和横屋有序组织的居祠合一的空间。（图 1-1-18、图 1-1-19）

图 1-1-14　广府大旗头村的三间两廊建筑

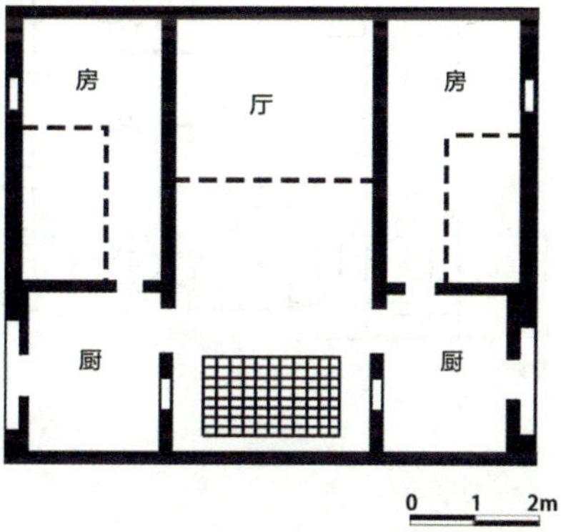

图 1-1-15　广府三间两廊建筑

图 1-1-16　潮汕凤红村密集式布局建筑群

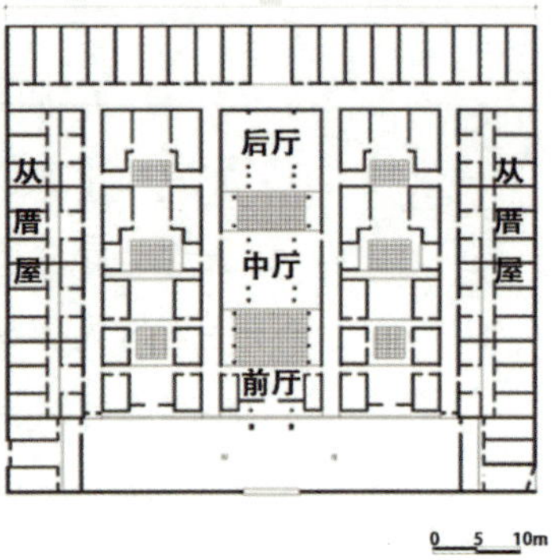

图 1-1-17　潮汕府第式建筑

图 1-1-18　客家梅县侨乡村围龙屋建筑

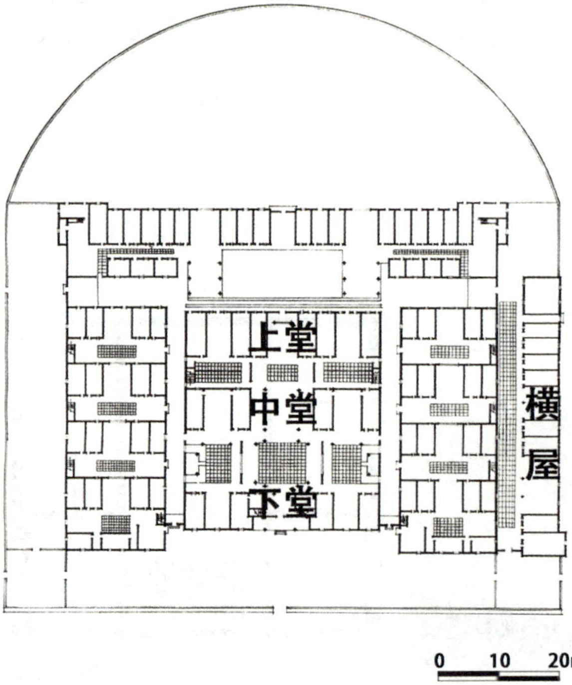

图 1-1-19　客家围龙屋式建筑

3. 建筑材料与建筑装饰的差异

广府民系聚居地区交通便利，对外交流频繁，其民居建筑选材和装饰方法较为多样。广府地区在清代已较为普遍地采用青砖材料，以青砖为主体材料的墙体耐侵蚀性好，适合广府地区的湿热环境。此外，广府民系的宗族经济实力较为雄厚，常花费大量金钱用于聚落中以祠堂为代表的公共建筑的营造，同时在建筑装饰方面也精雕细刻，运用了木雕、石雕、砖雕、灰塑、陶塑等多元的装饰手法。

潮汕民系聚居地区临近海洋，民居建筑除了采用木材、石材、砖等材料外，还会将蚝壳、贝灰等滨海地区特有的物料用于建造。另外，为了抵御台风，潮汕地区民居建筑的层高较低，采用压砖瓦覆盖屋顶，同时采用石柱、石门框等构造使建筑更坚固。潮汕地区建筑的装饰在广东三大汉民系中最为复杂与精细，擅长多种装饰方式，如木雕、石雕、嵌瓷、彩画等。这或许与其人多地少的环境条件相关，过剩的劳动力转向手工业发展，催生了不少从事建筑业的能工巧匠 [1] 。

客家民系聚居区所处的山区较为闭塞，其民居建筑多就地取材，如选择当地常见易取的生土、竹木、沙石等，建筑装饰装修也较为朴素。围屋的外墙均较为厚重，其外墙多采用上部夯土、下部砖石砌筑，增加建筑防御功能的同时还能抵御山洪。建筑内部的雕饰不多，大多以实用为主，主要装饰手法有木雕、石雕、砖雕、彩绘和灰塑等。

从某种角度而言，移民迁徙和定居的过程就是环境选择的过程，迁徙中有各自的选址偏好。在广东三大汉民系中，广府民系倾向顺水迁徙与沿河择居，潮汕民系偏好沿海迁徙与滨海居住，客家民系选择循山迁徙与靠山居住。

这三大民系在不同环境影响下，聚落分布、规模和密度也各不相同，各自发展出与环境相适应的生产和生活方式，形成了风格迥异的土地利用方式和农业景观格局，在居住空间的营造方面也发展出各具特色的建筑形制与装饰风格。

（本节作者：潘莹　段佳卉　施瑛）

[1] 潘莹．潮汕民居［M］．广州：华南理工大学出版社，2013.

二、广府与潮汕聚落比较

传统社会中，广府民系和闽海民系分别占据了广东区域内耕作条件较好的珠江三角洲与韩江三角洲平原聚居生息，并以之为建筑文化核心区培育出具有强烈特色的广府聚落和潮汕聚落。虽然地域邻近，但广府传统聚落与潮汕传统聚落却具有差异鲜明的聚落形态。广府民系主要聚居于以珠江三角洲为中心的珠江流域，而粤东韩江流域的潮汕地区则为闽海系中一个主要分支的聚居地。

广府和潮汕地区的传统聚落主要占据了广东省内地理条件较好的河流三角洲和沿海平原，从地理环境和气候条件看拥有较类似的自然条件基础，因此两个地区的聚落存在着一些共同点。如广府和潮汕聚落均表现出强有力的人为规划控制的秩序感，街巷横平竖直排置有序；聚落内部的民居单元均较为统一，单体同为合院式民居；因地处湿热的亚热带地区，聚落内部建筑密度均较高，街巷布置均比较紧凑，在减少太阳辐射的同时也利用冷巷作用获得空气对流等。但不同的微观地理条件、历史发展进程和社会制度分异，使这两个地区的聚落形态存在着一些鲜明的差异。

（一）聚落形态差异性比较

1. 聚落与聚落群宏观层次之比较

从宏观的聚落整体形态看，广府和潮汕的传统聚落的基本形式主要呈团块状，潮汕聚落团块比广府聚落更趋于规整（图 1−2−1、图 1−2−2）。在聚落向聚落群发展的过程中，广府的自然村基本维持团块的独立，自然村之间有一定的空间距离（图 1−2−3）；而潮汕地区乡镇域内的多个自然村常常紧密毗邻，团块之间的用地也被一些附属小民居填满，形成规模浩大的聚落连绵区（图 1–2–4），聚落群规模之大在全国也属罕见，并且越是沿海地区，这种聚落群的密集度越高。据统计，潮汕地区拥有 40 多个人口过万的聚落连绵区，最典型的是澄海的莲上—莲下区，由一组建立在古沙堤上的村镇组成，跨两个建制镇，村与村之间紧密相连为一体，长达 6km，总人口近 10 万，为全国最大的村镇型聚落群。[1]

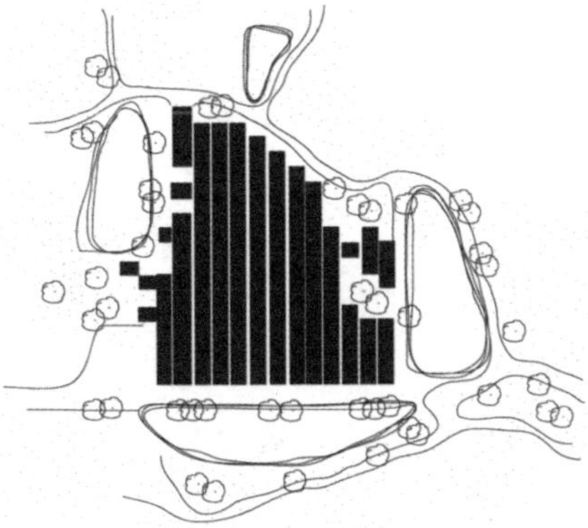

图 1–2–1　广府聚落：开平市蚬岗镇横石乡中心村

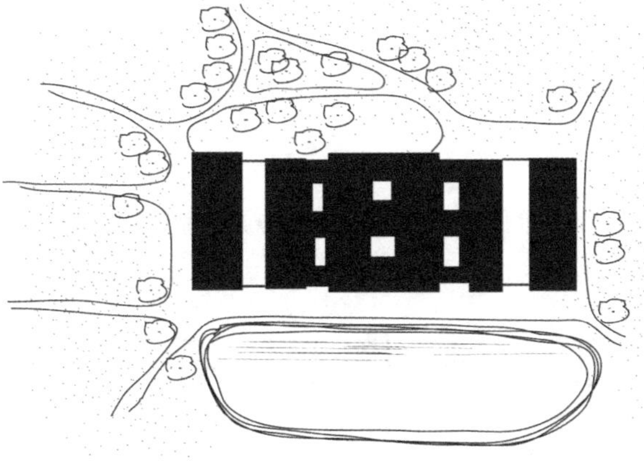

图 1–2–2　潮汕聚落：揭阳樟市和平乡魏村

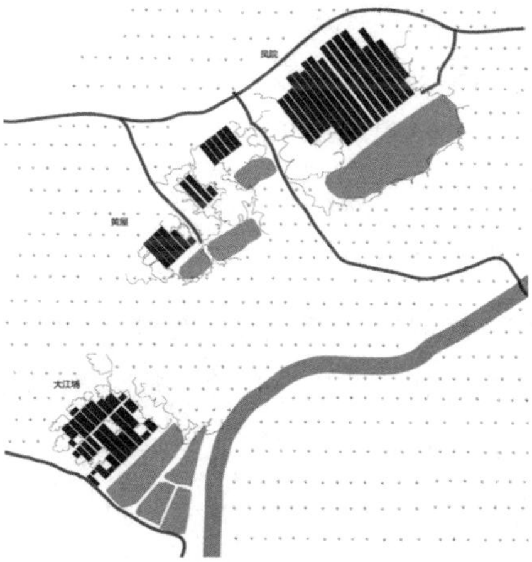

图 1–2–3　广府聚落群：从化江埔镇聚落群

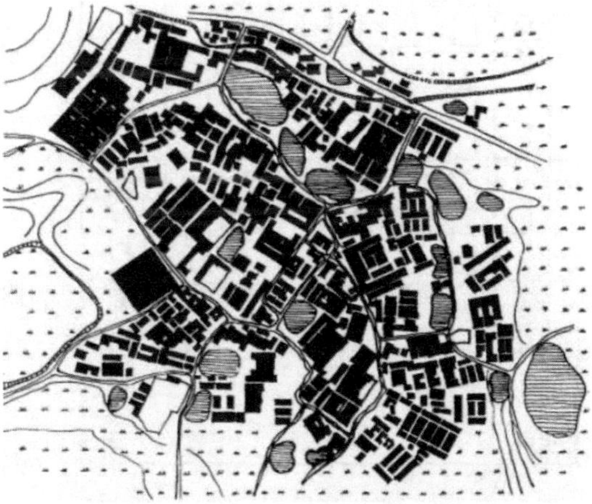

图 1–2–4　潮汕聚落群：潮安县登塘乡聚落群

[1] 陈朝辉，蔡人群，许自策 . 潮汕平原经济［M］. 广州：广东人民出版社，1994.

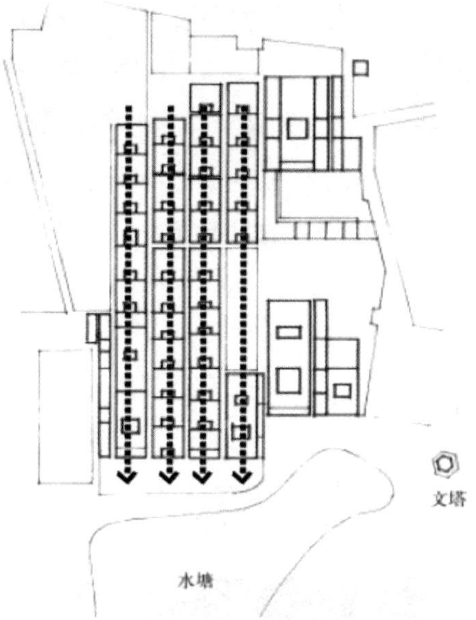

图 1-2-5　广府梳式布局聚落的方向性（三水市乐平镇大旗头古村）

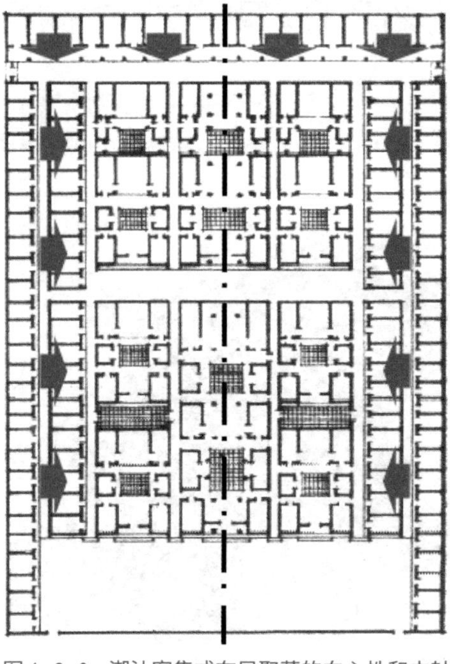

图 1-2-6　潮汕密集式布局聚落的向心性和中轴对称性（揭阳港后乡某村）

2. 聚落布局及街巷结构中观层次之比较

广府、潮汕聚落的整体布局都表现出强有力的人为规划控制，街巷横平竖直，整齐有序。两者的差异在于，广府聚落以“梳式布局”为主，有统一的整体朝向而缺乏核心，所有建筑朝向一致（图 1-2-5）；而潮汕传统聚落不仅有严谨的纵横对位，还严格追求中轴对称和向心聚合性，外圈建筑的朝向与中轴上的建筑朝向不一致，左右从厝及后包均朝向中轴，体现“以中为尊”的方位观。（图 1-2-6）

从街巷结构看，广府传统聚落属于典型的由“侧入式模块”构成的“纵巷布局”模式。具体特点是聚落以一条垂直于民居朝向的主街（梳把）统领全局，以垂直于该主街的若干条纵巷为支路（梳齿，图 1-2-7）。多座民居以主街为起点沿纵巷向后排开，由纵巷连接各栋民居侧厢位于山墙面的主入口。纵巷过长时，才会适度增加横巷辅助交通，但纵巷的数量远远多于横巷（图 1-2-8）[1]。而在潮汕向心密集式聚落中，位于中央的主体建筑和从厝建筑朝向并不一致，而建筑入口方式皆以从檐墙开口的“正入式”为主，因而横巷纵巷兼而有之，且比重相当。从厝与主体建筑之间的巷道称为“火巷”（也称“花巷”），它对于从厝屋而言是横巷，但对于中央主体建筑而言则是纵巷(图 1-2-9、图 1-2-10）。

[1] 施瑛，潘莹. 江南水乡和岭南水乡传统聚落形态比较 [J]. 南方建筑，2011（03）.

(a) 广府梳式布局村落中的纵巷（从化钟楼村）

(b) 广府梳式布局村落中的主街

图 1-2-7 广府梳式布局村落

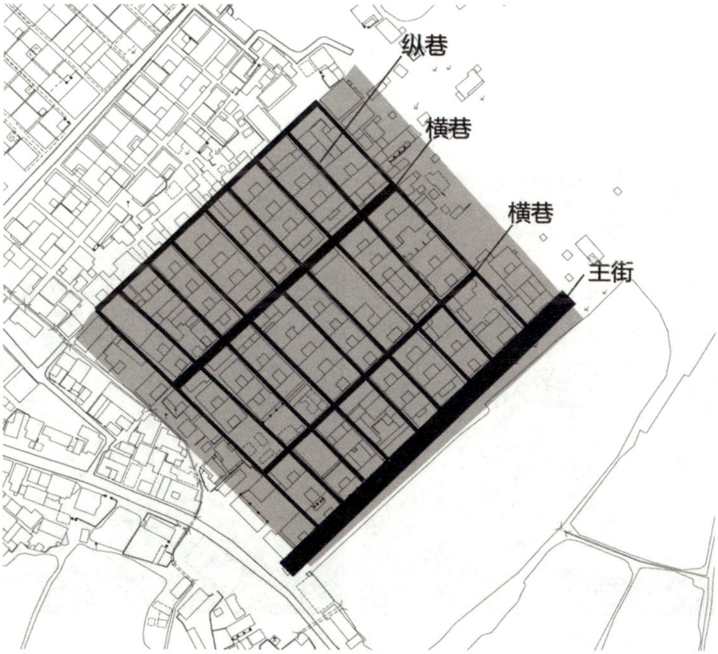

图 1-2-8 广府梳式布局村落中的主街（从化大江埔古村）

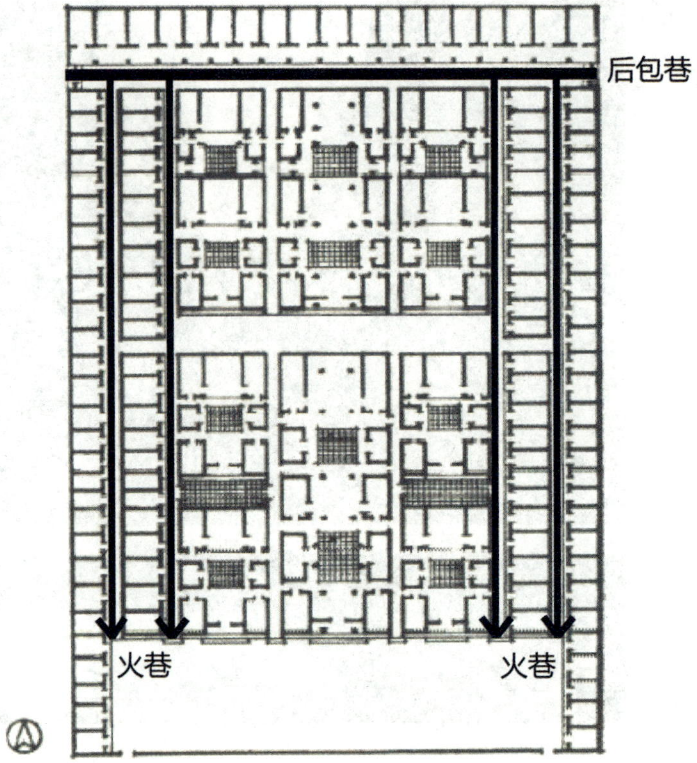

图 1-2-9　潮汕向心式布局村落的街巷系统（揭阳港后乡某村）

(a)　潮汕向心式布局村落中的火巷

(b)　潮汕向心式布局村落中的后包

图 1-2-10　潮汕向心式布局村落

3. 聚落建筑微观层次之比较

广府和潮汕聚落中的民居单体建筑都属于合院式民居。广府传统聚落中，除了祠堂以外，民居多采用清一色的三合院（“三间两廊”，图 1−2−11），在统一朝向的基础上，其空间布局、尺度、立面造型、材料构造等都几近一致[1]，民居单元的模块性特征强烈（图 1−2−12）。潮汕传统聚落中的民居单元则比较多样，除了最常见的三合院式（“下山虎”，图 1−2−13）和四合院式民居（“四点金”）外，还有以其为基础发展而成的五间过等大中型民居。“从厝”和“后包”中包含的并联排屋式附属单元所占比例也很大，与前述合院式民居一起构成聚落整体（图 1−2−14）。

4. 祠堂分布之差异

广府和潮汕聚落中的祠堂在聚落中有不可取代的地位，均对村落布局具有强大的影响力。若将聚落中各部分空间的重要性和凝聚力比做场强，那么广府聚落的梳

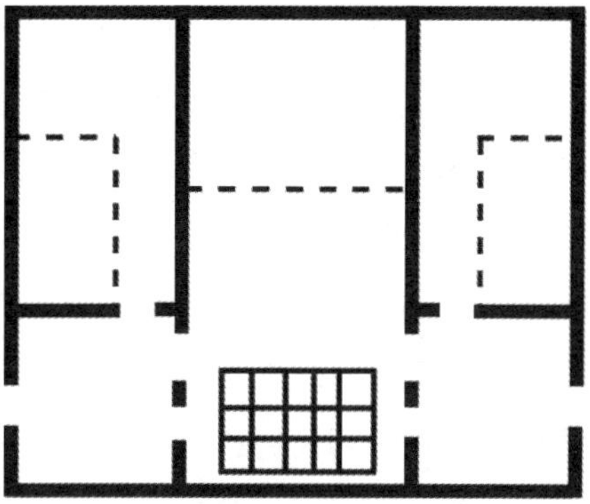

图 1−2−11　广府三间两廊民居平面图

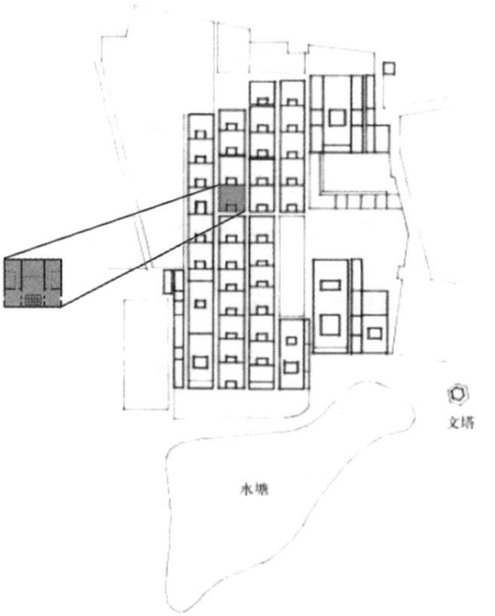

图 1−2−12　由相同的三间两廊民居构成的广府聚落

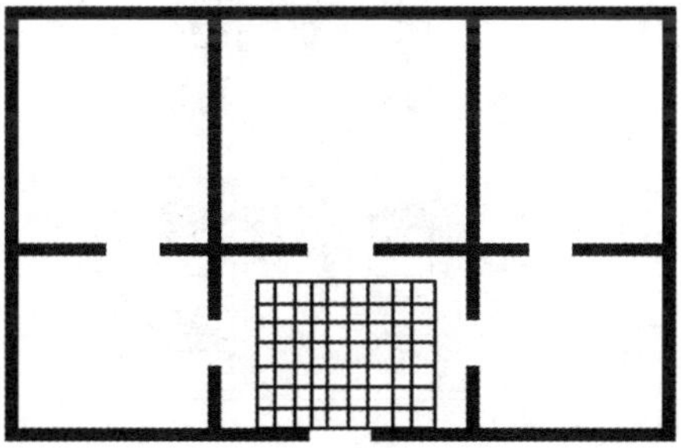

图 1−2−13　潮汕“下山虎”民居平面图

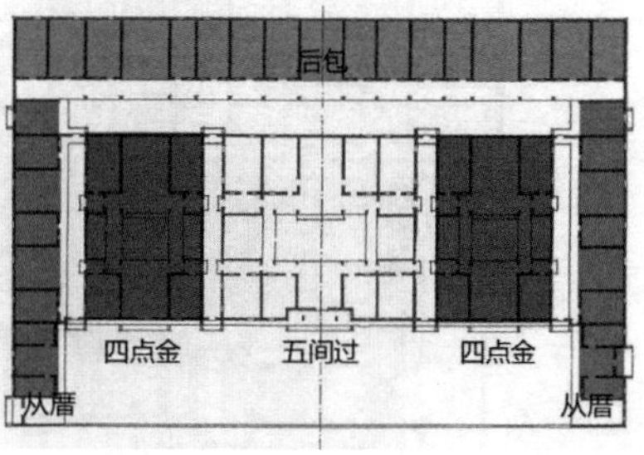

图 1−2−14　由各种民居单元组合成的潮汕聚落

[1] 潘莹，施瑛．湘赣民系、广府民系传统聚落形态比较研究 [J]．南方建筑，2008（05）．

式布局聚落和潮汕聚落的向心布局聚落中空间场强的分布差异就像平行电场和点电荷电场的区别。聚落中的祠堂就如电场中的电荷，左右着聚落区域中空间场强的分布趋势。

广府聚落类似于平行电场。祠堂坐落于梳式布局的前排，紧邻横向主街并朝向水塘。它们的规模明显比普通民居大，进深二至三进，横向三到五间，大门直接开向横向主街（梳把），独立在普通民居之前，统领其后的一列民居，祠宅分离。多座祠堂与其前面的晒坪、水塘结合在一起，形成开阔的空间，昭示着聚落中最重要的空间所在，是平行电场中场强高的一侧。整个聚落的场强呈现出前高后低的分布态势（图 1–2–15）。

潮汕聚落有一个核心，即位于中路的祠堂。以揭阳洪阳镇德安里的民居组团为例（图 1–2–16），中路祠堂为轴心，左右先扩展出一路，形制等级较中路为低，再往外，则以面向中轴线的两重从厝包围，后方以面向正面的后包围合。三进祠堂的中轴线犹如一块条形磁石般吸引统摄着两侧及后方对称布置的民宅，组合构成大型民居建筑群，整个村落像一座大型府第，而中轴上的祠堂在民间俗称“客厅”，反映出祠宅一体的性质，与广府聚落中祠堂和民居的分离有明显的区别。整个聚落的场强从中心向外逐渐减弱。

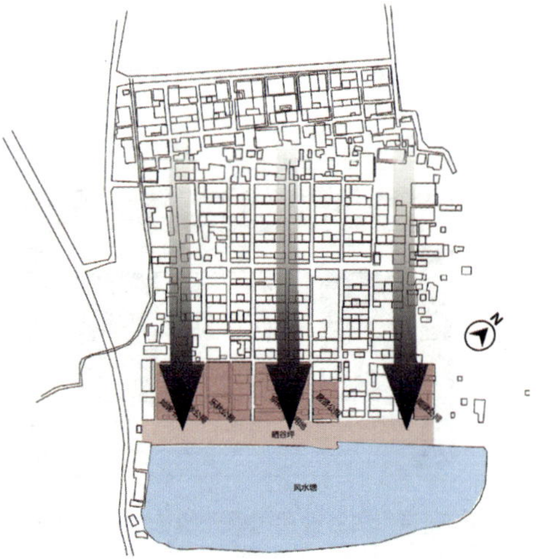

图 1–2–15　广府聚落祠堂位置及空间场强变化（从化江埔村）

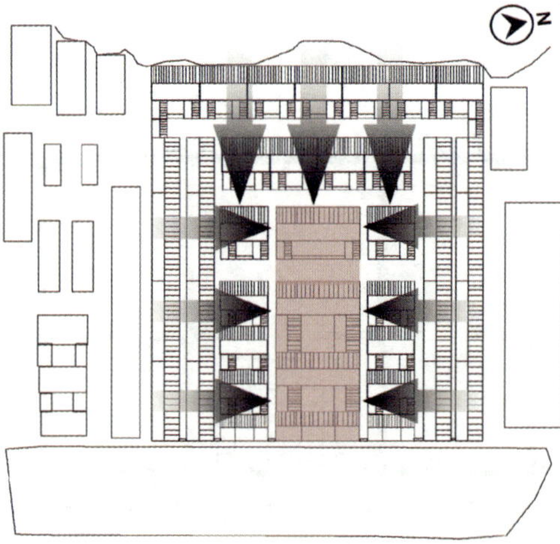

图 1–2–16　潮汕聚落祠堂布局及空间场强变化（揭阳洪阳镇德安里）

5. 聚落防御性之差异

广府聚落与潮汕聚落都具有相当的防御性，其村落建筑分布聚合度高，内部交通巷道窄小，是两者共同的特点。但广府聚落并非普遍存在村围，防御仍以点式防御为主，包括村门、巷门以及设于村口或村后起到瞭望和警戒作用的更楼、碉楼等[1]（图 1–2–17）。

相较而言，潮汕的向心密集式村落以厝包三面围合，厝包的外墙连成一体封闭对外，聚落形态本身比梳式布局更具有封闭性。当最外围的厝包提高到 2 ～ 3 层，外墙厚重封闭，只开少数小窗，四角有突出的角楼，墙外或有壕沟或河涌环绕，就形成一个密不透风的围寨式村落。潮汕聚落对防御性的要求比广府村落更高（图 1–2–18）。

在聚落群层次上，潮汕特殊的连绵聚落群显然也比广府松散的聚落群具有更强的集体防御性。

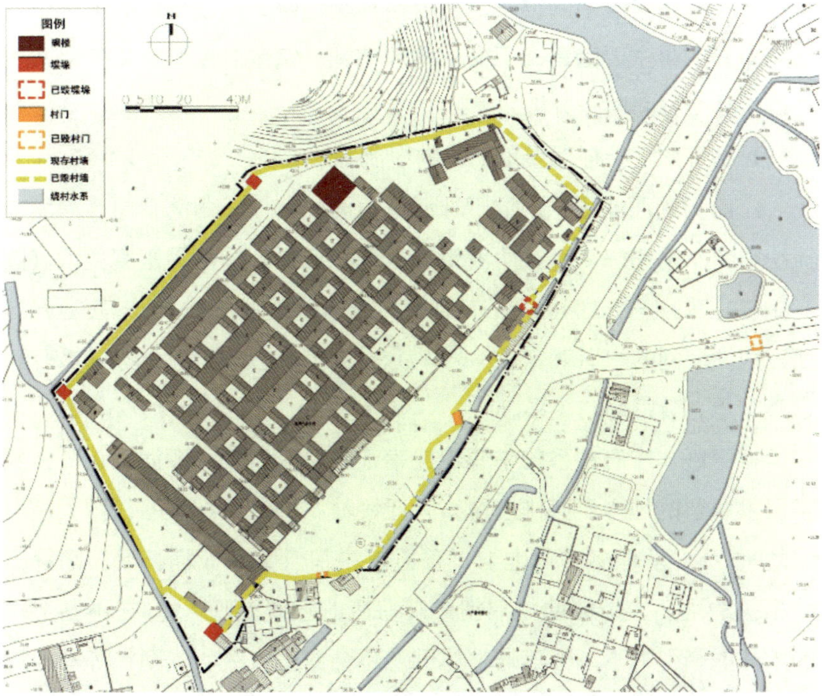

图 1–2–17　钟楼村村落防御体系（广府）

[1] 邱丽，张海．广府民系聚落与居住建筑的防御性分析［J］．华中建筑，2007（11）．

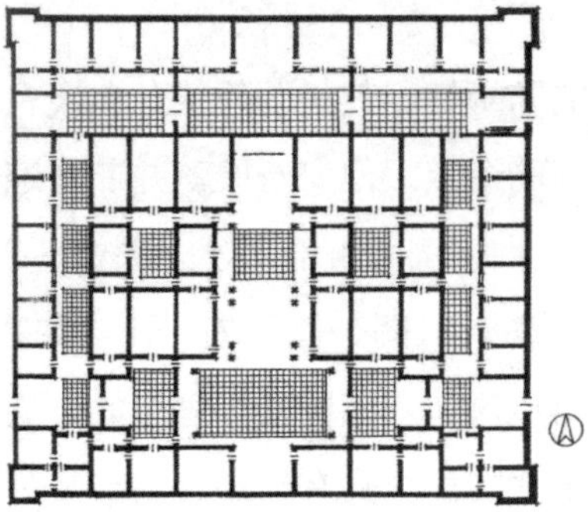

平面图

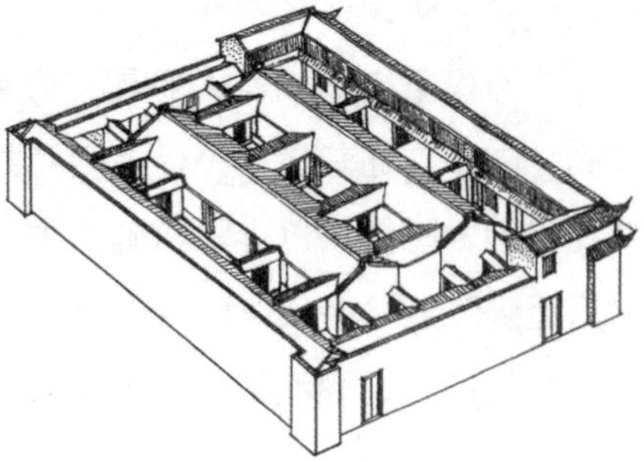

鸟瞰图

图 1–2–18　潮南峡山桃溪乡桃内寨（潮汕）

（二）形态差异的影响因素

前文分析了广府和潮汕传统聚落在不同层面上的各种差异，其中最明显的差异在于中观层次上的组织格局，以及聚落中最重要的建筑——祠堂在聚落中的位置。为考察影响这两个地域相近的地区聚落形态差异的最主要因素，下文从地理特征、宗族制度、文化传播、历史环境几个方面展开分析。

1. 地理水文特征对聚落形态的限制影响

广府和潮汕地区分别位于珠江三角洲和韩江三角洲平原，河流支流纷繁，水网错综复杂，两者相较，珠江三角洲的河网密度更大（图 1–2–19、图 1–2–20）。广东全省河流、水道共 1006 条，其中属珠江三角洲河网的水道就有 823 条[1]。在这样的地理条件下形成的聚落，自然与水有着密切的关系。

据记载，广府民系的中原祖先南迁到岭南时，“逢涌则止”，到了可供居留的地方便弃排上岸，有迁民分布的地区都是船、排、筏可到之地[2]。从地名文化上看，粤方言中包含大量如涌、沥、滘等与水相关的地名，是该地域地貌景观特色的直观反映[3]。在不同形态的水体的牵引力下，聚落的整体形态也会变化成线状或网状等其他形

[1] 黄淑娉 . 广东族群与区域文化研究［M］. 广州：广东高等教育出版社，1999.
[2] 同［1］.
[3] 王彬，黄秀莲，司徒尚纪 . 广东地名语言文化空间结构及景观特征分析［J］. 人文地理 .2012（02）.

态，或傍水一侧，或夹流而居，形成独具一格的岭南水乡风貌；但聚落内的组织结构仍然保持与最基本的团块状的梳式布局相同的拓扑结构，即祠堂在前排，民居在后，与祠堂朝向统一，且梳式布局的巷道（即“梳齿”）始终与水体呈垂直关系。

潮汕平原上的河网不如广府密集复杂，陆块较完整，与之相比，潮汕聚落多在完整的陆块上最大限度地占满陆地。潮汕聚落虽出于传统稻作对水的依赖而同样尽量选择近水基地，但聚落总是位居河涌一侧而保持团块的完整性，向心格局的要求使得水体主要是作为聚落外部而非内部的环境要素，对聚落的选址和用地规模形成限制，而对聚落内部组织结构的影响就不如广府明显。

2. 宗族制度的差异对聚落组织结构的影响

《聚落探访》一书中强调了社会和家庭制度对聚落形态的影响：“布局理论中社会或者家庭的制度被直接地转化为空间。家庭制度也被空间体系化。家庭制度作为有形的东西也可以被看到直接体现在空间形式中。如果各种因素按照所有关系进行组合排列的话，就很容易绘出血缘关系的家谱。”[1]

祠堂位置对聚落格局的影响力，就是无形的宗族制度通过祠堂这一物质载体对有形的聚落形态产生影响的物化手段。宗族制度是决定广府和潮汕聚落中观组织结构的核心因素，也是造成这两个地区聚落形态差异的最主要因素。

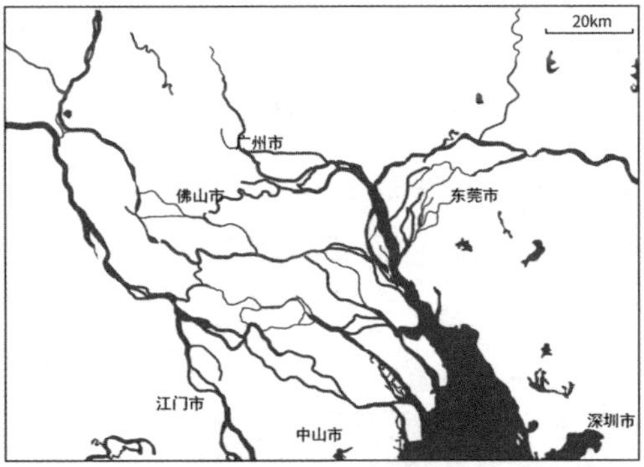

图 1-2-19 广府地区河网示意图

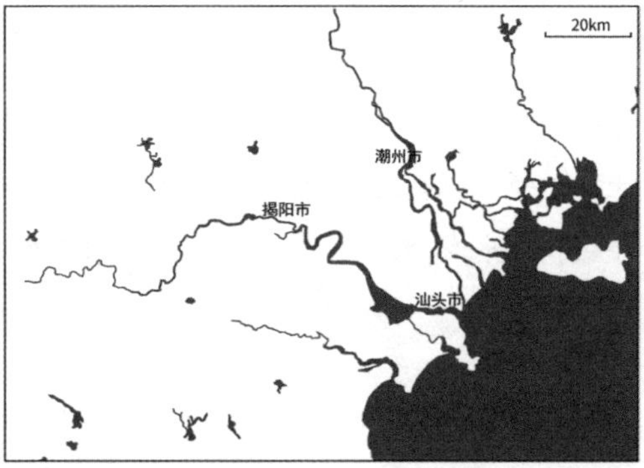

图 1-2-20 潮汕地区河网示意图

[1] 藤井明．聚落探访［M］．宁晶，译．北京：中国建筑工业出版社，2003.

广府聚落在历史上曾有过以一个宗祠为中心分布的时期。这种村落的祠堂往往位于村落中心和地形较高处（如岗地中的岗顶），为其他建筑所拱卫[1]。自明中叶起，广府地区的宗族组织与沙田基塘农耕系统的开发相互依承、相互促进，得到长足的繁荣。随着商品经济的发展和个体私有财产的增加，大宗族逐渐解体，宗族财产的再分配加快，"房"从宗族中脱离出来，"一族之内，亦复分房角胜"[2]，这导致了聚落中单一的宗祠迅速裂变为多个支祠。另外，得益于商业化的孤寒小姓或个人也得以出头，庶民宗族大量兴起。祠堂的增多以及彼此之间平等的、互不归属的平行关系，使以单一祠堂为中心的单核心布局模式逐渐式微，取而代之的是多个祠堂并置于聚落前方面水而立的格局。同时，位于祠堂后方的民居单元——三间两廊，也是与广府地区商品经济和宗族裂变下的家庭结构相适应的建筑形态。由于商业发展较早，农村富有者除了在村中买田建宅外，多在城镇经商买屋，较少留在农村形成大家族合住的情况，因此多为一家一户的三间两廊结构[3]。这种一个核心宗族裂变为多个支祠的经济组织形式，以及支祠下以独立小家庭为居住单位的生活方式，就形成了一套模块性强的以平行纵列为支房的梳式布局组织结构。

相对地，潮汕韩江流域在明清迁海令后复界时，当时的户籍登记和赋役征收制度中"粮户归宗"政策，刺激了宗族组织更加普遍成为潮汕乡村中最重要的社会经济组织关系[4]。一方面由于商品经济没有广府那么发达，不足以发展出多个平等的支系，因此每个村落呈现以一到几个大家族聚居的密集式民居群为主体附带一些小姓散居的情形；另一方面，在这个主体大家族中，遗留更多的是父系家庭制的特征，经济上以家庭集产代替宗族集产，家庭内个人收入全部缴归父亲，并实行嫡长继承制[5]，与之相应的则是大家族合居的居住模式，并

---

[1] 冯江．明清广州府的开垦、聚族而居与宗族祠堂的衍变研究［D］．广州：华南理工大学，2010.

[2] 黄淑娉．广东族群与区域文化研究［M］．广州：广东高等教育出版社，1999.

[3] 同［1］.

[4] 肖文评，陈春声．聚落形态与社会转型：明清之际韩江流域地方动乱之历史影响［J］．史学月刊，2011（02）.

[5] 肖旻．"从厝式"民居现象探析［J］．华中建筑，2003（01）.

严格按照父系家庭制度中的尊卑长幼关系分配住房，不仅以三合院（下山虎）或四合院（四点金）为基本单元向前后左右扩展，更以从厝和后包分别从左右和后方面向主体建筑进行围合，形成向心的组织布局形式。

3. 文化传播位序对聚落居住方式的影响

同为中原移民的两个民系聚落在家族组织和居住方式上的这种分异，除了经济因素的影响外，与其各自在文化传播链上所处的不同位序息息相关。

大家族共居一宅是中国古代礼制的一个方面，由汉至唐最为兴盛。宋代，由于商品经济的发展，大家族共居一宅的形式逐渐瓦解，取而代之的是以兴起于唐宋之际的个体小家庭为单元的形式，在明清重新聚族而居时形成了模块化的聚落组织形式[1]。

广府民系自南宋形成后，持续有移民迁入，并在明清时期由于经济的发达而与内陆交流密切，因此先民所带来的中原古制也随着文化核心区的变迁而变迁。从家族合居逐渐过渡到以个体小家庭为模块的聚族而居这一变化过程，并非广府地区独有的现象，而是与中原地区的发展同轨。潮汕地区在中原文化的传播链条上处于更为末端的位置。根据文化传播理论，文化传播末端地区保留的核心文化年代更为古老。另外，潮汕地区移民的迁入期也相对较短而集中在中原大家族合居制度转变之前，可能在迁移中避开制度转变期而与后期重新兴起的聚族而居接合[2]，因此这一制度文化得以较为完整地保留下来。

另外，潮汕地区在中原移民文化的传统路径上属福建地区的下一层级，且地理上潮汕与东北方向的闽南的联系较西北方向更为畅通，自古以来亲闽疏粤。宋代，以福建人朱熹创立的理学为代表的儒家封建统治思想在福建广为传播，使得毗邻的粤东潮汕地区也不可避免地深受理学思想熏陶，其府县的历任官吏大部分是闽籍儒生[3]。累世同居共财合食，就是理学家所宣扬的大家族组织形式。因此，潮汕

[1] 肖旻."从厝式"民居现象探析［J］. 华中建筑，2003（01）.
[2] 同［1］.
[3] 何建琪. 潮汕民居设计思想与方法［D］. 广州：华南理工大学，1987.

地区社会的方方面面也就比广府更深远地受到儒家宗法等级制度的制约。中原古制在潮汕地区的保留不仅体现在聚落的向心布局和家族合居的生活方式上，在建筑技术上如梭柱、叠斗的应用等也有不少体现。

4. 历史环境对聚落形态的影响

前文在探讨两地聚落在宏观形态和中观组织方式上的差异时，主要运用共时性研究的方法。但若采用历时性研究的角度，某一历史阶段内特定的历史事件的作用会更值得重视。前文讨论了两个地区聚落防御性以及聚落群密集度上的区别。潮汕地区（尤其是越靠近沿海的地区）在聚落群层次上的分布密度远大于广府聚落，这固然有人口因素的影响，但与聚落防御性上的强弱对比结合起来，也反映了特殊历史时期两地社会环境的差异。

广东远离中原统治核心地，濒临南海、东海，拥有漫长曲折的海岸线，在历史上是中国沿海海盗活动最为频繁和猖狂的地区之一[1]，尤以明清为甚。同在广东的广府和潮汕地区聚落形态发展也在这种历史环境中做出了不同程度的呼应。

历史上讨论广东地区的海防时，通常分东、中、西三路做比较。东路为潮汕地区，中路则为广府核心所在的珠江三角洲地区。在三个区域的比较中，往往将粤东潮汕地区列为险扼之甚："广东三路虽并称险扼，今日倭奴冲突莫甚于东路，亦莫便于东路，而中路次之，西路高、雷、廉又次之"[2]。

这是由于属海防中路的广府地区滨海诸县中，以东莞、新安为障，在三角洲沿岸设置海防岸防措施[3]，使三角洲腹地的广府民系核心区所受海盗倭寇之害稍有减弱。而潮汕地区"当闽广之冲"，又有众多居民点分布于沿海平原[4]。明代自闽浙而来的倭寇受季风气候影响的南上北下之途，都必经潮汕这一咽喉要道[5]，因此潮汕（粤东）遭遇倭寇侵扰的程度为广东域内最严重。再加上潮汕地区的物质经济

[1] 鲁延召．明清时期广东中路海防地理研究［D］．广州：暨南大学，2010.
[2] 道光《广东海防汇览》卷 2《舆地 1》．
[3] 同［1］．
[4] 张德泽．清代国家机关考略［M］．北京：中国人民大学出版社，1981.
[5] 曾小全．清代前期的海防体系与广东海盗［J］．社会科学，2006（08）．

条件落后于广府地区、沿海地区易受台风灾害等种种困境，更造成了潮汕地区民匪不分、亦商亦民亦盗的纷乱局面[1]。

以上历史环境，使潮汕地区聚落对防御性的要求远远高于广府地区。而地处“省尾国脚”的潮汕又比广府更远离中央集权统治，官府在守卫乡民方面除“下令各村以自为守”[2]外也寥有作为，因此更需要民间的自发防御体系。潮汕人民在认定“必合聚筑稍能存生”[3]的动机下，形成“乡村聚族而居，烟户繁密……乡无不寨，高墙厚栅，处处皆然”[4]的景观。如汕头澄海隆都镇前美村永宁寨建成于清雍正年间，建寨的初衷，正是由于连年台风灾害，民不聊生，许多贫民迫于穷困弃农为盗，社会环境混乱不安，遂有在外任官的村人委托村民建造，以“永宁”为名，为求得一方百姓安宁度日。因此，无论是村寨连绵的高密度聚落群景观，还是高寨厚栅的聚落防御系统，都反映出潮汕地区的社会环境在一定的历史时期比广府地区差。

不论是地理风土，还是历史人文，每一种因素对聚落形态在形成和转变过程中的影响都不是独立和绝对的，某个阶段有某个因素占主导作用，但各个因素仍是综合起来相互制约、相互补充，并共同推动了聚落形态在总体趋势上朝向更适应于社会和时代的方向发展。广府和潮汕地区的传统村落最大的区别在于其中观层面的聚落组织方式上，决定这种差异的最主要的因素是社会组织关系（社会制度），为了厘清这种分异的根源，需要以更长远的眼光去追溯聚落的发展历史。同时，亦不可忽略某些特殊要素可能对聚落的发展形成变异的推动力，如特殊时期的历史环境对聚落形态的影响。这样一种研究过程，有利于我们用历史的、延续的眼光看待和理解聚落的发展历程，并从中为其探索更合理的发展方向。

（本节作者：潘莹　卓晓岚）

[1] 郑可萍．明清时期潮汕地区海盗现象探析［J］．广东史志视窗，2010（02）．
[2] 林熙春．《城南书庄集·澄海县修溪东寨记》，冯奉初辑：《潮州耆旧集》卷三一
[3] 《樟林乡土史料·樟林建寨破寨事由》．
[4] 冒澄．《潮牍偶存》卷一：《潮阳县地舆图说》．

三、广府与湘赣聚落比较

江西境内的湘赣民系与广东境内的广府民系，同样作为本省境内因南迁北民的先到者，最先占据了最适于开展农业生产的膏腴之地，在低丘平原的地理背景下进行聚落建设，有较大的可比性。湘赣民系和广府民系是中国南方汉族五大民系中的两支。其主要聚居区均为耕作条件较好的低丘平原。但不同的民系发展历程，不同的自然、人文环境的影响使他们的聚落形态呈现出鲜明的差异。

（一）传统聚落形态的差异

就宏观的聚落整体形态而言，广府传统聚落大多齐整规则、巷道横平竖直犹如棋盘，统一规划和人为控制的特征鲜明；湘赣传统聚落则散中有聚、乱中有序，是自由形态和几何形态的结合，体现出有限人为控制下自生自长的发展态势。

就中观的聚落巷道结构而言，广府传统聚落以“梳式布局”模式为基型，在民居朝向基本一致的前提下，以一条平行于民居面宽方向的横巷为主巷。通常主巷位于整个聚落的前方（有时扩大为晒谷坪），以与主巷垂直的数条纵巷为支巷来连接各栋民居的主入口，横巷犹如梳把，纵巷犹如梳齿。当纵巷的长度过大时，为了方便横向联系，会在纵巷的一定深度位置上增加几条横巷，但相比之下，纵巷的数量仍远多于横巷，聚落的交通主要依赖于纵巷。横巷前有与聚落总面宽一致的月塘，接纳并储存从各条纵巷排来的雨水。江西传统聚落中以“横巷”为重，民居大门虽然不一定位于中轴线上，但多数都开在檐墙面而不是山墙面，这使得与民居面宽方向平行的横巷承担了更多的交通联系功能，当民宅朝向一致时，聚落组团的进深明显小于广府聚落，通常等于前后两户的进深之和，而当民居朝向并不统一时，聚落中的横巷体系本身也可转换方向，形成网络，成为更难描述和把握的对象。

就微观的聚落建筑布局而言，广府聚落中民宅的模块性理念更强，大多数民宅的朝向，平面格局，空间处理甚至立面和细部设计都具有惊人的一致性，其建筑规模难以体现富户与贫户的财产差异。同时祠堂与民宅的等级差异鲜明，紧邻横巷的第一排房屋多为祠堂，它们向横巷直接开大门；所有民宅只能由两厢朝向纵巷开门，形成典型的侧入式格局。而湘赣系民宅模式更加多元化，宅基地的规模、形状差异促使聚落结构向多层级化和非理性化发展。

（二）形态差异的影响因素

每一个传统聚落也如同一个生命体，有其发生、成长、成熟、衰弱和死亡的过程。但是有的聚落生命周期长、有的聚落生命周期短，在复杂的社会发展进程中受到这样或那样的影响，导致每个聚落单体有着不同的演化经历。

在人口发展史上，湘赣民系占据的赣北、赣中地区比广府民系占据的粤中、粤西和桂东地区的人口密度要先达到饱和。自隋唐起经济重心南移，便形成扬州人口甲天下，江西人口甲扬州的局面。南直隶江西人口密度依然很高，全国排位仅次于江苏居第二，广东人口稀松排倒数第四。到清代，江西退至七八位，仍高于排在第九位的广东。因此湘赣民系聚居村落当中明代以前开基建村的古老聚落占比远高于广府民系，其现存聚落的初建年代和建设周期也普遍较广府民系聚落更早和更长。在聚落长期的生发、拓展过程中，建筑不断地被加建、改建、拆建，宅基地所有权也在不同聚落成员间买卖变更，原有邻里关系不断被打破，为获得更大自用空间而侵占巷道的以个人利益为先的建造活动频繁发生，再加上宗族权力的转移、前后世长老对规划的不同期望和实施、监控差异，都将造成对统一规划思想的破坏，使古老聚落的形态更易趋向无序。

从大量的地方志和族谱等资料记载中可以发现，湘赣系聚落常常从开基祖个人或单户的迁入行为开始，逐渐生发人口、兴屋建宅，经历两三代人甚至更长时间的努力，聚落建设才初成规模，再经过相当时间的经济积累（获取财富）和人力积累（考取功名），才有可能从宗族的层面上对聚落发展有全盘的运筹和规划。最典型的如江西抚州乐安的流坑村（图 1–3–1），始建于五代南唐升元年间（937—943），以董合为流坑董氏的一世开基祖。经历了文风鼎盛、仕宦辈出的宋、元、明三朝，直至明代中叶，举人出身，官居刑部郎中的第二十二代董煌，才开始对聚落结构、环境进行全面的调整治理，形成外有乌江、龙湖环绕，内有村墙、门楼守望，以“横七竖一”的巷道体系规范民宅布局的规划模式。

这种在先期自发生长的聚落基础上所做的改建和整治，毕竟不同于在聚落开基之初就按规划行事，巷道只能保持大体平直，无法苛求首尾宽度的绝对一致。巷道边界上民宅的少许凹入突出是常见的事，一些宗族控制力弱的聚落为了迁就已有宅基地划分而“歪门斜道、羊肠曲径”的现象也屡见不鲜。

受汉民商迁时序的影响，广府民系的聚落大多数兴建年代较晚，尤其近海地区受顺治、康熙两朝的“迁海令”和“复界令”的影响，

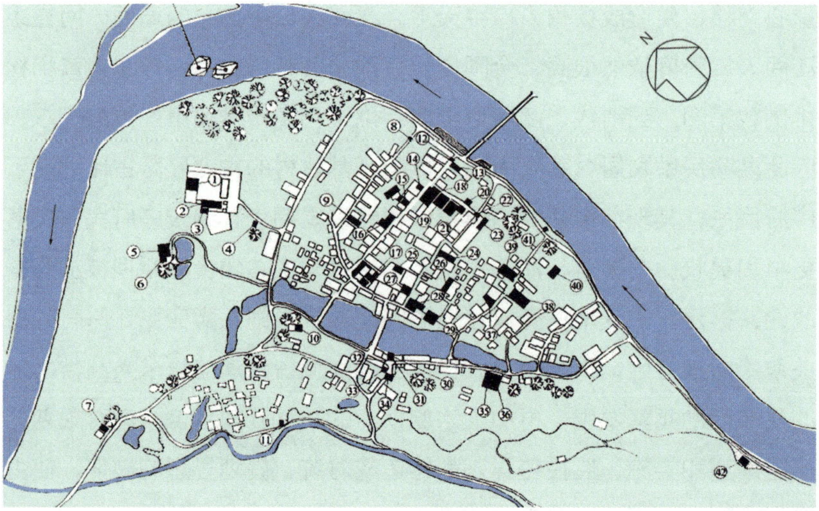

图 1–3–1　江西抚州流坑村总平面图

相当数量的聚落兴建于明末以后一个相对集中的历史时期，而且是从勘地主基伊始，就具有强烈的宗族运作意识，即从宗族层面来规划聚落物质环境，建立有序空间领域的思想。包括先立祠后建宅，以宗祠居于前排并占据聚落最佳风水穴位统帅民宅的建筑等级格局；前月塘、后靠山，雨水经各户天井到纵巷、再经横巷最终汇入月塘的整体环境格局；按房支系统确立纵巷数量，按核心家庭户数成年男丁数确定“三间两廊”民宅单元的数量的聚落规模控制。这些内容通过聚落长老的授意落实到最初的聚落建设当中，促使始建聚落就具备相当的规模且凸现严谨的秩序。其典型的棋盘状的地基网格容易保障后续建筑行为不脱离规划轨道：同时由于聚落的发展周期短，初期的规划意图容易延续而不被歪曲。从化神岗的钟楼村（图 1–3–2）就是广府聚落中营建时间短、建设年代晚的典型。其建村始祖欧阳枢、欧阳载兄弟经商

图 1–3–2　广东从化钟楼村总平面图

致富后，于咸丰六年（1856）设窑烧砖，准备材料，咸丰八年（1858）开始兴建古村，历时两年全部建筑建成。以五间五进的欧阳仁山宗祠为中心，左侧四条纵巷，右侧三条纵巷，每路7户，每户为一个“三间两廊”单元，前后相接，总建筑面积近15000m^2。每个三间两廊单元的面积和平面格局完全相同，纵巷平直规则，其两侧由民宅山墙连接而成的界面没有一点凹凸曲折。咸丰十年（1860）环村的围墙、垛楼和护村河落成，明确限定了聚落边界，村落面貌再无大的改变。

江西历来是农业大省，湘赣民系聚居的赣北赣中更是江西的粮仓。宋代江西上贡的粮食数量全国第一。明代江西人民以全国1/20的田地，承担着全国1/15强的田赋，湘赣系以农为主，商品经济发展迟缓。虽然江右商帮在明清也显赫一时，但是行商人数在总人口中的比例并不高，而且江右商人骨子里坚定的农本思想，也促使商业资本不断地向农业资本转化。农工士商，发达后均以回乡买田置房方为根本。大户人家建起大宅后，子女“分家不分房”的现象普遍。因此湘赣系民宅的常用的居住模式除了与“三间两廊”规模相近的“单井堂厢式”以外，适应于两个以上小家庭合住的“三井堂厢式”“单串堂厢式”（图

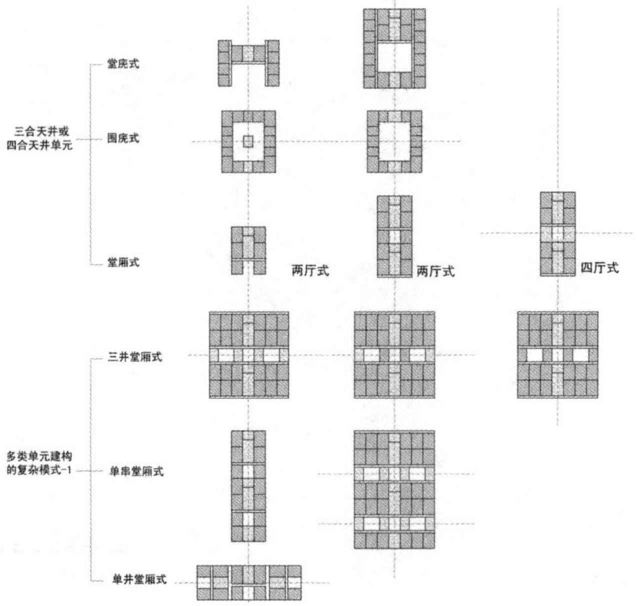

图1-3-3 湘赣民系传统民居平面模式

1—3—3）也较为普遍。这使得聚落建筑在规模和形态上呈现多元化特征。

广府民系生活在明清商品经济最为发达的地区。岭南地区温暖湿润的气候以及三角洲地区肥沃的土壤适宜多种经济作物的生长，宋、元以后伴随着大规模的土地开发，自唐代以来部分地区“民罕着本”的现象在岭南扩大化，许多农户为追求较高的经济收益而成为种植经济作物或经济作物加工业的专业户。社会分工的扩大使得商品交换的范围扩大，社会经济也进一步商品化。清初的海禁政策使得广州一度成为唯一的获准对外开放的港口城市，广府民系由于“得风气之先”，较早受西方资本主义的商品经济的影响，“重商”意识终于由萌芽走向成熟。明清时期，作为广府民系文化核心区的珠三角地区，由于商品经济的作用，大家庭普遍解体，形成儿子成婚即分家，分家必另立门户的习俗，核心家庭成为社会的基层细胞。“三间两廊”这种小规模的居住模式也因符合小家庭的居住要求而被广泛应用。而且在乡村调研中，我们发现致富后的乡绅更愿意在乡镇城市置业享受热闹的市井生活，而不愿把钱花在乡舍的扩建上，一定程度上保持了民宅单元的统一和聚落规划的齐整。

自宋代以后，中国汉族居住区的宗族聚居现象“南盛于北”。如果以省为单位进行具体的比较，则有“愈南愈盛，愈北愈衰”的趋势。明清两代、江西、广东均为平民宗族发达的地区，然而两者相比，广东的宗族化程度要更高。

宗族公有财产所占比例，尤其是族田占全部耕地的比例，可视为反映宗族盛衰、宗族势力强弱的一个重要指标。根据王询等学者的研究结果，在全国范围内，广东和福建的族田占全部耕地的比例最大，珠江三角洲番禺等地的族田占耕地总面积的比例均在50%上下，沙田的族田更高达80%。长江流域各省（包括江西）的族田少于华南，多于北方[1]。除族田之外，由于商贸发达，广府民系的不少宗族族产还包括城市住宅、商铺甚至墟市等内容。而湘赣民系宗族的族产类型相对单一，“族产来源具有大众性、平民性、普遍贫弱的特点”[2]。

[1] 王询，中国古代宗族聚落的历史变迁与南北方宗族居的差异［OL］. 中国国学网，2006（11）.
[2] 许华安，试析清代江西宗族的结构与功能特点［J］. 中国社会经济史研究，1993（01）.

由于广东地处南疆，中央政府的控制较弱，使得平民宗族的发展有比江西更为宽松的社会环境。同时作为较长时期内中国唯一进行对外贸易的口岸，走私活动促成的宗族上层与官吏勾结，大量经商致富的宗族成员买官捐爵，不断扩大了平民宗族在地方行政事务上的干预能力。另外，在抢夺包括沙田在内的各种生产、生活资源的激烈斗争中，必须要依靠整个宗族的力量才可能取胜，就更促使宗族凝聚力的强化。为了壮大力量，广府民系中同姓不同宗者，有采取“虚立名号，联宗通谱，建立共同的宗祧关系”的做法；更有甚者，一些居住相邻近的“寒姓单家，也以抽签、占卜方式来确定共同的姓氏，并且虚拟共同的祖先，合同组成一宗族”[1]这种虚拟宗族，在江西是被绝对禁止的，它反映出广东基层社会普遍的宗族化趋势。

宗族的影响投射到聚落建设层面表现为，宗族经济实力越强大，越强调族权，则祠堂数量越多，公共环境的建设质量越好，段落规划的目标会更明确统一，实施管理也越有保障，聚落形态就越规整。

广府系聚落平均拥有祠堂数高于湘赣系聚落。广府民系的传统聚落，尤其在珠三角地区，往往在梳式布局的最前排全部都是祠堂。虽然在门额牌匾上，有的建筑被称为书院、书舍、书斋或家塾，其实同教育并无直接关系，而是宗族成员为张显个人经济实力在活着的时候就建造起的“生祠”，此人死后房子则成为某房某支甚至某家的私用香火堂，祭奠的始祖就是这位建“生祠”的“私伙太公”[2]。自乾隆以后，随着“分房角胜”愈演愈烈，以书院书舍冠名的私伙祠堂大批涌现，甚至超越屈大均所言“每千人之族，祠数十所。小家单姓，族人不满百者，亦有祠数所”[3]。广东从化的木棉村（图 1-3-4）有东、西两组梳式布局的建筑群，在东、西两侧的首排，共有 10 座祠堂，其中 5 座是称为书舍、纪念“私伙太公”的私伙祠堂，它们只有一进，单开间或三开间，与普通民宅的差异仅仅是前槽开大门（民宅是山墙开大门）；正房与厅堂间无隔墙（无卧寝用的私密空间）。

[1] 叶显恩，徽州和珠三角宗法制比较研究［OL］. 徽州与粤海论稿，2004（12）.
[2] 陈忠烈．“众人太公”和“私伙太公”——从珠江三角洲的文化设施看祠堂的演变［J］. 广东社会科学，2000（01）.
[3] 屈大均．广东新语［M］. 北京：中华书局，1997.

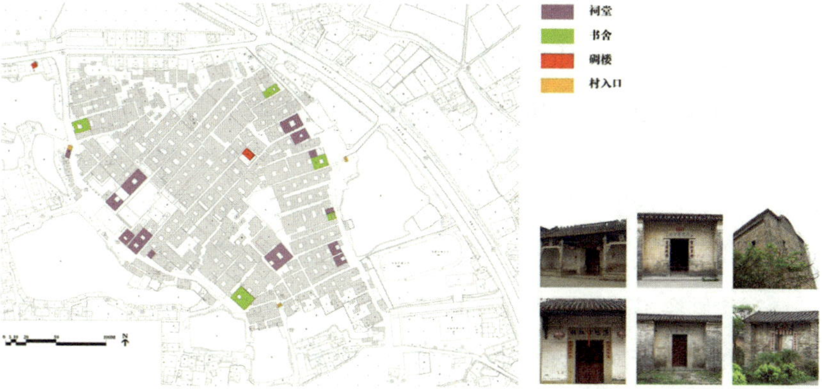

图 1-3-4　广东从化木棉村总平面图

另外广府系聚落中，祠堂与民居的平面位置体现出比湘赣系聚落更为鲜明的等级差异。采用梳式布局的广府聚落，仅仅最前排的建筑通过前檐墙开门，才能与前部的横巷、晒谷坪、水塘以及更远的自然山水产生视线联系，风水意象才能通过视觉感知而得到心理认同。所以对于总面宽有限而祠堂数量较多的聚落，第一排的位置（好的风水穴位）皆由祠堂占据，民宅只能排列在祠堂之后。即使因聚落的祠堂数量较少，某些民宅排在了第一排，也绝不可在前院墙上开门，仍然只能在山墙面开大门进出。从交通关系上理解，即只有祠堂能朝聚落建筑群的外部开门，其余民宅只能朝建筑群内部的纵巷开门，要进入民宅先要通过纵巷入口处的隘门，关闭隘门民宅则失去了对外交往的自由。这种管理制度与宋代以前的里坊制度十分相似。而在湘赣系聚落中，虽然也有民宅的高度应低于祠堂，前街不得超越祠堂的前檐等规定，但是由于横巷布局的大量采用，民宅前檐墙开门很常见。而且除了大宗祠大多位于村首外，支祠房祠未必都排在第一排，它们总是与本房本支的住宅结合成为一个个相对独立的组团。

由于聚落财富多以公有财产的形式累积起来，所以除了在祠堂等公共建筑上的投入较大，广府聚落的巷道、广场等公共空间的建设也显得比湘赣系更有经济保障且更具规划性。一般聚落前沿都有大面积水塘，稍稍富裕的宗族都会以砖石铺装巷道地面，距离封建统治中心较远的聚落只要稍有财力也会建立碉楼、村围、护村河作为公共防御体系。而湘赣民系聚落的公共环境和公共设施的建设投入相对较少，巷道谷坪多为土路，环村建围的聚落所占比例也很少。

因为族产所占的比重大，广府聚落内部宗族成员间的贫富分化不明显，每一户的住宅在规模、形制、用料乃至装饰装修程度上没有大的差异，三间两廊单元可以满足绝大多数家庭的居住需要。而在湘赣系聚落中，族产所占比例较小，财富更多地以家庭财产的形式累积，宗族成员间容易产生更大程度的贫富分化。因此一村之中砖房与泥屋、草屋并存，三进大宅与单间小屋相邻的现象不胜枚举，从住宅可以直接判断宗族成员的经济状况。

广东的地理纬度比江西更低，全年平均气温高，号称长夏无冬，居住面临的主要问题是防暑，防晒隔热和通风散热是两大技术手段。防晒的一个重要措施就是减小前后两栋建筑的间距，让后面的房屋尽可能处于前栋房屋的阴影之中，因此广府聚落的前后两户人家常常紧密相连，不忌讳共用分户墙，这使横巷的使用概率减少。就好比大雨天两人共用一把伞，只能并肩接踵，隔开一段距离就有淋雨的危险，而且广东比江西更靠近海洋，空气湿度很大，雨季很长，通风比防晒更为重要，因为它能在散热的同时，加速水分蒸发，防止民居的木构件糟朽和霉菌滋生，使人们获得相对干燥和舒适的居住环境。因此利用与夏季风主导方向或地形风主导方向一致的纵巷引入风资源，让风顺着“梳齿”般的巷道深入到聚住区的每一个部分，带来清凉，是适应湿热气候的明智之举。江西相对四季分明，虽然夏季十分炎热，冬季的防寒也不可忽视，前后排建筑间留出适当的巷道距离有利于冬季纳阳，因此横巷的使用频率比广府明显上升。再者，东南季风受到五岭的屏蔽进入江西境内强度已下降不少，因此湘赣系聚落对于季风的依赖并不像广府地区那么大，而且对于夏季导风和冬季避风有一个综合的权衡和考虑，并不刻意强调巷道的方向性和绝对平直。

由于临海，广东比江西的雨季持续时间更长，台风和暴雨发生频率高、破坏性大，这对广府的居住形态产生了深远的影响。比如广府园林为了避免暴雨急泻可能带来的洪涝灾害，理水讲究规则几何形水池，平直池壁，深池广树，都是为了在短时间内能容纳更多的雨水；

广府系聚落喜欢近山选址的原因一方面是可以少占耕地，另一方面也是便于因势利导排雨排洪。在坡地建村房屋总是平行于等高线布置的，排水沟也总是结合巷道设置的，对于相同形状相同面积的聚落而言，垂直于等高线的纵巷数量越多，密度越大，越利于分流排水；反之以横巷为主组织交通则使排水路线加长且流速减缓。所以广府聚落采用以纵巷为主的梳式布局体现了对地域气候的适应性。

一种地域文化在地理分布上总有核心和边缘的范畴，核心区居住模式对边缘区有辐射扩散作用。广府文化的核心区是珠三角地区，水网密集，可耕地比例和聚落建设用地规模都相对紧张。聚落布置越规整越节省建设用地，严谨的梳式布局恰恰迎合了这种需要。湘赣文化的核心区是江西中、北部的赣抚平原和吉泰盆地，水网密度小于珠三角地区，可耕地比例稍大，聚落建设用地相对易于展开，对土地的集约化使用要求不像珠三角地区那么强烈，聚落的建筑布局相对自由和松散。明中期后，广府地区由于剧烈的人地矛盾开始“向海要田”，沙田整治和基塘种植（桑基鱼塘、果基鱼塘）的经验进一步加深人们采用规则化的路网系统控制聚落形态的意识，“梳式布局”得以巩固和发展。而湘赣民系面对同样的生存问题开始“进山垦殖”，山地聚落顺等高线布局的习惯则强化了原有的横巷布局模式。

当然，现存的居住模式并非是应对该区域社会、人文环境的唯一合理答案。但不可否认的是，环境要素的复杂系统合力确实推动居住模式向特定的方向发展。经历了漫长的历史考验和选择的一种稳定的居住模式必然有其合理之处。

（本节作者：潘莹　施瑛）

二 珠江三角洲水乡聚落

一、珠三角水乡聚落形态

广东番禺、南海、顺德、中山等地地处河网密布的珠江三角洲冲积平原，在漫长的农业社会时期，以农业经济为基础，在社会、经济、文化等多方面的相互作用下，形成了具有人文特色、自然形态与人工聚落环境极为和谐的水乡风貌。营造出了具有亚热带气候特征和珠三角地理特征的地域水乡聚落。

（一）水乡空间格局

岭南水乡环境及格局包含着两种基本形态：其一是纵横交错、密如蛛网的水系；其二是成群连片、波光闪烁的基塘。

珠江水系进入三角洲地区后，愈向下游分汊愈多，河道迂回曲折，时离时合，纵横交错。这些水道将历史上形成的冲积平原切割成块，各平原地块之间由水系中主要河道及密如蜘蛛网的小河连通。这种蜘蛛网般的小河道在珠江三角洲水乡地区称为“涌”，河涌水网不但为商贸交通的发展创造了有利条件，也为珠江三角洲地区水乡聚落文化特色的孕育及形成奠定了天然水网环境基础。明末清初的屈大均在《广东新语·地语》中写道：“下番禺诸村，皆在海岛中，大村曰大箍围，小曰小箍围，言四环皆江水也。凡地在水中央曰洲，故诸村多以洲名。洲上有山，烟雨中望之乍断乍连，与潮下上”。

基塘是指珠江三角洲地区的“果基鱼塘”“桑基鱼塘”和“蔗基鱼塘”的农业经营模式。明朝初年，朱元璋在全国各地推行桑、麻、枣、棉的种植，广东各府州县的地方官也不乏提倡种植桑麻，这对经济作物的栽培有较大的影响，而且在同样面积的土地上种植经济作物，远比种水稻等粮食能获得更多的经济效益。随着农业商品性生产的发展，使得农村的生产结构相应地发生了变化："甘蔗的种植，推动了蔗糖业；蒲葵的种植，推动了制葵业；蚕桑的发展，推动了丝织业；麻和棉花的种植，推动了织布业；席草的种植，推动了制席业……"。[1] 岭南"农者以拙业力苦利微，辄弃耒耜而从之。"[2]

珠江三角洲一带出现了弃稻谷农田生产而种果、养鱼、植桑的风气，走上"稻田→果基鱼塘→桑基鱼塘"的农业生产商品化的道路。明初开始把田地改为基塘，所谓"基塘"就是将地势低洼、水潦浸泡，生产条件较差的土地深挖为塘，将泥土覆于四周成基，塘用来"蓄鱼"，基面"树果木"，称为"果基鱼塘"。明末清初，出现了"桑基鱼塘"，即将原来基面种的果木改为蚕桑。桑基鱼塘一经出现，便很快地取代了"果基鱼塘"。至清乾隆、嘉庆年间，再次"弃田筑塘，废稻树桑"，使原有桑基鱼塘区进一步扩大到基塘范围以外的区域，至清道光年间，如广东南海九江乡已是"境内有桑塘，无稻田"的情景。"桑基鱼塘"的扩展使珠江三角洲成为蚕丝和丝织业生产中心，成为我国三大生丝产区之一。

桑基鱼塘这种基种桑，塘养鱼，桑叶饲蚕，蚕屎饲鱼，塘泥培桑的生产方式，形成蚕粪喂鱼，塘泥肥桑，栽桑、养蚕、养鱼三者有机结合，使桑、蚕、鱼、泥之间相互依存、相互促进，在获取经济效益的同时营造了循环经济的理想生态环境。基塘农业的扩展不但推动了织造业的繁荣，而且促进水乡市镇其他行业和对外贸易的发展。农业商品性生产和手工业的高度发展，一方面为水乡的繁荣奠定了物质基础，另一方面又推动了水乡的埠头、墟市、河运等相关物质设施的建设和发展，形成了圩市密集、规模宏大的水乡市镇。（图 2-1-1）

珠三角地区水乡是历史上存在或现存的以连片桑基鱼塘或果林、花卉商品性农业区为开敞外部空间的，具有浓郁广府民系地域建筑风格和岭南亚热带气候植被自然景观特征的水乡聚落类型。水乡作为一种独特的聚落形态，类型涵盖了城镇与乡村，而水乡村落是水乡聚落

[1] 蒋祖明、方志钦．简明广东史［M］．广州：广东人民出版社，1993.
[2] 屈大均．广东新语·卷 14［M］．北京：中华书局，1985.

图 2–1–1　水乡市镇

形态中规模最小，但数量最多，也是内涵最高的一种。

水乡聚居空间格局包括：建筑依河或夹河修建的线形水乡；聚居建筑以梳式布局为主的块形水乡；水网分汊把聚落建筑划分为若干部分的网形水乡。线形水乡依河或夹河修建，利用水资源服务于当时的生产经营方式。这种水乡布局沿水陆运输线延伸，河道及道路走向往往成为村镇展开的依据和边界。线形水乡的主轴就像一条延长的骨干线，而沿干线生活的居民可以最大限度地享受临水之便。水乡沿河布局形成房前是交通要道，屋后是宁静的田野，同时线形水乡能够根据地形曲折变化，灵活地发展。

广州番禺石楼镇大岭村，背依碧绿葱葱的菩山，前临潮汐涨落的玉带河，村落从南至北以沿河涌街道作为骨架呈线形扩展，民居沿着溪水坐东北向西南弯曲有序地排列。错落有致的民居与小溪、石桥结合，构成“菩山环座后，玉带绕门前”为空间格局的岭南水乡聚落。位于番禺沙湾镇的三善村，因村的西面有三善岗而得名。贯通南北的河涌将村子划分为东西两部分，东部的建筑群落坐东朝西面向河流；西部的建筑则坐西朝东面向河流，而街巷末端是郁郁葱葱的三善岗，景致优美。跨越河涌的桥梁相互衬映，桥头空间开阔，伴有涌旁榕树形成的阴凉的休憩空间，壁桥流水，耙巷深院，灰墙树影，烟波缭绕，如同一幅清淡的岭南水乡画卷。

块形水乡是珠江三角洲地区最常见的一种，村落位于河涌一侧，周边为各类基塘，传统村落采用梳式布局系统，利用河流吹送的凉风来冷却朝向河流的耙子巷，而河岸对面往往为景色优美的水稻田或果树林。这类水乡通常临河一侧是水乡的公共活动中心，布置祠堂、书院及各种小型地方神庙，成为公共活动的场所，往往是一条巷道对应一个水埠和一个支祠，各宗族民居以此为中心层层展开，像佛山南海的九江镇烟桥村、广州增城的瓜岭村等就是这种布局的典型。离河涌较远的村落常以四周基塘作为水系，布置宗祠等公共性建筑，利用基塘水系开挖水塘呈半月形作为祠堂的风水塘，如广州从化太平镇钱岗村和木棉村等。

放射状格局是块形水乡布局的特殊形式，这类水乡一般依岗或依洲而建，以岗或洲的最高点为中心，由此向外发散出几条骨干巷道，村外围是祠堂或广场。形成水绕村，中心高四周低的放射形水乡格局。肇庆高要蚬岗镇，由蚬岗一村、蚬岗二村和蚬岗三村共同构成。据有关史料记载，蚬岗村从明朝初开村，距今已有六百多年的历史。整个村落四面环水，民居按八卦原理分布，依岗而建，呈蚬状，直径约600m。村内以麻石铺路，道路纵横交错、错综复杂，凸显八卦玄机（图2—1—2）。现村落中还保存有清朝同治年间钦点蓝翎御前侍卫的故居和书塾、炮楼等古建筑物。而番禺沙湾北村则是以留耕堂为中心的向心布置。

网形水乡的水网呈“T”或“Y”字状，把聚落划分为若干部分，以保证民居得到最长的河道与最便捷的交通出行口。这类水乡可以向任何方向发展，它总体上由河涌、河道或基塘分割成若干形态类似的陆地区域，区域聚落边缘的建筑比其中心会有所下降。就单个村落来说，外围的基塘对村落边界有较强的界定与终止作用。但区域聚落外围一些基塘之间较大面积的间隙处，会形成小片的居住地，使得各陆地区域与基塘原野区域之间存在某种过渡形态。

图 2-1-2　肇庆高要蚬岗镇蚬岗村平面

网形水乡最有代表性的要数佛山市顺德杏坛镇的逢简村。逢简村在唐朝就已成村。当地气候非常适合种桑养蚕，故村内外桑田成荫。早在清代，逢简村民就弃田筑塘、种桑养蚕，几十家丝织厂日夜不停，为顺德成为“南国丝都”立下汗马功劳。逢简村北临西江航道，水运发达，村内河道纵横。这些蜿蜒于桑田中的小河，在昔日将一船船蚕丝运往广州等地，全省客商也从这些小河乘艇远来，采购蚕丝。在当时形成了一个远近闻名的集市，最为鼎盛时人口达万数，设有东西二市，里面有庙宇、酒楼、商铺，有“小广州”之称。

逢简村以水道为界，河涌呈“井”字形，自南往北流过古村，汇入西江支流，把村落切割成若干小沙岛（图 2-1-3）。村落外围是环绕的河涌和分布的祠堂庙宇，河道中保存了古村原有的空间格局和自然景象，两旁筑有红砂岩或麻石铺砌的驳岸，每隔一段有小埠头连通门巷，河道一侧与其平行的是麻石铺砌的临河步道，古榕树、香蕉林、石榴在河两岸绿盈红肥。溯河而上，周边基塘农业一派水乡风光。

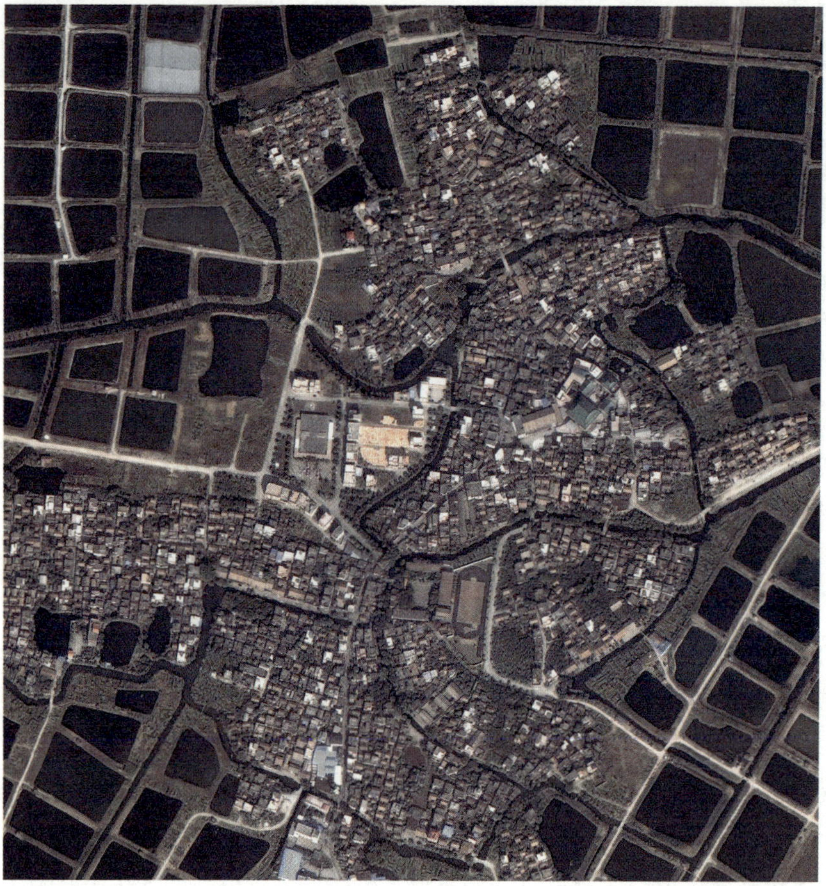

图 2-1-3　广东顺德杏坛镇逢简村平面图

（二）水乡景观特色

珠江三角洲水乡聚落的边沿景观主要由松杉河道、农田藕塘、桑基鱼塘和果林花卉等组成。松杉河道是指村落外围两岸种植水松、水杉的河道，水松是半常绿乔木，水杉是落叶乔木，均属杉科。它们的形态非常接近，一般可高达 20 ～ 30m。树干笔直挺拔，小枝下垂，枝条层层舒展。木质轻软，纹理细密，适用于造船、建筑、桥梁和家具。水松、水杉的适应能力很强，已成为珠江三角洲地区的速生造林树种。船在河涌穿行，清疏劲挺的水松、水杉既能提供浓荫又不会遮挡视线，不但有较高的观赏价值，还具有固堤、护岸、防风的功能。

与松杉河道一起构成村落外围景观的还有桑基鱼塘一望无际的原

野空间形态和成组成片的果林花卉。大量基塘聚集在一起，颇有水天相连的浩瀚之感。果林水乡风貌也是珠江三角洲的独特之景，纵横的水网河涌，蜿蜒曲折地穿越品种繁多的果园。如广州增城瓜岭村就是一个著名的果林之乡，瓜洲河从村边流过，一河两岸，里层种植荔枝树，外层环绕着香蕉树。春天荔枝开花，洁白一片，满河飘香，而荔枝红时，倒映在碧波之上，又是别有风味，形成“外围百亩玉米盈地，香蕉荔枝护两岸”的具有多层田园景观的岭南水乡格局。始建于元末明初的广州海珠区东南端之小洲村，河涌纵横环绕，因其面积小而称为小洲岛，聚居地犹如汪洋中的一片绿洲。村民世代以种果为生，村落外围果树成片，田园景色优美，过去曾有文人雅士评出小洲八景：古渡归帆、松径观鱼、古市榕荫、华台奇石、翰桥夜月、西溪垂钓、孖涌赏荔、崩川烟雨。

在东汉已成聚落的陈村，以邑人陈临于建安中被征为太尉而得名。“自汉例献龙眼荔枝，宋贡异花，由来已久”。清代学者范端昂撰的《粤中见闻》中写道：“顺德有水乡曰陈村，周回四十余里。涌水通潮，纵横曲折，无有一园林不到。夹岸多水松，大者合抱，枝干低垂，常有绿烟郁勃而出。桥梁长短不一，处处相通。舟入者咫尺迷路以为是也，不觉隔花林数重焉。村人多种龙眼为业，一村有数十万株。荔枝、柑、橙诸果，居其三四。比屋皆焙荔枝、圆眼为货，售于远近。又常有担负或舟载小株花果往各处卖之。”

岭南水乡空间形态构成，除了表现在村落外部的松杉河道和田园风光，也表现在村边的水口园林，村内的榕荫广场、河涌水道、街巷空间和民居庭院等方面。

所谓“水口”即指村落中水的流入或流出的地方。珠江三角洲水乡多以水口作为村落的门户，在此建桥镇锁水口，并广植高大乔木，旁建水口庙、文峰塔或炮楼等高耸的建筑物。“粤中文会极盛，乡村俱有社学……乡村大姓必于所居水口起文阁，祠文昌祠，神之生日赛会尤盛，阁凡二层或三层，高者十余丈，远望似浮屠。有阁处其内多读书家，有科第。”[1] 水口的设置一般是因地制宜，利用天然溪流

[1] 同治．番禺县志•卷六•舆地略．

和山林，将山水、田园、村舍融为一体，使高耸的文塔成为村落的标志性景观。文塔、石桥、古榕、河流、廊亭是构成水口园林的物质要素。（图 2-1-4、图 2-1-5）

在岭南水乡，每个村落都有一棵或数棵古榕树立于村口，成为村落的标志性景观。在村前村后或村落中心河涌、鱼塘水池旁边的广场上，多植有巨大的古榕树，树木浓荫覆地。榕树作为南方特有的树种，适应了高温多雨的气候特点，生长迅速且根部宽大发达，树枝浓密婆娑利于遮荫。大榕树下，是岭南水乡村民聚集休闲的主要场所。（图 2-1-6、图 2-1-7）

珠三角水乡“小桥流水人家”的景色随处可见。桥是构成水乡聚落的重要元素，它是路的延续，是跨越河涌的通道，也是体现水乡特色的重要载体。水乡桥梁主要有两种形式。一种是石券桥，常以中孔最宽，也为桥的最高点，两边次孔面宽逐级递减，各孔随中孔之高渐次低下，形成桥面缓和的坡度。石券桥上有精雕细刻的各式栏杆，使

图 2-1-4　水口石桥

图 2-1-5　水口古榕码头

图 2-1-6　广州海珠区小洲村古榕广场

图 2-1-7　小洲村内临河祠堂的古榕广场

桥显得稳重而不失优美（图 2–1–8）。另一种是更为常见的平桥，有石桥、水泥桥或木板桥，离河水面较近，单侧或双侧设扶手，显得较为简陋（图 2–1–9、图 2–1–10）。在水乡，有桥就有树，有树就有市，有市就有埠……桥、树、市、埠的组合往往与河涌共同存在。位于顺德容桂的“树生桥”，体现了桥与树共生的独特景观，明万历《顺德县志》有：“榕树桥，在容奇南约水仙宫侧，名曰鹏涌前，有大榕树二株，数百年物也，其根蔓延入桥，左右石柱相缠不解，为天然扶栏桥梁，皆榕根盘错如树引渡者然。乡人因以名之，古致错落，亦一胜迹也。”

河涌水道是水乡居民联系外界的主要通道，水乡的河道空间沿岸并没有形成紧密的建筑界面，而是以驳岸、植物、后退的建筑等要素，令沿河景观空间富于变化。当乘坐小舟在河涌上穿行时，驳岸与水面一起组成空间景观形象。水乡河道的驳岸构成丰富多彩，按其断面形式可分为自然式、规整式和混合式三种。自然式驳岸是带有植被的缓坡驳岸，富有天然野趣，常见于聚落外围；规整式驳岸常用麻石、红砂岩、毛石、砖等砌筑而成，大面积地运用通常能产生细腻而均匀的纹理，与水界面交接形成的岸线比较直，剖面通常呈垂直状或陡坡交接，抗灾防洪能力强，常用于村落的水道（图 2–1–11、图 2–1–12）；混合式驳岸同时见于聚落内部与外围，通常用砖石砌筑加固，上覆植被。与以上两种驳岸相比，混合式驳岸砌筑较随意，其形态与质感更具有生态感与乡土气息。

图 2–1–8　顺德逢简村巨济桥

图 2–1–9　水乡村落平桥

图 2–1–10　水乡村落木板桥

图 2-1-11　河涌较宽水道驳岸

图 2-1-12　河涌较窄水道驳岸

水埠是河岸与水面发生联系的驿站，它具有汲水、洗涤、登临、装卸、停泊等功能，一般由整麻石叠砌而成。通过水埠，河与街巷有了更进一步的联系，形成水陆转换的空间统一体。水埠与河岸的关系，实质是河与街、巷之间的交通位置、空间用地大小等关系。水埠形式常见有平行式、垂直式和转折式等（图 2-1-13 ～图 2-1-15）。水埠分一族人公用的大埠头和仅供一户使用的小埠头，所以水埠既有公共性也有一定的私密性。朱光文先生在《岭南水乡》一书中写道："水埠区别十分严格，各房族分及家族用不同的埠头，有的埠头还特意勒石加以说明，如顺德桑麻水乡总社村的一个埠头有一块长条石上刻有'黎恒传祖水埠'几个字；这些埠头每天都有人烧香拜祭，逢年过节香火更盛。"[1] 还有顺德逢简村宋参政李公祠前的水埠勒石上刻有"李德昌堂水埠"六个大字，也是祠堂前的专用水埠。建有大型埠头的河道较宽，以便埠头能停泊更多的船只，埠头前置有广场或开阔地，村民常聚于榕树下纳凉、聊天、下棋等。

珠三角水乡的居住聚落是由街巷划分的。村落道路系统一般由街、坊、里三级组成，街巷布局多呈树枝状，街为干，坊、里为枝。商业性及交通性的街道面宽 3m 左右，属于公共性的交通空间，人车多，

[1] 朱光文 . 珠江三角洲水乡［M］. 广州：广东人民出版社，2005.

图 2-1-13 与水道垂直的水埠

图 2-1-14 与水道平行的水埠

图 2-1-15 转折式水埠

流量大，嘈杂喧闹，为了使道路空间有所缓冲，通常在祠堂等公共性建筑以及街道交口、转折等处扩大节点，形成较为开阔的地带或小广场，而村落主干道多与河涌平行（图 2-1-16）。一般的巷道与主干道垂直，街巷的尽端分为通头巷与掘头巷两种。通头巷也是划分民居建筑聚落单元的界面，保证交通的通畅与便捷。这类通达的巷道宽约2m左右，人车不多，干扰较少，属于半私密交往空间。掘头巷在0.8～2m之间，巷内安静，活动人员固定，基本为邻居，相互熟悉，没有外来的干扰，在公共活动中属于私密交往空间。

街巷走向明确，大部分街巷的出口都能到达河道，部分街巷的尽端通往山岗，给人以畅通的空间感受。大多数巷道全天都处于建筑阴影之中，且朝向夏季主导风向，容易形成冷巷，炎夏之时在村中行走，也依然凉风习习（图 2-1-17）。街巷两侧的民居入口很少出现直接相对的情况。在无法避免的情况下，其中一户的入口会做局部的转向处理，如内凹进去用小前院进行过渡，这样，巷道往往呈现出一种折线形空间，使局部得以放大处理。这种通过街巷局部空间的收放，以及巷道台阶的起伏，民居院墙的漏窗，街巷旁侧的绿化栽植，民居建筑山墙与入口大门的丰富装饰，街巷地面麻石或红砂岩铺地等，打破了巷道狭长、封闭、单调的感觉。

图 2–1–16　与河涌平行的村落主干道

图 2–1–17　与河涌垂直的耙齿巷道

沿河建筑分三类：其一是多个连续的宗祠，常见于古建筑保存较好的村落，祠堂前面通过广场或者风水塘与河道过渡，祠堂建筑两端的镬耳山墙与巷门依次排列，在水面产生柔美的倒影。其二是商住结合的建筑，有前铺后宅和下铺上宅两种。建筑可建在沿河道路里侧，也有挑出河岸架于水上的。临河建筑中，房屋与房屋之间并不连续形成封闭界面，而是相隔一定间距露出一小段间隙，中间或为水涉，或为驳岸，或者对着垂直于河道的街巷入口。其三是普通的民居，前面为住宅的围墙或大门，住宅主体后退，与河涌达成良好的空间关系，而住宅庭院的高大绿化也给河涌空间增加了一道景观。通往河涌的巷道里面是高低起伏的民居建筑和庭院绿化。在鳞次栉比的民居中，以水井、盆栽为南方特色的天井或单株乔木栽植的庭院空间，与民居厅堂一起构成了家庭日常生活的主要场所。

（三）水乡聚落建筑

以宗族血缘关系为纽带而修建的村落是岭南水乡社会的重要特征之一。岭南水乡的宗族制度在明清时极其兴盛，这种由血缘派生的“聚族而居”的空间关系，在珠江三角洲水乡中表现得非常明显。许多水乡是以一姓或几姓为主，村落布局首先强调的是宗祠或神庙的位置。“宗祠的核心作用，不仅表现在地域上，而且也表现在心理上。因为凡祭祖、诉讼、喜庆等族中大事均在宗祠里面举行，这样久而久之便成为村民心目中的中心。”

这种宗祠盛多的现象，屈大均《广东新语·宫语》中也有述说：“岭南之著姓右族，于广州为盛，广之世，以乡为盛。其土沃而人繁，或一乡一姓，或一乡二三姓，自唐宋以来，蝉联而居……祠数十所，小姓单家，族人不满百者，亦有祠数所。其曰大宗祠者，始祖之庙也。”[1]所以“其大小宗祠，代为堂构，千人之族，祠十数所，小姓单家，祠亦数所”。[2]一个宗族组织完善的村落空间，反映出不同层次的宗族结构关系，从而给人以井然有序的感觉。随着宗族人口的不断增多，大的宗族往往要派生出许多小的支系，反映在村落形态上，必然出现许多小的簇团，各支系除了受总祠的统领外，又以支祠作为副中心，形成一些小的空间组织。增城瓜岭村在河西岸，七间支祠围绕着爱闲黄公祠一字排开，临河的还有书院，全部朝东而立，多是两进的格局。规模最大的是爱闲黄公祠，是三进布局。11条狭窄的麻石巷分列其后，布局清晰。

珠三角其他地区规整梳式布局中的祠堂，都建在全村最前列，面对半月形水塘。而水乡的祠堂稍有不同，大都建在河涌之旁，形成古祠临涌之势（图2-1-18），也有村民利用流经祠堂的河涌改造成半月形水道做浮池，一定程度上替代了水塘的作用。从文化的意义上来讲，具有储气运、聚财富的寓意；从景观的角度讲，能形成波光倒影，具有传统园林的构景特点；从功能上来讲，能扩大祠前河道的宽度以

[1] 屈大均．广东新语［M］．北京：中华书局，1985.
[2]［民国］18年．顺德县续志．

图 2-1-18　临水而建的顺德逢简村刘氏大宗祠

容纳、停泊更多的来往船只。

祠堂的平面布局和空间组织是对外封闭、对内开敞，采用严谨的中轴对称布局，以蕴含珠江三角洲地区自明代以来倡导的伦理和礼制秩序。同时，结合天井组织院落和建筑，前有河道、广场、池塘，整个空间秩序井然有序。祠堂是水乡居民的祭祀活动的中心，大量人流与祭祀活动使得其前广场显得特别重要。祠堂的空间节点按其前广场的位置可以分为以下几类：祠堂建筑群离河岸较远，有一片较大面积的前广场，形成内陷形广场；在祠堂建筑后退有困难或河涌较宽时，广场在河岸一侧出挑，形成出挑形广场，以便获取良好的局部空间。还有就是对岸形广场。由于沿河所建的祠堂前广场面积不够，就在河对岸形成开阔广场。祠堂与两旁的沿河建筑齐平，对岸广场隔着河涌有良好的视角视线，容易欣赏到祠堂的活动和河面上的倒影。对岸广场通常在广场的里端设置大型照壁。如顺德碧江慕堂苏公祠的正对面，建有一座砖雕大照壁，正壁中间高两边矮，总长度超过 50m，最高处达 8.75m，最矮处也超过 5m。照壁为白麻石勒脚，水磨青砖墙身，墙顶瓦檐上有灰塑博古脊和龙船脊。

珠三角广府地区的传统民居最常见的有“竹筒屋”、“明字屋”及“三间两廊”。竹筒屋即单开间民居，本地有的地区称为“直头屋”。

它的特点是平面布局犹如一节节的竹子。竹筒屋的通风、采光、排水、交通可以依靠开敞的厅堂和天井、廊道得到解决。竹筒屋民居建筑多用于城镇居民。明字屋平面为双开间，象征“明”字。它由厅、房和厨房、天井等组合而成。三间两廊屋，即三开间主座建筑，前带两廊和天井组成的三合院住宅，这是本地区最主要的平面形式，特别是在农村，大多数都是三间两廊民居。其平面内，厅堂居中，房在两侧，厅堂前为天井，天井两旁称为廊的分别为厨房和杂物房。

顺德碧江有三条水道在此交汇，自古以来是广州往来西江、北江船只必经之地。屈大均《广东新语》言：“俗以祠堂为重，大族祠至二三十区，其宏丽者费数千金，而莫盛于碧江……”[1] 鼎盛时期，碧江人家超过万户，人口三万多。在碧江营造出连片古建筑群包罗了祠堂、馆舍、书塾、民居和园林等建筑类型。过去村落深巷回廊，家家临水，处处绿波，桨声欸乃。晨间，小桥流水，薄雾似纱，两岸镬耳高耸，瓦屋倒映；傍晚，夕阳斜照，渔舟扁扁，河畔桅篙如林，灯火阑珊，触目皆诗画。

大型天井院落式民居，很有特色的要数碧江金楼民居群中的职方第（图 2-1-19）。职方第共四进，包括门厅、牌门过亭（图 2-1-20）、大厅（图 2-1-21）和三层的回字楼。颇有特色的是牌门与厅堂之间

图 2-1-19　职方第牌门

图 2-1-20　职方第牌门与厅堂之间的过亭

[1] 屈大均．广东新语［M］．北京：中华书局，1985.

图 2–1–21　职方第大厅

的过亭。粤中一般民居通常的做法是无盖开敞的天井小院，而这里则在牌门墙头和厅堂前檐瓦面上通过四点砖趸，凌空支承着一个歇山大瓦顶，用过亭覆盖着第二进天井，既增加扩展了大厅的室内空间，又确保了大厅的通风和采光，同时丰富了中轴线上建筑的形象，可谓匠心独运。过亭两侧的庑廊则改为接待室，檐下采用隔扇装修。职方第大厅墙体均用水磨青砖砌筑，檐廊采用石柱，室内中心置有四根木柱，前面木柱之间以落地门罩形成室内中心空间，后面木柱置有屏门。整组建筑空间通透灵巧却不失威严。金楼位于职方第的后面，原名赋鹤楼，是大宅院建筑群中的藏书楼和书斋。因为楼上的装修满是精美灿烂的金木雕，人们则将其称作“金楼”（图 2–1–22）。金楼首层三开间，是中规中矩的一厅两房格局，屋前带有前廊，廊的顶部为二层的露台。二楼的布局与首层不同，是借鉴了紫洞艇（旧时珠江上的画舫）的格局。整座建筑室内都做有各种题材的木雕，从上到下布满了天花、藻井、柱梁、挂落、门窗的各个木构件。木雕面层贴满金箔，光亮闪耀。（图 2–1–23、图 2–1–24）

图 2-1-22　广东顺德碧江金楼

图 2-1-23　碧江金楼木雕隔断

图 2-1-24　碧江金楼二楼室内花罩

（本节作者：陆琦　潘莹）

二、珠三角水乡营居秩序

当我们通过视觉去认知一个传统聚落的形态时，一般可从聚落的图解窥其空间构成，这便是传统聚落在营居时的秩序性语言。珠江三角洲传统水乡聚落营建离不开水的孕育，在农耕经济为主的水乡聚落呈现出按某种“关系”组织，以“水”为“聚”的营居方式，[1]聚落秩序反映了珠江三角洲水乡的先民们与其生活环境之间的相互关系，得天地万物之和谐以及趋吉避凶的诉求和信仰。

目前关于珠江三角洲传统水乡聚落的研究成果颇丰，朱光文[2]从历史学、社会学、建筑学等综合学科角度对珠江三角洲水乡聚落的环境、类型、景观特色、价值与保护角度进行阐述。陆琦、潘莹[3]教授从地域特征角度探讨了珠江三角洲传统水乡聚落类型，许自力[4]教授从水系结构特征、水系景观的地域特征总结了珠江三角洲流域水系景观的特征。这些成果都为水乡聚落研究奠定了坚实的基础。珠江三角洲传统水乡聚落营建秩序体现了先民们适应环境、改造环境和表达环境的营居秩序。水域环境之于珠江三角洲水乡传统聚落营居秩序有三：其一尊重“以水为先”营居择址时的自然秩序；其二形成于“以水为脉”整体布局时的功能秩序；其三仰仗于“顺水为法”的文化秩序。

（一）“以水为先”的自然秩序

密如织网的水系网络将珠江三角洲塑造成水乡泽国，因而水路成

[1] 原广司.世界聚落的教示 100［M］.北京：中国建筑工业出版社，2003.
[2] 朱光文.珠江三角洲水乡［M］.广州：广东人民出版社，2005.
[3] 陆琦，潘莹.珠江三角洲水乡聚落形态［J］.南方建筑，2009（12）.
[4] 许自力.珠江三角洲流域水系景观特征及结构性问题［J］.中国园林，2009（04）.

了内陆文化传入岭南的重要渠道，在整条交通线中占据主要的地位。珠江水系纳百川以归大海，在此纷繁水系网络的末梢通过分水岭与湘江水系、红河水系、赣江水系连接起来，在古代是岭南与内地联系的主要途径。《汉书》记载："夜郎者，临江，江广百余步，足以行船，南粤以财物役属夜郎，西至桐师，然亦不能臣使也。"[1]可见，在岭南文明开发之初，内地的中原文化、楚文化等先进文化向岭南传播的渠道都是沿江而入，因而决定了岭南文化的开发由西而东、由北而南间歇式或组团式移动的态势，最后在珠江三角洲形成了经济与文化的中心。

在珠江三角洲水网密布的地方立村，寻求合适的可用于建村的地址是首先要面临一个基本的问题。因而聚居的村落能否满足居民的日常生活与生产的便利是择址秩序规则中首先要考虑的条件。如果这个择址点是陆地，则这块陆地必须是离水较近但又不至于被水淹没；如果这个居住点是沙洲，则必须保证其位于沙洲的堆积岸而不是侵蚀岸，以便沙洲的面积可以不断扩展，这样才能提供足够的用于建设房屋的土地，还能降低居住后被水淹的危险。珠江三角洲传统水乡聚落的先民们对村落的选址，人们在实践过程中在水网环境中形成了营居秩序。在民国顺德县营届署图中可见水网建构下的珠江三角洲的常见村落与地域特征结合的形态（图 2-2-1）。

珠江三角洲传统水乡村落在珠江水网下孕育而成，"水"承载着耕渔、饮用、洗涤、舟楫等满足聚居的生存性功能，因而在珠江三角洲水乡中，村陆路临水而建，沿水系建有驳岸及台阶，以便于船只上下与交通往来，若两岸有房屋则有桥梁相连，水陆通达成为珠江三角洲传统村落发育的核心因素的秩序规则。水网河道除了满足珠江三角洲先民们的交往与生活所需，同时在珠江三角洲聚落的形成与繁盛至关重要。[2]明清时期佛山的发展，得益于其西江与北江汇集流经佛山的古水道，例如东平水道，以及由其分支的汾江水道、佛山水道、平洲水道等。在佛山清代古八景图中有一景致名为"汾流古渡"渡口

[1]《汉书》卷九十五《西南夷传》.
[2] 刘畅. 传统聚落水适应性空间格局研究——以岭南地区传统聚落为例 [J]. 中外建筑，2016（11）.

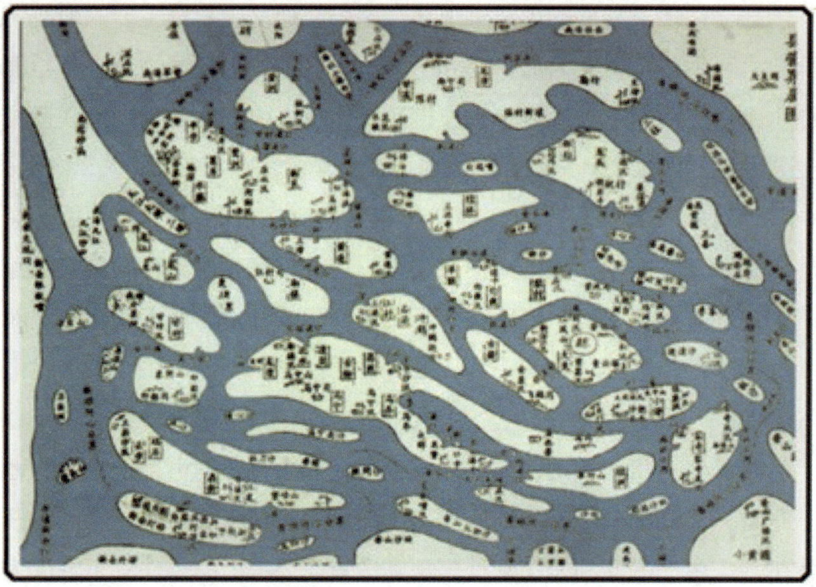

图 2–2–1　民国顺德县营届署图

景观。“深深汾水头，隐隐江色暮。皇皇远人行，簇簇汾江渡。秋深停渡频，日暮争渡喧。望去渡旁渡，帆影如云屯。我披楼上风，客泛江中水。”[1] 这是在《佛山忠义乡志》卷十“风土篇”中对“汾流古渡”的生动描述。此处场景描绘了珠江三角洲地区水网与陆网的点状联系景观，中外客商往来佛山采购货物时多在此登岸登陆，同时官吏也在此渡口迎来送往，船渡此来彼往。

由此可见水系是珠江三角洲地区聚居发展的重要条件。图 2–2–2 所示为《佛山忠义乡志》记载的佛山八景图之“汾流古渡”。珠江三角洲水乡传统聚落择址是水路与陆路结合型的典型代表，在水乡聚落自然发育和人力改进过程中形成了具有地域特质的空间格局，也是其传统聚落营建秩序中的重要驱动力。

（二）“以水为脉”的功能秩序

珠江三角洲传统水乡聚落中人与水的共生关系讲究“荫地脉，养

[1] 佛山忠义乡志（卷十）风土篇 .

图 2-2-2　佛山八景图之“汾流古渡”

真气”，其内在含义便是“水”与人们聚居地繁盛与否的联系。珠江三角洲传统水乡聚落农耕文化的主要特点是其对水资源的利用方式，因而其空间布局特点以水为脉，选址强调“形局兼具”。[1] 因而形成了有机增长式与规划发展式的主要类型。珠江三角洲传统水乡聚落中有机增长型结构体系多是聚落本身所处地形条件的复杂性，加上人本意识与社会经济等因素的综合作用的结果，因而空间结构具有适应性较强、形态自由多变的特征，客观地反映地理自然条件。珠江三角洲传统聚落受到历史文化变迁、文化风俗的影响，随着宗族法制和社会进程的发展也出现了规划下融自然增长和理性规划于一体的规划发展型结构。（图 2-2-3、图 2-2-4）[2] 位于佛山的松塘村环山水而生，其村内池塘及村外小型丘陵山地主导了聚落结构。松塘村外岗峦三面围绕，主要街巷沿池塘垂直设置，水系形成了聚落的主要骨架，而村内水塘连接祠堂、民居与街巷。荷池、月池与新塘自东而西，由村口到村尾依次有序地纵贯全村，将村子南北对半而分，构成村子的中轴线。

[1] 杨贵庆 . 我国传统聚落空间整体性特征及其社会学意义［J］. 同济大学学报，2014，25（03）.
[2] 陆琦，林广臻 . 唐宋南粤古驿道的空间轴向关系探析［J］. 南方建筑，2017（06）.

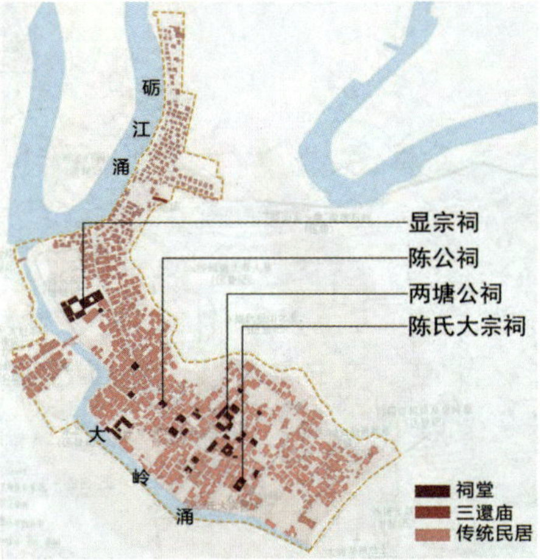

图 2-2-3　有机增长式的大岭村

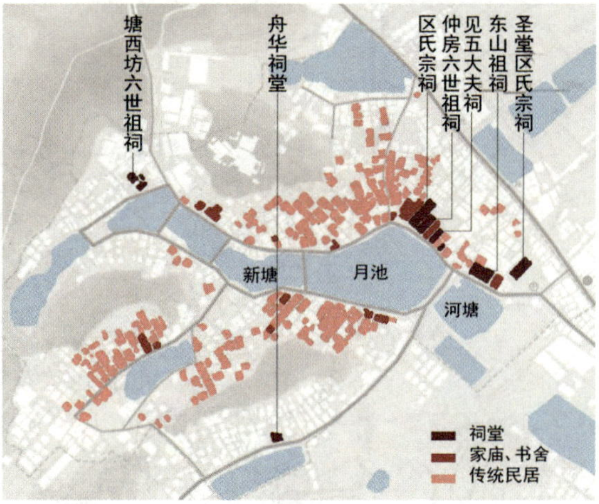

图 2-2-4　规划发展型的松塘村

珠江三角洲水乡聚落先民们的生活用水均直接取自河涌，因此往返田地耕作需要借助河涌，于是居民的房屋大多采用沿河而建的形式以方便日常生活。但沿河近岸的土地资源有限，为了平衡居民取水、用水以及日常出行或者劳作等方面的需求，珠江三角洲水乡聚落的巷道被规划成垂直河涌的结构，巷道与巷道之间相隔一定的合适距离，一座座面积均布的民居整齐地分列在巷子之中。松塘村依托大塘岗、舟华岗、文阁岗的山岗，顺应地势的松北坊、桂香坊、桂阳坊、塘西坊、华宁坊、圣堂坊、忠心坊、仲文坊、舟华坊朝向新塘、月池与荷塘。松塘村中祠堂与民居以风水塘为中轴线，分立于池塘两岸，村居住所环塘而建，巷巷朝塘，百巷归源的布局，形成一个水陆兼备历史文化古村，构成了松塘村以水为脉的有序空间结构。[1] 民居的短边与河流平行，长边与巷道平行，这种街巷形成的聚落空间结构最大限度地照顾了各家各户取水兼出行的需要（图 2-2-5）。

松塘村的空间可分为：以临水宗祠以及祠前禾堂为核心的公共活动空间，以水塘与村前道路相连的公共交通空间，以及以古井为点状的公共性交往空间，因而“水”联系了陆地与水系，满足了水乡民众日常生活、民俗活动的开展。[2] 可见，珠江三角洲水乡聚落的先民

[1] 唐孝祥，陶媛．试论佛山松塘传统聚落形态特征［J］．南方建筑，2014（06）．
[2] 施瑛，潘莹．江南水乡和岭南水乡传统聚落形态比较［J］．南方建筑，2011（03）．

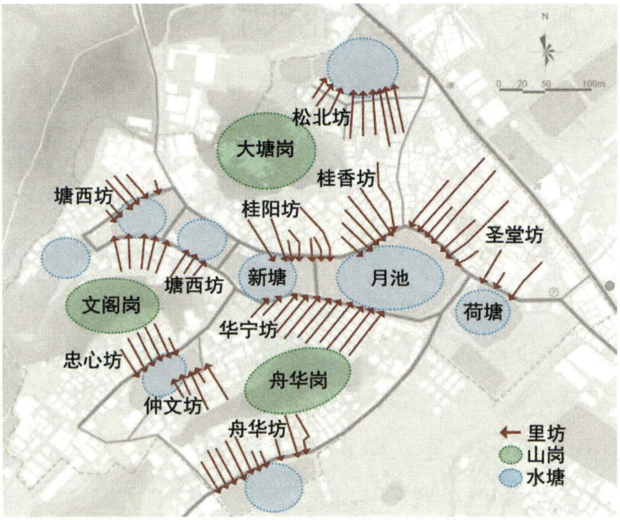

图 2–2–5　松塘村坊巷朝塘格局

们通过河涌和水道来实现交通、交流与交往的活动。因而，水乡聚落中建筑结合自然的地形展开，形成了多种形式的河、宅、街的组合方式（表 2–2–1）。珠江三角洲水乡传统聚落建筑主要有几种临水方式，房屋隔街临水多出现在网形水乡聚落中，如番禺小洲村；而以祠堂与广场结合形式的临水多出现在块形水乡中，如花都塱头村；极少数以檐廊临水出现在用地紧张且兼顾水网与陆网结合的水乡中，如杏坛北水村。

表 2–2–1　珠江三角洲水乡传统聚落建筑主要几种临水方式

类型	I 类	II 类	III 类
形式	房屋隔街临水	房屋广场临水	房屋檐廊临水
格局	水系—街—宅	水系—广场—宗祠	水系—过街—宅
特征	房屋与水之间以街道相接；水道和街道都可以作为交通线路；流通性强，亲水性强	房屋多为珠三角常见的祠堂；退让出空间形成活动广场；并有区域性和强调性作用	房屋临水部分高度降低，形成变化性河道空间；供行人通过、住家活动与停留，遮风雨性能好
形态	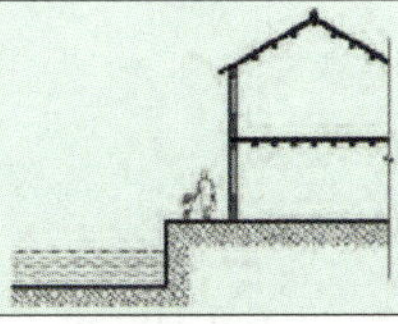	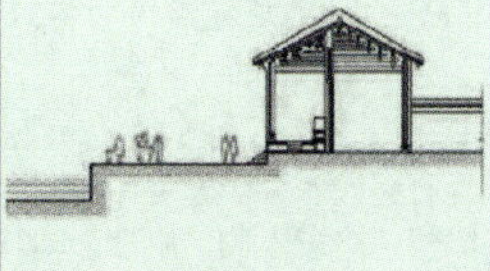	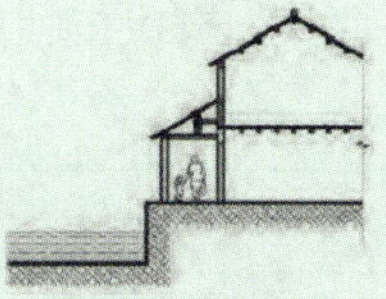
案例	番禺小洲村	花都塱头村	杏坛北水村

（三）"顺水为法"的文化秩序

珠江三角洲传统水乡聚落地处水网或入海口，历史上天灾人祸不断，造就了相当繁复的传统信仰。[1] 在自然经济的农业社会里，珠江三角洲先民们希望借助超自然的力量趋利避害，水乡居民对自然神的崇拜中，水神有着显著的地位。[2] 因此，这种诸神崇拜的体现方式之一就是为修建各类神灵庙宇，在满足到人们生活保障之外的同时兼具各类精神层面的需求。例如：保佑身体健康，无病无痛；祈求人丁兴旺，家族兴盛；希望商路顺畅，财源潮涌。在珠江三角洲水乡聚落随处可见的北帝庙彰显了其多神崇拜的特征，因为在水乡地区的神灵崇拜多由其具体地域特征来决定。

另外，珠江三角洲的先民们还供奉了一些有求必应的、能掌管现实生活各个方面事务的神灵。例如，能主管生育的观音殿，主治病的药王庙、五瘟神庙、咽喉神庙；能主文运的文昌阁等。珠江三角洲地区明清以来商品经济相当发达，科举人文兴盛，加之基塘密布、河网纵横，海洋和内河的航运繁忙，也折射出在诸神崇祀中以寓意忠义守信、祈福平安和登科夺魁为主要的神祇崇拜。因而诸多航运保护的水神崇拜比较普遍，例如南海神（洪圣大王）、天后、北帝和龙母等。如沙湾北村北帝庙。这些庙宇原来就是民居形式，庙宇的规模不大，但受水法福泽思想的影响被设置成神明临时性的栖身之所。

《史记·孝武本纪》记载"越人俗信鬼"，尽管此后的两千多年汉文化已在珠江三角洲地区普及，但南越土著对大自然的恐惧，对神灵、图腾的崇拜之遗风依然流传下来。[3] 珠江三角洲水乡先民们民间信仰对象多为自然界神灵、神话传说、祖先、历史英雄人物等，也体现了水乡先民们科学观念虽落后保守但又期望平安如意的群体思想。[4] 从传统聚落建筑类型上说，珠江三角洲传统聚落中的寺庙和建筑装饰可以反映出村民的神灵信仰与崇拜。

[1] 梁必骐.广东的自然灾害［M］.广州：广东人民出版社，1993.
[2] 陈泽泓.广府文化［M］.广州：广东人民出版社，2012.
[3] 赵欣，马晓.古代地方文庙空间形态演变研究——以山东宁阳文庙为例［J］.南方建筑，2016（03）.
[4] 杨志刚.中国礼仪制度研究［M］.上海：华东师范大学出版社，2000.

在珠江三角洲地区中部到南部的传统水乡聚落，普遍可见土地庙、妈祖庙、关帝庙、五岳庙、孔圣庙、洪圣庙等，根据村民现实需求和内心渴望建立供奉不同神灵的庙宇，每个聚落有一到两个。松塘村沿风水塘分置的“区氏宗祠”“六世祖祠”“见五大夫祠”“东山祖祠”“樵侣祖祠” “明德社学” “养正书舍” “培元书舍” “汇川家塾” “孔圣庙”等，这些家族祠堂、书院与庙宇并列，跻身于聚落公共空间的重要位置上，构成了多层次、多元化的人神混合的祭拜体系。

在传统聚落建筑装饰上，鳌鱼与龙鱼是最多出现在珠江三角洲地区传统民居雕饰上的神兽。[1] 民间把鳌鱼视为救世圣物，以鳌鱼为饰与水系图腾崇拜是紧密联系的。[2] 对于近海的水乡聚落，人们通过在建筑的屋脊、墙檐、挑头、瓜柱的雕刻来祈求风调雨顺与出海平安（图 2–2–6）。另外，龙舟竞渡是在水乡生产水稻和河网密布的地区进行的一项特色性民俗活动，因而龙船脊也化身为祠堂与民居中装饰，龙船脊上装饰精美的图案雕刻，反映了当时村民视水为神、视水为财的愿景。[3] （图 2–2–7）

图 2–2–6　北亭村任卿李公祠龙船脊

[1] 张智敏．水患压力下的传统岭南水乡聚落形态解析——以珠江三角洲桑园围四村为例［J］，建筑学报，2017（01）．
[2] Ruda.Ruralbuildingsandenvironment ［J］.LandscapeandUrbanPlanning，1998，41（02）．
[3] 马航．珠三角地区城边村国内研究进展综述［J］．南方建筑，2016（06）．

图 2-2-7　大岭村两塘公祠鳌鱼脊

聚落秩序反映了人与其生活环境之间的关联，在地域特征下更加强调人与环境间的相互平衡。珠江三角洲传统水乡聚落的营造者根据他们对基地环境所形成的表象、借助各自所理解的环境空间概念，赋予聚落特定的秩序。珠江三角洲传统水乡聚落自然与人文共同构出的营建秩序是在诸多因素影响下凝练而成的，先民们对客观环境的选择以及对土地的利用方式将其外显特征与内在精神的深层联系在一起，其营居智慧反映出水乡聚落发展过程中的本质特征，即在特定的基地环境与人居聚落的相互介入时的一体性秩序关系。我们今日所见的水乡聚落仍然是一个生命体，居住者的行为决定了聚落的变化趋势。今天我们面临着众多的聚落保护与更新的命题，作为设计引导者的职责应该尊重传统的营居秩序，而不是简单地去分解与重组传统聚落的原有秩序，应研究聚落生命体的自我修复、自我组织的生长机制，达到保持聚落生命得以健康发展的目的。

因而，传统聚落在特定地域环境下须从适应环境、改造环境和表达环境的规划观念出发，尊重其自然秩序、功能秩序和文化秩序。在具有地域特征性的传统聚落的存续发展问题上，以文化秩序引导其自然秩序的物质建设，以文化秩序来佐以聚落空间的功能秩序，实现传统聚落发展和文化传承在空间层面上的和谐与双赢。通过发掘传统聚落营造中具有恒久生命力的因素，在现代建筑聚落设计中借鉴传统聚落的秩序性的智慧与技艺等成功特征，正是探索适宜现代人居环境发展模式的有效途径。传统聚落营建的秩序是让承载着悠久历史意蕴的传统聚落元素继续得以传承，使现代建筑聚落能汲取其精华而给人们以家园的寄托感，这便是研究传统聚落营居智慧的最大意义，真正实现具有“地域性文化特征”的“诗意人居环境”。

（本节作者：陈亚利　陆琦）

三、田赋影响与聚居特点

（一）历史时期古代社会的田赋概说

中国古代社会是一个以农业为主要产业的社会，围绕农业而产生的赋税一直是国家参与国民收入分配的重要手段之一。《汉书·刑法志》认为："有税有赋。税以足食，赋以足兵。"[1] 随着历史进程的推进，赋税的形式与征收办法逐渐改变，但均建立在土地所有制的基础之上。

虽然《诗经·小雅》中有"普天之下，莫非王土"[2] 的吟诵，但早在周代，《周礼》中记载的"井田制"已经明确了"公田（藉田）"和"私田"的区分。"私田"是农民用以养家糊口的份地，是必要劳动载体；"公田"是各级贵族领主盗取公社名义、利用公社社员无偿劳役耕作的自营地，是剩余劳动的载体。[3] 此时的"私田"虽为私人耕种，但仍必须遵守"田里不鬻"[4] 的规定，不能自由买卖。之后春秋各国改行的"税亩制"，既是农民私有田地发展下的制度调整，也进一步推动了田地私有化的进程。这一进程刺激了当时各诸侯国政权对田地的需求，促使其加大了对土地的控管。到了战国时期，为了实行"授田制"，已突破"名山大泽不以封"[5] 的传统，开启了大规模组织人民垦荒的序幕。这种强化国家土地权力的办法反而促进了民间田地私有化的发展。

---

[1] 班固．汉书［M］．北京：中华书局，1964.
[2] 方玉润．诗经原始［M］．北京：中华书局，1986.
[3] 李根蟠．官田民田并立公权私权叠压——简论秦汉以后封建土地制度的形成及特点［J］．中国经济史研究，2014（02）．
[4] 叶绍钧．礼记［M］．北京：商务印书馆，1947.
[5] 同［4］．

秦汉时期，经过大规模持续的垦荒运动，地主与自耕农的“民田”逐渐占了绝大多数。“民田”的定义以“私田”为基础，此时已经可以自由买卖，故而在此之后的封建王朝，土地兼并之风就一直绵延往复，未有断绝。多数朝代立朝之初，都要通过均田免赋，对农业社会的土地财产及其收益做重新分配。[1] 魏晋时期各国混战后，为了稳定社会秩序大多采用“均田制”。这一制度在隋唐也被沿用，其具体内容虽然有所变化，但是内核都是为了限制“民田”兼并带来的社会问题。然而由于当时的社会矛盾及制度本身的设计问题，“均田制”在实际运用中反而加大了民田兼并的趋势。到唐朝中期，经历“安史之乱”后，当权者无暇顾及土地兼并的社会态势，“均田制”已经名存实亡，之后更伴随着五代十国的战乱不了了之。[2] 根据北宋元丰年间的记载，此时的“民田”数已占田地总额的 98.63%。[3] 足见，到了宋代民田兼并之风已盛，“民田”占田地总额已经远远超过“官田”，对“民田”赋税的征收自然成为了国家税收的重点。之后除了元代因土地制度不同，而拥有大量的以屯田、赐田等为代表的国有性质的土地之外，明清两朝“民田”都远多于“官田”。（表 2–3–1）

表 2–3–1　北宋元丰年间、明弘治十五年、清光绪十三年田地官、民田数及其百分比

年代	民田 / 亩	官田 / 亩	合计 / 亩	民田占田地总额百分比 / %	官田占田地总额百分比 / %
北宋元丰年间	455316361	6339296	461655657	98.63	1.37
明弘治十五年	362960197	59845692	422805889	85.85	14.15
清光绪十三年	740070896	8499462441	849946244	87.07	12.93

（二）田赋影响下珠三角传统聚居秩序

珠江三角洲在地理、经济、城镇建设等领域有着不同的定义。从地理学角度来说，珠江三角洲是根据围绕珠江河口区域的水文等特征划定的区域，主要是由西江、北江和东江为主的珠江水系在下游交织，

[1] 温铁军 . 土地改革与中国城镇化［J］. 小城镇设，2015，33（08）.
[2] 杨际平 . 北朝隋唐均田制新探［M］. 长沙：岳麓书社，2003.
[3] 梁方仲 . 中国历代户口、田地、田赋统计［M］. 上海：上海人民出版社，1980.

携带泥沙沉积所形成的。[1] 而在经济领域，广东地区经历两宋以后经济增速加快，到了明清时期，广州在逾百年的时间里都是对外贸易的唯一口岸。于是，以广州为中心的珠江三角洲在这种贸易格局下发展和崛起了，这也为中国改革开放以来珠三角经济区的形成奠定了基础。

以田赋变化作为线索来探讨传统聚落聚居秩序变化。由于这个过程非常漫长，故而只选取了明清两朝这一珠三角田地开发非常迅速的历史时期。以这一时期广东因沙田开垦、移民迁徙、商业萌芽而紧密联系在一起的区域作为研究的空间范围，并抽取了因田赋而引起的重要土地纠葛事件与聚落变迁的关联进行阐述。因此，珠江三角洲范围虽然主要指历史上南番顺这些沙田开发较早的区域，但还囊括了沙田陆续被开发的清代香山、东莞、新安、新会、新宁等地，此外还包括了因土地纠葛而产生较大影响的鹤山、开平、恩平、高要等地，这些地区因建制的更改，大致是今广州、深圳、珠海、佛山、江门、东莞、中山及肇庆的市辖区、高要市、四会市的辖区范围。

粤海地区，是到宋代才逐渐将开发重心移至珠三角的。在此之前，珠三角地区缺少劳动力，相对来说土地还没有那么紧缺。直至经历了唐末五代十国战乱，民间产生了大规模的迁徙活动，这一地区的人口数量迅速增加，使百姓对土地的需求日益迫切起来。正如前文提到的，民田赋税占据了税收的主体，虽然“明初之制，官田赋重，民田赋轻”，[2] 但随着官、民之田差额剧增，为了保证税收，民田田赋的提升已成趋势。明弘治时，广东民田的亩数是官田的 3 倍，清光绪时民田已占所有田地数的 98.45%（表 2–3–2），民田的田赋数额也与日俱增。清朝乾隆三十一年的田赋中，从广东征收的粮数较清初顺治十八年升高了约 1158.44%。（表 2–3–3），其中固然有“摊丁入亩”这一税制改革起到的促进人口、刺激生产的作用，更反映出当时民田课税较之官田的沉重压力。当时实行的税制改革，在实际操作中多将地丁负担转嫁给下层农民，甚至公然做出对佃户加重租金以补足田赋的规定。在佃农无力反抗的情况下，促使了他们选择依附于起课征税时间晚且

[1] 西川喜久子，曹磊石．清代珠江三角洲沙田考［J］．岭南文史，1985.
[2] 梁方仲．《明史·食货志》第一卷笺证（续三）［J］．北京师院学报（社会科学版），1981（2）．

赋税较轻的“沙田”，从而促进了珠江三角洲地区“沙田”的开垦，田地的“官—民”之别逐渐向“民—沙”之别转移。

表 2-3-2 广东明弘治十五年、清光绪十三年田地官、民田数及其百分比

年代	民田 / 亩	官田 / 亩	合计 / 亩	民田占田地总额百分比 / %	官田占田地总额百分比 / %
明弘治十五年	5436250	1796196	7232446	75.16	24.84
清光绪十三年	34193764	537061	34730825	98.45	1.55

表 2-3-3 广东康熙、雍正、乾隆四朝较之顺治朝田赋的升降百分比

占比	顺治十八年	康熙二十四年	雍正二年	乾隆十八年	乾隆三十一年
银数升降百分比 / %	0.00	139.14	2.12	48.27	48.70
粮数升降百分比 / %	0.00	7.52	795.63	1158.11	1158.44

自清代以来，珠江三角洲作为粤海汉民系的核心地带，它的田地习惯上被划分为“沙田”和“民田”两类。需要注意的是，岭南地区经历了漫长的人口积累和土地垦殖，到明代又经历了屯田买卖合法化的转变，此时已有相当多的“民田”。这些“民田”本质上仍是不断垦荒和土地兼并的结果。结合当地的自然地理条件，大部分“民田”其实也是由淤积土地围垦而成，与一些“沙田”在地质分类上是相当的。“沙田”类型的分立，一开始只是由于和成熟垦区“民田”的开垦时间有先后之别，其田赋税收有轻重之分，但在开垦过程中，却因“沙田”在开垦族群、地理位置乃至经济发展上与“民田”产生差异，并通过这些差异不断地加强两个区域的自我认同，最终才形成“民田”与“沙田”的区分。这种区分，实际上是地方社会历史进程中形成的一种经济关系、一种地方政治格局、一种身份的区分，甚至是一种“族群”认同的标记。[1]

明代以后的沙田围垦大部分是人工形成的，需要大量的人力，只有强宗大族、缙绅富豪才具备足够的财力来组织人力进行沙田围垦。

[1] 刘志伟．地域空间中的国家秩序——珠江三角洲“沙田—民田”格局的形成［J］．清史研究，1999（2）．

因此，沙田的开发权和管理权大多掌握在世家大族手里。但真正围垦沙田的工作者却是那些依附于大族的贫困农民。他们往往没有或只有少量田地，只能以租佃形式耕种他人的田地。在实际的操作中，租佃制往往以包租转租制为主，即有经济实力的人统一承包沙田，再分租出去赚取中间差价。因新沙田开垦的艰难，自清乾隆、嘉庆以来，珠江三角洲新承沙田逐渐统一按照香山斥卤则升科[1]，即每亩征银四厘六毫四丝[2]。当然，经若干年耕种后变为熟地的沙田，也会进行升等和赋税补征。但在初期，这种轻赋税的状态无疑吸引了大批农户向海要田，并且反过来进一步推动了许多世家大族的宗族势力扩张。即便之后清政府已将开垦的沙田列入民税田地，更经历过收归国家及变卖为民的反复转变，但是此时沙田的承佃人实际上都拥有“永佃权”，其对沙田的实际土地所有权是不可完全剥离的。[3]

明清时期，广州府大部分宗族的族田是开垦沙田而成的。尤其是珠三角地区，随着沙田垦殖的逐渐深入，它们与原本的民田区居住地越来越远。为了便于农业生产的进行，在民沙交界的地区开始形成更多村落，甚至也有在沙地里耕种的农民搬至沙田居住，但他们中间很多仍极力保持着自己与原来乡族的联系[4]，甚至一些疍民出身的人也要通过这些世家大族来认祖归宗，以获得文化、社会上的正统身份认同。可见，当时的珠三角地区以沙田的垦殖为契机，形成了以宗族文化为基础的文化认同圈，并由此进一步巩固了广府民系的自我认知，进而影响了以聚族而居为主要线索的居住秩序建立。

除此之外，由于广东其他地区，尤其是粤东北地区居住条件恶劣，已不能满足该地区的人口增长需求，所以从明末清初开始，以客家为主的迁徙开始了。再加上清康熙年间的“迁海”与“复界”，导致了珠三角下游人口锐减，清政府采取了长期的鼓励招民开垦的政策。惠潮嘉道等地客民又开始大批向广东广州、肇庆等南部迁移，他们在

[1] 斥卤是盐碱地的意思，按斥卤则升科即比照盐碱地来征收赋税，对比上、中、下则民田要轻很多。

[2] 谭棣华. 清代珠江三角洲的沙田［M］. 广州：广东人民出版社，1993.

[3] 程明. 清代珠江三角洲沙田述略［J］. 华南师范大学学报（社会科学版），1986（2）.

[4] 刘志伟. 地域空间中的国家秩序——珠江三角洲“沙田—民田”格局的形成［J］. 清史研究，1999（2）.

这些迁徙地建立了许多客民村落。而原本不在核心区域居住的广府民系民众，也向该地区搬迁，并为了前文所述的沙田等地的开发而结成同宗同族的村落，以争夺对土地资源开发的权利。如增城县，其村落数由康熙年间的 327 个增加到乾隆年间的 401 个，到嘉庆年间则达到 506 个，其中从乾隆至嘉庆年间，客民村落增加了 83 个。[1]

（三）明清珠三角地区聚居形式的变迁

宗族势力的壮大促进了大型聚落的形成。明清时期，广州府大部分宗族的族田是开垦沙田而成的。尤其是珠三角地区，一些早先占有民田区的宗族，又依托沙田的发展继续扩张。为了达到占有沙田的目的，部分实力雄厚的族群也选择在当时民田、沙田交界的区域落地生根（图 2−3−1）。其聚落也往往通过宗祠、支祠等精神空间，引导各自的聚居组团，形成层次相衔的整体。在今天的番禺沙湾、石楼，中山的小榄、黄圃等地，仍能看到这些宗族聚居的聚落痕迹。

沙田的不断扩大，也催生了许多新聚落的产生。这些聚落有些是依附于大族的雇农，因季节性的耕作需要，由原本暂居的“耕馆”发展而来。虽然他们与原来的聚落产生了实际空间上的分离，但其在社

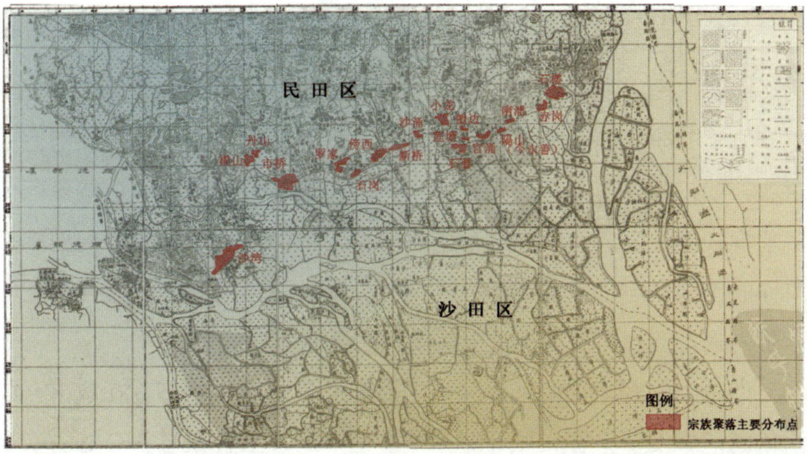

图 2−3−1　清宣统（1909—1912）番禺县民田沙田交汇区主要宗族聚居点分布图

[1] 王荣 . 明清广州府土地利用驱动力研究［J］. 农业考古，2015（3）.

会认同上，却千方百计地与大型宗族势力联系，又或者是几个小势力联合，通过“认祖”和“联宗”的方式，或依附或凝聚于大型的宗族体系之中。因此，这一部分聚落仍然会出现祠堂等宗族象征的公共空间，以获得文化、社会上的正统身份认同。

疍民自明代以来，就自成一籍，常以捕鱼采珠为营生，因善于水上作业，部分又被编入水军。正如《广东新语》所载：“广中之盗，患左散而不在聚；患无巢穴者，而不在巢穴者。”[1]疍民以往居于水上，以舟为家的居住方式虽是生活所迫下的无奈选择，却也成为这一族群在封建社会压迫下不断逃亡和斗争的凭仗。关于明代“疍民”作乱的记载曾不绝于书，清修《明史》《蛮司合志》等均对此有所记载。

到了清代，为了稳定封建王朝的统治秩序，减少部分族群的对抗情绪，雍正初年清政府逐渐将包括疍民在内的一部分“贱籍”开豁为良。这一政策加速了康熙年间“迁海”带来的疍民上岸进程。如前文所述，此时珠三角水乡的沙田开垦正处于迅速扩张的初始阶段，轻赋税的沙田区，自然是上岸疍民从事农耕的不二选择。在陆地建屋之前，受限于经济实力及长期的生活习惯，临水而建的寮棚与水栏仍旧广泛地存在于疍民社会。上岸后的疍民，为了开垦土地的便捷，也为了更加稳固的生产生活，他们中有很多依附于世家豪族，为其耕种纳为族田的沙田，有的甚至失去部分人身自由，成为他们的世仆。[2]

这些疍民的居住形式向依附的珠三角陆地民居靠拢，逐渐以杂居的形式融入岸上社会，其“疍民”身份的自我认同也随着居住形式与生产方式的改变而逐渐消弭。他们和一些无法凝聚成大型宗族势力的耕农一起，共同建立起散布在沙田区的小规模聚居单元。这些聚落大多呈现线形或离散型的空间形态，主要沿河涌、池塘分布，周围都是耕作的土地。由于沙田区的特殊地貌，部分聚落之间可能以几米宽的水带间隔，但大多数在视觉上都没有明显的界线标识。

广东土、客之争由来已久，到清末已呈白热化状态，在咸丰、同治年间还爆发了土客大械斗。斗祸发生期间，土客双方争夺的主要目

---

[1] 屈大均．清代史料笔记：广东新语［M］．北京：中华书局，1985.
[2] 谭棣华．清代珠江三角洲的沙田［M］．广州：广东人民出版社，1993.

标就是土地。[1]一方面土客之间由于先来后到，初期常形成雇佣关系，在土地包租转佃过程中，围绕差价的赚取往往产生纠纷。另一方面则是因为双方同样具有相对稳定的宗族党群，在发生纠纷时常群起而对峙。此外，即使是同一民系，因田赋交接产生矛盾，或为争夺熟田而恶意抬高粮饷，也会引发民系内部不同宗族之间的斗争。《广东新语》记载："粤之田，其濒海者，或数年或数十年，辄有浮生。势豪家名为承饷，而影占他人已熟之田为己物者，往往而有，是谓占沙。秋稼将登，则统率打手，驾大船，列刃张旗以往，多所伤杀，是谓抢割。斯二者，大为民害，顺德、香山为甚。"[2]

在绵延十余年的斗祸过程中，土地矛盾尖锐的地区，"置炮、筑村、派勇"[3]屡见不鲜。以鹤山云乡为例，客民从壁山佛子坳，经当时的萝卜坑、下迳、瓦窑垄直到上迳鸡公山一线，都挖有壕堑，筑有炮台防御，抵御十年。在开平，客民攻陷赤水墟及象栏、尖冈等村，时土民"被害者以恩平松柏山壁垒自固，多入堡焉"。[3]可见因土地争端，矛盾激化的地区纷纷以筑堡抵御的形式来增强聚落的防御性，尤其是在地势较为平坦无山水之势可凭的区域，往往采用点状防御来化整为零，有效地避免了连房广厦在敌对方采用火攻时的劣势。今开平一带的防御性建筑虽大多建于民国，未尝不是这种建设思路的延展（图 2-3-2）。此外，还有部分聚落采取了整体性的防御性措施。如恩平莲塘村，当时是以放射布局制造了方向各异的岔路口，增加了内部街巷的复杂性，外来者一旦进入很容易迷失方向，减少集中进攻的可能。再加上筑有炮台，围墙外密开炮眼，很难攻破。

所谓麦作夏税，米作秋粮，狭义的田赋在明代就是麦、米两项。但在实际的征收中，逐渐有将各项杂税归并于丁粮及以银折纳的趋势。[5]珠江三角洲地区由于地理环境的特点，本身就有种植其他经济作物的条件。再加上广州在成为通商口岸后，人口压力越来越重，丝织品等商品

[1] 刘平 . 被遗忘的战争——咸丰同治年间广东土客大械斗研究［M］. 北京：商务印书馆，2003.
[2] 屈大均 . 广东新语［M］. 北京：中华书局，1985.
[3] 同［1］.
[4] 同［1］.
[5] 梁方仲 . 梁方仲经济史论文集［M］. 北京：中华书局，1989.

图 2-3-2　开平防御性建筑

的效益却越来越高，各种经济作物代替粮食被广泛种植，如花卉、水果（荔枝、龙眼、柑橘）、甘蔗等。于是，珠江三角洲出现了专业性商品化的农业区域，主要有桑基鱼塘专业区和以种植商品性果木为主的专业区两种类型。[1]

至此，珠三角地区诸多村落以农业为主的经济模式逐渐改变，许多农民由于从事农产品加工，而逐步成为手工业者。小生产者生产与消费的分离，原料与成品生产的分离，为商业资本活动提供了条件，农村墟市的发展与繁荣也就势所必然了。[2] 这些墟市大多仍掌握在世家大族的手中，而田制赋税的限制使得这些商品经济始终被牢牢地禁锢在土地上，因而无法彻底完成向城镇化转变的过程。但是，这些在地主经济为主的基础上产生的经济之果，仍然使得村落的职能从原本自给自足的群体聚居模式，通过墟市这一公共空间的设置，开始向

[1] 叶显恩．略论珠江三角洲的农业商业化［J］．中国社会经济史研究，1986（2）．
[2] 叶显恩，谭棣华．明清珠江三角洲农业商业化与墟市的发展［J］．广东社会科学，1984（2）．

外转移，促使珠三角地区的部分地区诸如广州、佛山及其周围的聚居群完成了向“都市集聚”的过程。[1]

中国古代社会的田赋制度以土地所有制变化为线索，促进了珠江三角洲地区沙田的开垦，改变了珠三角地区的耕地组成，深刻地影响了族群的认同方式。耕地所有权与实际经营方的分野又促使了人口的迁徙与定居，田赋在开发耕地上的鼓励制度，促进了宗族的不断扩张，民众的聚居秩序也在耕地的不断流变中重新建立。在这个过程中，当大型宗族占据绝对优势时，弱小族群联合依附，逐渐融合成宗族势力控制下的秩序化聚落；而在族群间势均力敌无法融合时，就分野成易守难攻的防御性聚落；当田赋制度进一步与其他税收并举之时，农业商品化的契机出现，聚落原本以居住和农耕为主的职能就发生转移，以墟市这一公共空间连接，出现了协作性聚落群的雏形。可见，明清时期珠江三角洲传统聚落形式虽然受到多方因素的影响，但是在田赋制度变化下对于土地的占有争夺是促使其变迁的重要因素。

田赋作为封建王朝税收的来源之一，曾经影响了人们从土地获取生存资源的形式。而人们从土地上获取居住、生产等空间的方式共同构成了他们的聚居形式，从而呈现出不同的聚落特点。在城乡统一建设用地市场的今天，乡村对土地的开发利用形式已经发生了更复杂的改变，针对以往城乡二元分离的土地税制改革也将带来重大影响，这些都将是传统聚落在未来保护和发展中需要深刻注意的方面。

（本节作者：陈家欢　陆琦）

[1] 叶显恩，谭棣华．明清珠江三角洲农业商业化与墟市的发展［J］．广东社会科学，1984（02）．

四、岭南与江南水乡聚落

传统水乡是指在传统社会的河网密集地区的特色聚落类型。江南水乡由越海民系创造，其分布地域范围位于长江三角洲内，集中在以太湖为核心的苏南浙北地区，主要对应于明清时期的苏州、松江、常州、嘉兴、湖州、杭州、镇江、江宁、绍兴、太仓九府一州［图 2-4-1（a)］。岭南水乡由广府民系创造，分布在珠江三角洲内部，集中于西、北、东各江下游的复合三角洲和冲缺三角洲，主要对应于明清时期广州府下辖的南海、番禺、顺德、香山、东莞、新会诸县和肇庆府下辖的小部分县区［图 2-4-1（b)］。基于相似的地理环境条件，两地水乡形态具有一些相近特征，如均以水道为聚落内外联系的重要交通渠道，以舟船为聚落内外联系的重要交通工具；但同时由于外部自然人文环境的差异，两地水乡在聚落形态的宏观、中观和微观层面又展现出不同的个性。对于江南水乡和岭南水乡传统聚落形态的比较研究，不仅有利于厘清民系居住文化的分异，也能深层次地揭示外部综

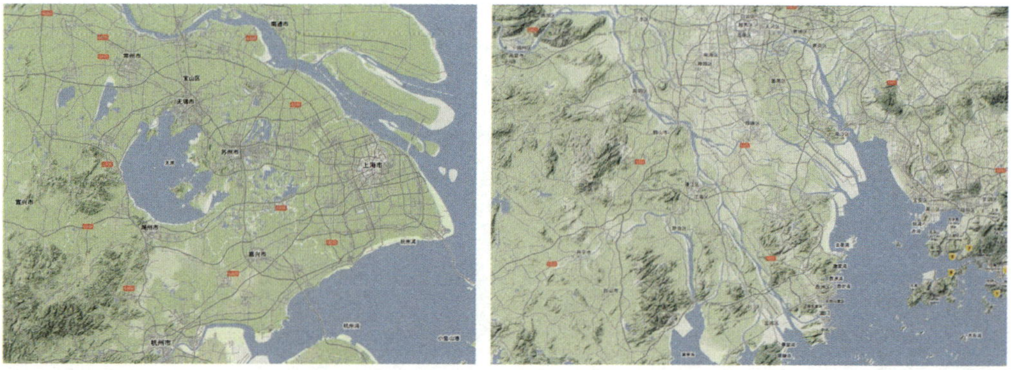

(a)　长三角地形图　　(b)　珠三角地形图

图 2-4-1　长三角和珠三角地形图

合环境对于聚落形态和住居模式的深层作用机制。

（一）水乡外部环境的差异

就地理特征而言，长江入海口集中，水乡区域面积大，地形相对平坦，尤其在太湖周边是一片水乡泽国、平原坦荡，也是全国水网密度最高的地区（杭嘉湖地区河网密度高达 12.7km/km^2）。江南水乡的聚落选址环境比较统一，特别是环绕太湖的苏、松、常、嘉、湖五府水乡环境更加趋同，水乡内部的水面率很高，组团街区的布局发展均受到水网河道分布切割的影响，网状水乡和线形水乡的比例较大，块形水乡的比例较少。

与长三角相比，珠江八门入海，三角洲附近水系散乱，地形也十分复杂。根据朱光文等学者的研究，按照地形差异，珠江三角洲的聚落大致有三类立基环境：

其一，形成于史前时代的各自独立的各江下游三角洲，地势比较高敞，水患较少，开发于唐以前。到明清时期，广府民系的大量采用规整梳式布局的聚落都分布于这一区，如三水大旗头村、花都塱头村、南海黎边村等。这些村落虽然邻近河溪，但是聚落内部地块完整，未受水系分割，内部交通也主要依靠陆路交通，它们不属于典型的水乡聚落。

其二，形成于历史时期初期至唐宋时期的各河下游复合三角洲，地势相对低洼，主要被两宋以降的南迁汉民和在经济文化交流中逐步被汉化的地方土著居民联合开发。北方汉民族较为先进的治水技术的南传，对这一地区沧海桑田的巨变起到关键作用。明清时期，“以连片的桑基鱼塘或果林、花卉商品性农业区为开敞外部空间的，具有浓郁广府民系地域建筑风格和岭南亚热带气候植被自然景观特征的围田区水乡”[1]。聚落分布在这一地区。代表性聚落有顺德逢简村、古朗村、高赞村、龙潭村、番禺小洲村等。

[1] 朱光文．岭南水乡［M］．广州：广东人民出版社 .2005.

其三，形成于唐宋以后的冲缺三角洲，地势最为低洼，主要被明清时期逐渐上岸落户的疍民群体（隶属于广府民系）开发。以稻作农业为主，基塘农业为辅的沙田区水乡聚落绝大部分分布在这一地区。代表性聚落有中山民众水乡、浪网水乡，番禺横沥水乡、万顷沙水乡等（图 2-4-2）。岭南水乡的水网密度整体低于江南水乡，聚落形态虽受制于河网形态但仍有较大的发展空间，因此除了线形水乡和网状水乡外，块形水乡和依托于强烈地势变化的放射形水乡也很常见。

江南水乡与岭南水乡的形成发展时段不同，不仅指地质变化过程，也包括经济文化的开发建设过程。江南水乡是古老的水乡，陆地形态早已基本稳定，在春秋时期就有相对先进的生产力和一定规模的聚居人口，有过可与中原文明匹敌的辉煌的吴越文明。因此在江南水乡中，

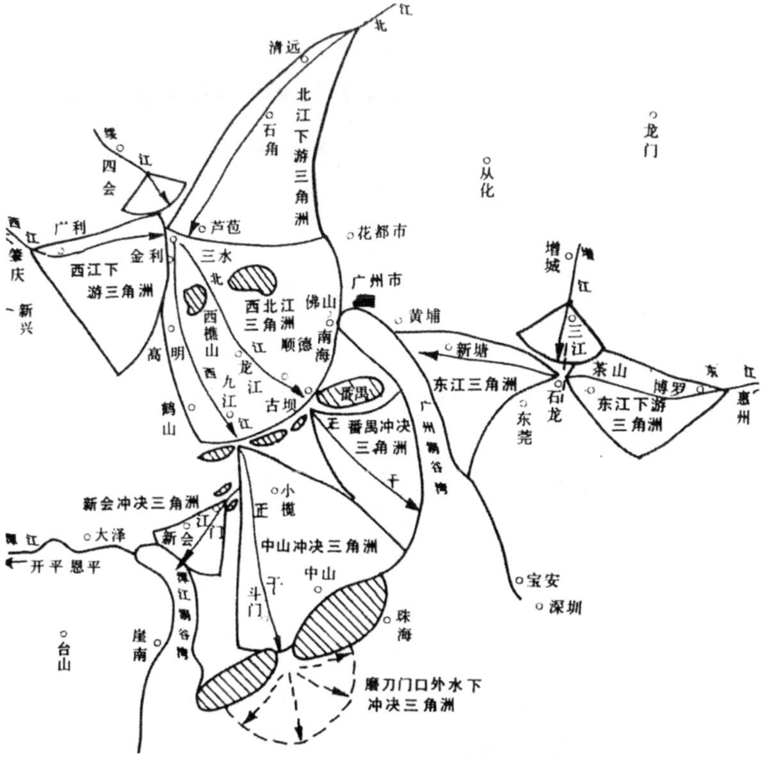

河道在穿过山丘后形成冲缺三角洲，目前羽谷湾还没填满

来源：曾昭璇、曾宪珊《宋代珠玑巷迁民与珠江三角洲农业开发》

图 2-4-2　珠江三角洲开发进程

唐宋以前就开基立村的古老聚落占有相当比例。

岭南水乡相对而言是年轻的水乡，大面积的冲缺三角洲形成于唐宋之后，尤其是沙田区的建设与开发时段更晚。明清以前，包括岭南水乡在内的整个岭南地区的经济、文化相对中原和江南地区而言比较落后，一直处于对后两者的追赶和学习状态。所以受制于土地有限、人口稀少、经济文化发展水平低下等条件，岭南水乡地区的古老村落的数量比江南水乡少得多。根据刘志伟的研究，由于明初的屯田戍疆政策和地方防卫需要，大量沿海渔民和疍民被收编为“军户”，而后不少“军户”又转为“民户”，这一历史进程大大推动了岭南水乡的人口聚集和聚落发展，佛山、九江、龙江、小榄等岭南水乡著名市镇都是明代以后才形成的，水乡聚落集中的顺德县也是在明初才得以立县。[1]明清时期，随着人口的增长，岭南水乡地区新建了大量聚落，已存在的小型聚落规模也获得提升。

由于江南水乡的古老聚落比重大，很多聚落的发展历经了很漫长的发生、成长、成熟、衰弱甚至死亡的过程。聚落中的建筑不断被加建、改建、拆建，宅基地所有权也在不同聚落成员间买卖变更，原有邻里关系不断被打破，为了获得更大自用空间而侵占巷道的以个人利益为先的建造活动频繁发生，再加上宗族权力的转移、前后世长老对规划的不同期望和实施、监控差异，都造成对统一规划思想的破坏和僭越，使古老聚落的形态更易趋向无序。

岭南水乡聚落普遍年轻，相当数量的聚落兴建于明清两代这样一个相对集中的历史时期，尤其是围田区的水乡从勘地立基伊始，就具有强烈的宗族运作的特征，即从宗族层面来规划聚落物质环境，建立有序空间领域的思想：包括先立祠后建宅，以宗祠居于前排并占据聚落最佳风水穴位统帅民宅的建筑等级格局；按房支系统确立纵巷数量，按核心家庭户数（成年男丁数）确定“三间两廊”民宅单元的数量的聚落规模控制。这些内容通过聚落长老的授意落实到最初的聚落建设当中，促使始建聚落具备相当的规模且凸现严谨的秩序，其典型的棋

[1] 刘志伟．地域空间的国家秩序——珠江三角洲“沙田—民田”格局的形成．清史研究［J］.1999（02）．

盘状的地基网格容易保障后续建筑行为不脱离规划轨道；同时由于聚落的发展周期短，初期的规划意图容易延续而不被歪曲。[1] 在用地规整的情况下，岭南的围田区水乡大都严格遵循梳式布局的原则，即便在聚落建设用地被水道划分得支离破碎的情况下，仍能从不同组团中看到梳式布局的规律，如梳齿般并列的纵巷贯通聚落或组团的纵深，数量多且平直，承担着主要的交通功能，并在导风、排水、蔽日、防火等方面有综合功效。

明清时期，江南水乡和岭南水乡的经济都处于快速发展阶段，城镇也都表现出膨胀拓展的态势。相较而言，江南水乡在全国经济格局和城镇贸易网络中占据更为突出的地位，它通过“输出棉花、生丝、丝棉纺织品等农业、手工业品，输入粮食、果品、肥料、颜料、木材等农林产品，与岭南、长江中上游、西北和华北、东北建立了紧密的经济联系”，是沟通全国贸易的核心环节。[2] 自唐代经济重心南移，江南水乡就成为全国最富庶的地区。由唐至清，其城镇体系经过长期发育，层级丰富，大小城镇的位序——规模结构比较完善，趋向类金字塔状的稳定结构。在《江南市镇》一书中，指出江南水乡的市镇级差结构分为四级：最低层次为基层市场，即村市，仅向周边乡村农户提供一般生产、生活资料。上一级为中间市场，它介于基层市场与县邑市场之间，多以乡脚 30 里为服务半径，保证农户半天可往返。今天仍保留有鲜明水乡文化特色的同里、周庄等著名聚落均属于中间市场。再高一级为中心市场，多为府县城邑市场。更高一级为区域市场，如苏、杭、江宁府，对整个区域内的多个府县有经济辐射。[3] 而江南水乡的经济勃兴，强烈体现在作为中间市场的较大规模集镇的密集分布，其数量之多非岭南等其他区域能及。尤其在太湖周边地区，中间市场平均服务半径在 10km 以内。在这些中间市场中，又因人口规模、经济实力不同可分为巨镇规模的中间市场（人口逾万，店铺逾百，镇区建成面积多大于 1km^2，如盛泽、南浔等镇）、中等规模的中间市场

[1] 施瑛，潘莹．湘赣民系、广府民系传统聚落形态比较研究社会科学．南方建筑［J］.2009（05）.
[2] 张海英．明清江南地区与其他区域的经济交流及影响．社会科学［J］.2003（10）.
[3] 陈晓燕，包伟民．江南市镇［M］．上海：同济大学出版社，2003.

（人口在1500以上，镇区建成面积1km^{2}左右，如吴兴菱湖镇、嘉兴王店镇等），其中的巨镇实际上已经成为“越过府县城市直接通向全国性市场的超级市镇”。[1]

而在岭南水乡，城镇体系仍处于典型的“倾斜发展阶段”。[2]其特点是基层市场数量多而活跃，中间市场和中心市场发育不充分、规模偏小，区域市场两城独大，大小城镇的位序——规模结构不够合理，塔状结构的中上部存在薄弱环节。具体分析，岭南水乡可称为区域市场的仅有广州、佛山两城，其中广州的首位度过高，人口规模超出佛山数十倍之遥，而广佛两城的规模又比排名其后的城镇要大得多。岭南水乡地区，作为中心市场的府县城市本来就少，规模也与江南的中心市场拉开距离，比如珠三角最大的中心市场江门，同时也是仅次于广州和佛山的第三大城镇，其规模仅与长三角排名第11位的城镇湖州相当。[3]可见岭南水乡的城镇体系中，缺乏像江南那样集中分布的大中型城镇。在中间市场等级，岭南水乡中巨镇规模的中间市场数量也很少，中等规模的中间市场数量虽然较多，但是其中大量市场不像江南水乡的市镇具有独立经济职能并超越乡村管辖，其本质仍是经济活动受制于附近乡村内地主把头势力的一些街区（位于乡村聚落中部或边缘），被称作“墟”。这类“墟”所依附的乡村内仍有大量从事非商业性生产的农民。[4]岭南水乡的中间市场和中心市场分布以广州为中心，越靠近广州密度越大，且全部集中于围田区内，沙田区则无一分布，体现了突出的不均衡性。[5]

明清以来，与华北、关中的以自耕农为主导的经济形态不同，江南、岭南水乡社区的土地集中程度很高，并且是全国租佃率最高的两个地区。[6]在江南水乡，市镇分布密集，与周边农村聚落的距离又近，因而有钱有势的乡村士绅从清中叶开始大批移居市镇。到20世

[1] 陈晓燕，包伟民．江南市镇［M］．上海：同济大学出版社，2003.
[2] 姜永波．确定城市体系发展阶段的定量方法［J］．山东建筑工程学院学报，1994（04）．
[3] 周毅刚．明清时期珠江三角洲的城镇发展及其形态研究．华南理工大学博士论文［D］.2004.
[4] 李龙潜．明清时期广东墟市的类型及其特点——明清广东墟市研究之一［M］．明清广东社会经济研究.2005.
[5] 周毅刚．明清时期珠江三角洲的城镇发展及其形态研究．华南理工大学博士论文［D］.2004年．
[6] 卢晖临．革命前后中国乡村社会分化模式及其变迁：社区研究的发现．中国乡村研究（第一辑）［M］．北京：商务印书馆，2004.

纪30年代，长江三角洲的出租土地占到总耕地面积的42%[1]，而掌握这些土地的地主中90%已经远离他们的田产住在城镇里，村地主的数量很少，江南成为全国城居地主率最高的地区。[2] 由于纳税地主普遍居于城镇，而大多数乡村居民是佃农身份，致使粮食、财富源源不断地流向市镇，有限的人力、物力也都集中用于市镇公共建筑和基础设施的建设，周边农业村落则衰退为无庙、无祠的紧密依赖于邻近市镇进行宗族公共活动的附属性聚落。市镇的繁华兴旺和周边农村的简朴贫乏形成鲜明的对比。“经济能力的有限使得村落中没有供人们集中起来进行公共活动的专用场所，大部分经常性的集会活动都是由村级的农民社团组织依托居住空间附带进行，重大的宗教和娱乐活动只能由士绅组织在村落所属的市镇内举行，村落并不是一个自给自足的宗教活动单位。”[3] 因此江南水乡的二元化体现为分布于各水陆交通要冲的商业聚落和其周边的农业聚落既分化独立又密切依赖的关系。

岭南水乡的租佃关系虽然也很发达，到20世纪30年代甚至高于长江三角洲，租佃率达60%以上，但一半以上的出租土地是族田和各种形式的公田。[4] 岭南水乡在长期远离封建统治中心的地域环境中发展出独特的强调宗族整体实力、以宗族地主为统治阶级的重要构成、以乡族集团为主要土地占有者的社会形态。依赖宗族血缘关系聚居的一村之内，贫富分化不大，阶级界限模糊；残酷的阶级压迫则常常体现为一村一族对外村外族的剥削，尤其是围田区宗族聚落对沙田区非宗族聚落的控制和剥削。围田和沙田均是依靠江河泥沙冲积而成，两者的差别主要源于土地开发时序。围田区成陆早、治理早见功效，先一步成为具有稳定产量的农业区，也先一步被纳入正常的国家税收体系，与之相应的围田区也就早一步被珠三角广府民系各姓宗族占据，成为他们繁衍生息的温床。沙田区是比围田区形成较晚（常指明代以

[1] 黄宗智. 长江三角洲小农家庭与乡村发展［M］. 北京：中华书局，1992.
[2] 刘昶. 在江南干革命：共产党与江南农村，1927 – 1945. 中国乡村研究（第一辑）［M］. 商务印书馆，2004.
[3] 李立. 乡村聚落：形态、类型与演变——以江南地区为例［M］. 南京：东南大学出版社，2007.
[4] 陈翰笙. 解放前的农民与地主——华南农村危机研究［M］. 北京：中国社会科学出版社，1984.

后）的沿海滨江淤泥积成的田地，在明清时期仍处于不断生长扩张的过程中，是一种新生的尚不稳定的土地资源。国家对沙田的管理相对松散，用相对优惠的税收制度鼓励开垦，同时把开发治理需要投入的人力、物力直接委于民间，这就使得地方豪族能够凭借充足的资金、密集的族众和政权统治上的隐形资源，控制了绝大部分已经开发成熟的沙田和正在形成当中的浅海滩涂。原本依赖浅海资源谋生的疍民在这一进程中失去了生产资源，沦落为受围田豪族遥控为其耕作沙田的佃户。

至民国时期，“在沙田区这个最肥沃的农业区里，八万五千余户没有一家自有土地。”[1] 围田区内的宗族聚落社区，和沙田区内的非宗族社区，在政治、经济、文化上，呈现出鲜明的控制与依附关系，具有典型的二元分立特征。这一特征影响了围田和沙田区的水乡传统聚落形态也具有本质差异。在较早开发的围田区内，市镇、农村宗族同构，区别不大，很多市镇是结合村落发展起来的商、农混合体。加上市镇数量本身不多，公共生活在各农业聚落内进行，各村有相应数量和等级的宗族、文化设施，农业村落具备较高的独立性，对市镇的依赖不像江南水乡那样强。而在主要由无产流民、上岸疍民聚居的沙田区缺失宗族组织，常形成以水神崇拜为核心的简单结构的祭祀圈。

由上所述，江南水乡聚落的二元分化主要发生在市镇和农业聚落之间，岭南水乡聚落的二元分化主要发生在围田区和沙田区之间，分化的直接诱因是土地制度和生产关系问题。

明清时期，江南水乡迫于巨大的人口压力，在农业结构上由单一的稻作经济向大比重的种植经济作物谋求高额利润转变，在区域类型上主要可分为产桑区和产棉区。太湖附近的杭嘉湖地区是江南地势最低的地方，其种植方式是筑圩防涝，圩内种稻，堤上植桑以供养蚕，因此“村边处处围桑叶，水上家家养鸭儿”是江南水乡的典型的聚落景观；离太湖较远的高敞地域（松江、太仓）尤其是沿海滨河的沙地则主要用来种棉，种棉区的水乡数量很少；前两者的中间地带地势适

[1] 陈翰笙．解放前的农民与地主——华南农村危机研究［M］．北京：中国社会科学出版社，1984.

中，“灌溉便利且无须植桑固圩”，[1] 则大面积种植水稻，稻香千里、一片平畴是这个区域水乡的生长背景。

岭南水乡的围田区在不断抵御水患的过程中，形成了将低洼地挖浚造塘，排涝防旱，挖出的泥土堆填成四周的塘基，塘内养鱼，基上种树的立体化农业经济。由于基上所栽植物的不同，分为果基鱼塘、桑基鱼塘、蔗基鱼塘。这种模式最初产生时是为适应地势极低、易涝易倒灌的地块，后来在果、鱼、桑、丝之利十倍禾稼的情况下，弃田筑塘、废稻树桑成为围田区的产业潮流，自康乾至鸦片战争前，西北江三角洲内“南海与顺德交界的九江、龙江、龙山、坡山以及西樵、大同、沙头等地连成一片，形成以九江为中心的养鱼种桑专业化农业生产区”[2]（图 2–4–3）。在江南产桑区，桑地约占耕地面积的 30%~40%，而在岭南基塘区，“基六塘四”的土地份额关系显示了与江南水乡聚落不同的以基为重、基塘相依的景观。除了基塘农业区，岭南围田区还有大面积种植花卉、果木，以成片花海果林为聚落外围

图 2–4–3　桑基鱼塘

[1] 李立.乡村聚落：形态、类型与演变——以江南地区为例［M］.南京：东南大学出版社，2007.
[2] 陈泽泓.广府文化［M］.广州：广东人民出版社，2007.

景观的专业农业区，这个区域“以广州为中心，南至番禺的大石、龙湾、古坝，东至黄埔、茭塘，西南至顺德的陈村、南海的平洲、番禺的韦涌”。

岭南水乡的沙田区以水稻生产为主，这里出产的稻米用以反哺围田区，围田区和沙田区在农产品类型上相互弥补。沙田区以狭窄堤围分隔的广袤稻田提供了聚落生长的外围背景。

（二）水乡聚落形态的差异

在复杂的外部环境作用下，越海民系创造的江南水乡和广府民系创造的岭南水乡在聚落形态的不同层次上均反映出一定的差异。聚落的总体布局是聚落研究的宏观层次，水乡聚落的总体布局要描述的关键问题是耕作区域与居住区域的布局关系，以及耕作与居住区域具体形态与水系间的联系。

传统水乡聚落中，耕作区域与居住区域若是分别集中布局，两者间存在明晰的界线，则称为集村。集村有利于居民相互之间产生密切的合作关系，守望相助能够提高聚落的防御性。耕作区域与居住区域相互混杂称为散村。散村有利于村民就近照看田地等生产资源，就近参加劳动，但居民间的关系相对疏远。

耕作区域的形态主要取决于自然地形和土地开发方式。同样在地势低洼地区，浙北的横塘纵埔圩田、绍兴的湖溇圩田和顺德的桑基鱼塘因水系形态和围垦方法的不同而形态有别。居住区域的形态受到多方面因素的影响，散村的居住区域和耕作区域相互交杂、互为图底，单独提炼出来多呈枝网状、格网状、散点状；集村的居住区域比耕作区域更加体现出人为规划的制约，多呈线形、块形和放射形。线形居住区域通常因受到主要河道的牵制而沿河发展生成，其垂直于主要河道方向的尺度远小于平行于主要河道方向的尺度，能够最大程度地保证更多居民的交通、取水等方面的便利，最大特点是轴向生长性。块形居住区域通常基于拥有充裕的用地，在长宽两向的尺度接近，内部可能被水道划分为多个板块，其最大特征是块面扩展性。网状和散点状居住区域可视为若干个被农田、鱼塘分割的线形组团或块形组团的组合体，最大特征是居住区域中包含有近均质分布的耕作块面。放射形居住区域依托于水中的丘陵，聚落的生长一般由高处向外环低地逐渐扩散，最大特点是沿垂直于等高线方向放射性生长。通常我们以居住区域形态对水乡类型进行命名，称其线形水乡、块形水乡、放射形水乡、网状水乡、散点状（荷叶状）水乡。

江南水乡的市镇聚落以商业、手工业为经济基础，对于农耕的依赖性减弱，聚落成员拥有的农田离聚落居住区域较远，是典型的集村。市镇占据水运交通的要冲，根据河流走向形成镇区形态。沿一条河流单侧发展或夹河发展形成“一字形”市镇，如嘉兴王江泾镇（图2-4-4）；在两河交汇处形成“十字形”市镇，如乌青镇（图2-4-5）；或“丁字形”市镇，如嘉兴王店镇（图2-4-6）；沿圩田外沿的环状河道形成的环形市镇，如吴江同里（图2-4-7），[1] 由于市河是市镇的经济命脉和生长骨架，所以市镇的基型是“一字形”线形聚落，“十字形”“丁字形”等具体形状不过是以基型为基础产生的种种变体。环形市镇由于市河的闭合，聚落偏向于块形水乡，可视为线形基型发展的极端特例。

图2-4-4　嘉兴王江泾镇

图2-4-5　桐乡乌青镇

图2-4-6　嘉兴王店镇

图2-4-7　吴江同里

[1] 陈晓燕，包伟民. 江南市镇［M］. 上海：同济大学出版社，2003.

再分析江南水乡的农村聚落。横塘纵埔圩田区，村内水系为纵横交错的线形体系，线形网格内是被圩堤包围的圩田（图 2-4-8、图 2-4-9）。聚落的典型形态正如费孝通分析过的江村，在整体地势极低的情况下，为了避水患只能利用圩堤建房。圩堤是圩田四周高起的边缘，通常宽 10~30m，其上用来种植桑树，被选做建房的圩堤宽度要更大一些。[1] 沿圩堤排布的民居呈线形，一个聚落的居住区域由若干个散落在邻近圩田圩堤上的线形组团组合而成，呈枝网状。组团间被河流或其他灌溉水渠分隔开，滨水的建筑界面很可能不连续，居住区域没有绝对闭合的界线，聚落是介于集村和散村之间的过渡类型。所有的民居一面朝河、一面朝田，能方便出行也能就近劳作。湖溇圩田区，村内水体以块面状的湖塘为主，民居分布在湖岸，环水形成极具特色的“环溇居”，为环形聚落，属于集村与散村之间的过渡类型。在西溪湿地，水体被堤坝分隔成一个个池塘，池塘间以水渠相连，民居则分布在堤坝上，随堤坝形成格网状的聚落，属于散村。[2] 可见，由于水网高度密集和地势普遍低下，江南水乡的农村聚落多依附于高起的堤围建筑民居，堤围的进深有限，民居的分散程度大，民间的宗族力量未能对形成大规模集村发挥有力影响。

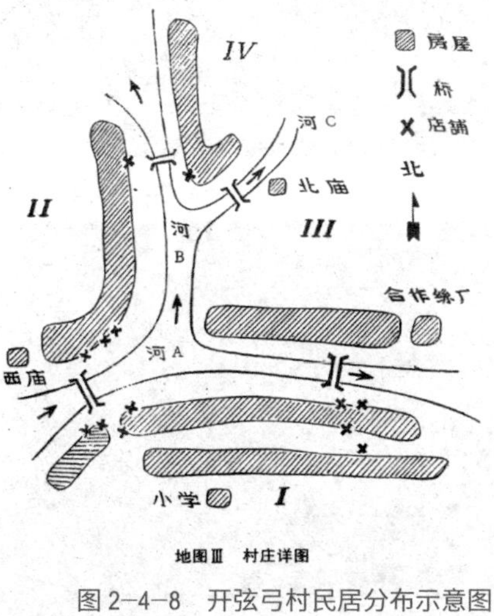

图 2-4-8 开弦弓村民居分布示意图

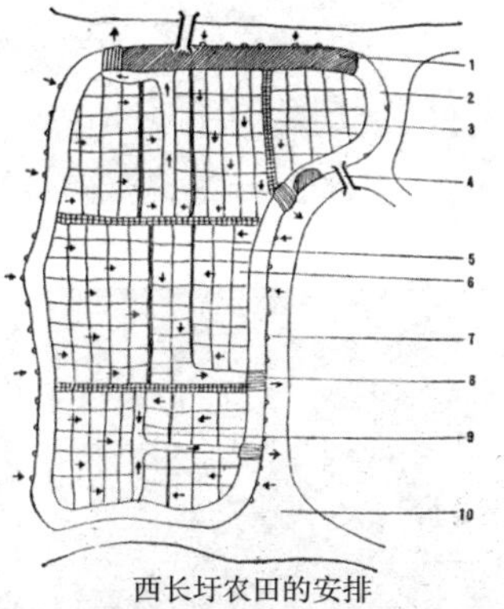

图 2-4-9 开弦弓村单块圩田与民居的位置关系

[1] 费孝通 . 江村经济——中国农民的生活［M］. 北京：商务印书馆，2003.
[2] 丁俊清，杨新平 . 浙江民居［M］. 北京：中国建筑工业出版社，2009.

岭南水乡的围田区相对沙田区而言淤积更早，距海更远，地势更高。因此围田区的水乡聚落一般都有相对富余的建设用地，再加上宗族聚居的要求，不论市镇还是乡村，都以居住空间和耕作空间截然分立的集村居多，具体形态以线形、块形和放射形为多。线形水乡有伴溪村落（如番禺大岭村，图2-4-10）、夹溪村落（如番禺三善村，图2-4-11）两大类。块形水乡中顺德古粉村（图2-4-12）、龙潭村（图2-4-13）等水乡基本保证了居住区域不被水系分隔，河渠湖塘分布在居住区域外围；而顺德逢简村（图2-4-14）、高赞村（图2-4-15）等水乡居住区域内部被河涌分隔成不同的板块组团。放射形水乡如高要蚬岗村、番禺小洲村（图2-4-16）等，均是环绕小丘而建。这三类水乡聚落在垂直水道方向均有一定长度的延伸，以临水的宗祠

图2-4-10 番禺大岭村

图2-4-11 番禺沙湾三善村

图2-4-12 顺德杏坛古粉村

建筑开始接续建立的一个个前后相连的三间两廊单元，成为纵巷拓展的动力，反映了宗族对家庭的统摄关系。围田区内也有少数聚落采用散村的布局方式，如鹤山的古劳水乡（图 2–4–17），又称围墩水乡，属于桑基鱼塘农业区。“围墩”是指与基围相连深入基塘中的一个个屋宇集中地，宛若塘中浮起的一大片荷叶。墩上少则一两户，多则十几户人家，有的还设祠堂。每个墩就是一个聚落组团，墩与墩之间被水塘间隔开来。这种聚落属于散点状水乡，在围田区水乡中并不多见。

岭南水乡的沙田区水乡整体开发时间较晚，以堤围稻业生产为主。相比于围田区水乡，沙田区的聚落数量少而规模小，商品经济不发达，几乎没有成规模的市镇。村落形态为线形，属于集村和散村之间的过渡类型。在封建社会，作为沙田区生活主体的疍民受到围田区宗族地主的压榨和剥削，基本处于赤贫状态，没有土地所有权，人口也经常流动，最初采用船居，迁居陆上后也只是搭起船一样的简寮栖身，“无瓦无砖”，居住条件很差。沙田区紧邻海河、地势低洼，没有丘陵高地可以依托，而田埂的

图 2–4–13　顺德杏坛龙潭村

图 2–4–14　顺德杏坛逢简村

图 2–4–15　顺德杏坛高赞村

图 2-4-16　番禺小洲村

图 2-4-17　鹤山古劳水乡图

面积和高程都不适于作为宅基地，所以为解决防洪问题疍民把住屋就建在濒临河涌的堤围上。因河堤或涌堤的宽度有限，一般只能容纳单户进深，民宅大多一面临水、一面邻田，耕作和交通都依赖舟船。这样形成的村落，多呈现随堤围延伸长度达数公里之遥的线形形态，一字形是这类聚落的基型。而根据水道的交错纵横，聚落沿堤岸生长也会形成 L 形、U 形等变体。（图 2-4-18、图 2-4-19）

聚落的组团街巷是聚落形态研究的中观层次，用来描述它的主要指标有：①河、街、巷、弄组成的交通网络的结构和形态；②由单体建筑发展到聚落过程中，各类空间的组织结构和形态。

江南水乡的市镇虽然规模比乡村聚落宏大，但绝大多数都为单一街区模式，即在沿市河的河岸一侧只形成一条商业街道，“不存在由与临河街道平行的第二层商业街分隔的第二层建筑

图 2-4-18　番禺横沥镇

图 2-4-19　番禺万顷沙

群”，[1] 其主要原因是商业发展和居民生活对船运、河水的依赖，同时也是最节约土地和建设成本的初步城镇化模式。所以江南水乡市镇的街巷体系多为树形，主干是市河两侧的主街，其贯通性最强、宽度最大、承载的交通量最多；其他次巷、支巷和小弄均由主街逐级生发。支巷和小弄多为掘头巷，导向住户的私有领域，贯通性和环通性弱，宽度比主街、次巷小得多，属于生活性的巷道。按照段进等学者的研究，江南水乡的市镇空间结构具备等级子群、并列子群和链接子群三种构成方式。“等级子群包括单项等级子群和双向等级子群”。单项等级子群通常由“间—合院—院落群—地块—街坊—古镇”逐级构成，结构清晰（图 2-4-20）。“双向等级子群，在单项等级子群的基础上，加上了并置组合关系。”例如由于住宅规模的差异，单进合院直接作为一种民居类型组合形成地块，越过了院落群的层级（图 2-4-21）。“绝大多数江南水乡市镇是以双向等级子群来组织空间，并且民居入口多采用直入式”，造成了次巷以下等级的巷道弯曲转折多、规整性差。等级子群是江南市镇空间最主要的空间构成方式，反映了“生活性”的一面。“并列子群主要是在沿河地带由河、街、房三种空间要素平行并置形成的组合方式”，偏向“商业性”的功能，有“屋—街—河—街—屋”和“屋—街—屋—河—屋—街—屋”两种基本剖面模式（图

[1] 陈晓燕，包伟民．江南市镇［M］．上海：同济大学出版社，2003.

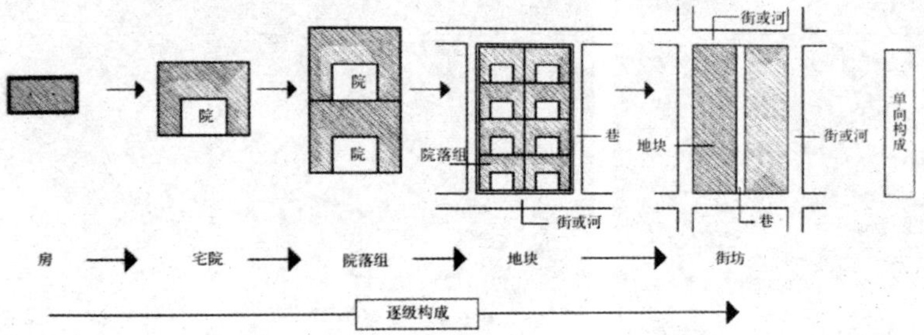

单向等级子群构成模式示意，各层次要素之间层层相套，逐级向上，层次分明

图 2-4-20　单项等级子群图

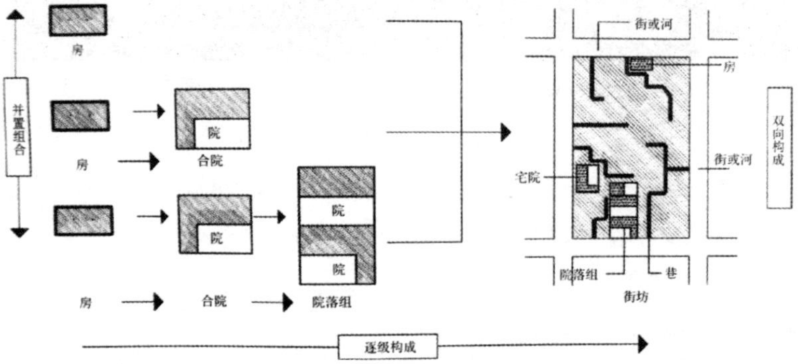

双向等级子群构成模式示意，各层次要素之间的上下逐级和平行并置的关系互相融合，其中逐级构成仍是结构的基础和主体；常缺少地块这一层次

图 2-4-21　双向等级子群

2-4-22）。“链接子群是指宅、街、巷、河等空间要素之间的连接点，如水埠、桥、街巷节点、广场、转船湾等”。导向块面状街坊的等级子群、导向沿河地带线形空间的并列子群和点状的链接子群共同组合生成市镇的整体空间[1]（图 2-4-23、图 2-4-24）。

江南水乡的乡村聚落，以圩田区聚落为代表。受制于圩堤的进深，聚落的街巷组成以平行于河道的街巷为主巷，以垂直于河道的街巷为次巷。由于民宅入口多为正入式，主巷是横巷（平行于民居正屋面宽方向的巷道），次巷是纵巷（垂直于民居正屋面宽方向的巷道）。主次巷的密度均低于市镇，交通体系层级简单，有时甚至为单一层级。陆路交通不一定能形成环路，村域交通非常倚重水上联系。民宅规模较小，街坊进深有限，聚落空间结构的等级子群层级少，更多地反映并列子群的构成方式。链接子群数量也少于市镇。

[1] 段进，季松，王海宁．城镇空间解析——太湖流域古镇空间结构与形态［M］．北京：中国建筑工业出版社，2002.

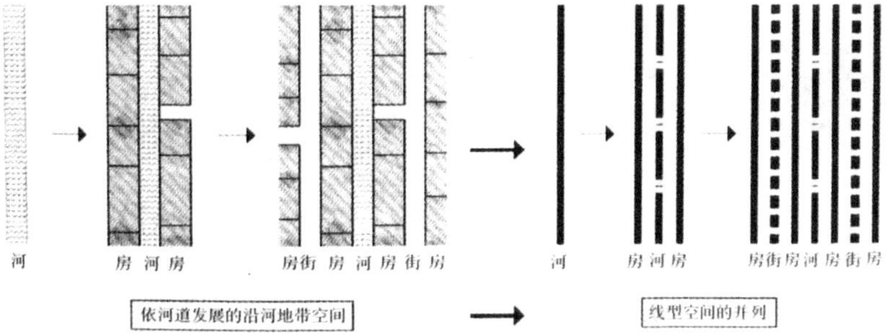

并列子群结构图示

图 2-4-22 并列子群

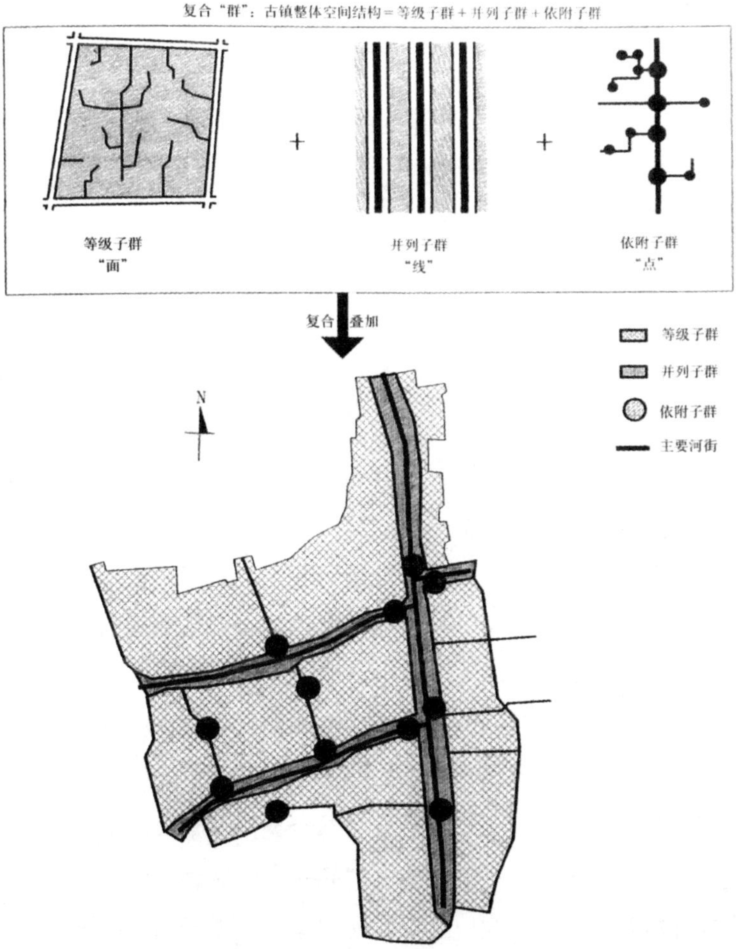

古镇整体空间结构——复合群图示（以周庄镇为例）

图 2-4-23 江南水乡古镇复合群

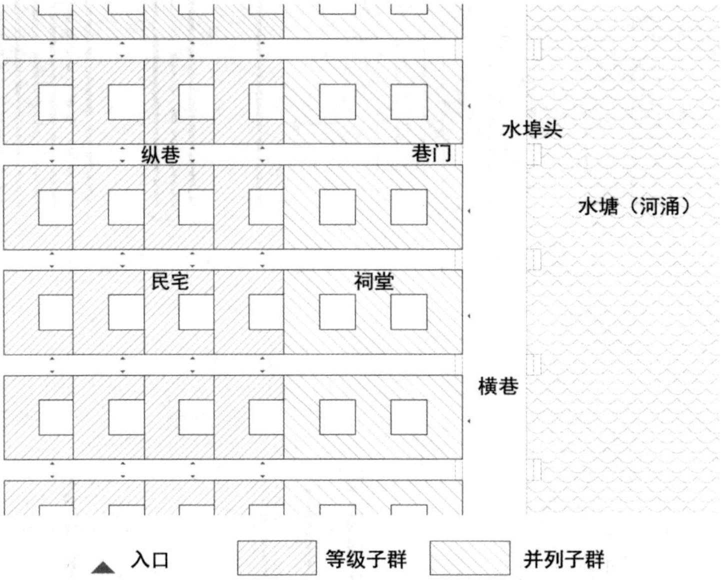

图 2-4-24　岭南围田区聚落复合群

岭南水乡的围田区聚落仍然在整体上或组团内保持了梳式布局的特点。街巷体系由大量的纵巷和少数横巷组成。横巷宽度大为主巷（主街），纵巷宽度小为次巷，横巷纵巷的贯通性好，规整度强，交通体系形成等级分明的两个层级。居住区不受水系分割的影响，完整块形聚落的空间结构体现出鲜明的单向等级子群特点，由“间—三间两廊单元（户）—纵向串接的院落群（里）—聚落”的逐级构成格局一目了然。按纵巷划分的“里”建有专用的巷门、水埠头，并在水埠头旁和巷门内供奉着这一“里”所专属的社神。在聚落的最前端，通常是祠堂、横巷、水塘（河涌）三种空间要素平行并置形成的并列子群。祠堂建筑排在串接的三间两廊单元的最前面，直接向横巷开门，与其后受里门管制的只能朝纵巷开门的侧入式民宅有本质区别。被水系分割而形成若干板块的聚落，每一板块内有类似完整块形聚落的空间组织模式，整体上的等级子群构成为“间—三间两廊单元（户）—纵向串接的院落群（里）—板块（社）—聚落”。由于围田区水乡是典型的宗族社会，单向等级子群巧妙地反映了宗族结构在空间结构上的投影，“三间两廊”与小家庭，“里”、“板块”与大小房族，聚落与宗族基本上一一对应。链接子群的类型，除了江南水乡也有的埠、桥、街巷节点等，结合洪圣庙等地方水神崇拜设置的村落水口，和以种植巨榕、垒堆社坛为标志的榕荫广场是岭南围田区水乡独有的点状空间。

沙田区水乡中的疍民原本从事捕捞业，居住于舟船。因为有限的舟艇空间只适应小家庭为主的生活，儿子婚后即分居别艇是普遍的现象，因此在水上居住的疍民宗族观念薄弱，“对几代以上祖先的情况已记不清楚，没有世系群”。[1] 疍民成为陆上地主的雇农后，由于社会地位低下，没有土地所有权，没有资格参加科举考试，也不能与陆上人通婚。这些限制致使疍民的居住范围始终固定于沙田区而没能向高地拓展，也使得疍民的文化保留了更多本族群的原始特点。他们的聚落不强调血缘而看重地缘：一村之内多姓共居，没有宗祠也不设书院，祖先只在各家厅堂内祭拜；村落的精神中心是在村口结合巨榕建设的水神庙，庙内多供奉天后或洪圣，居民共同的水神信仰是村落祭祀圈形成的基础。聚落空间结构简单，单项等级子群由“村—基”两个层级组成，每一组团“基”（行政管理上多称为坊）常建立自己的社稷坛。由于“基”（河涌的堤）的进深限制，民居大多单户并联，巷道体系只有横巷而无纵巷，也只具有单一层级。基内空间结构则为河、横巷、住宅、稻田并置发展而成的并列子群。沙田区水乡的链接子群类型较少。

聚落的建筑是聚落形态研究的微观层次，用来描述它的主要指标有：建筑的类型，以及民宅的形制、规模、材料、结构、造型装饰等。

江南水乡的市镇公共建筑类型繁多，祠堂、庙宇、茶馆、商铺林林总总，民宅形制也配合商业功能形成前店后居、上宅下店等商住混合功能的居住模式。沿街土地的珍贵，致使民居通常是小面阔向大进深纵向拓展，即便是富豪乡绅的住宅也只能通过多进院落串联达到一定规模。乡村中公共建筑很少，民居除了居住用房外，多加建了一些储藏空间和牲畜棚，基地不甚规整。

岭南水乡的围田聚落多为宗族聚居，华丽的祠堂和其他一些小型

[1] 黄淑聘．广东族群与区域文化研究［M］．广州：广东高等教育出版社，1999.

庙宇是聚落中常见的公共建筑。民居形制极为统一，基本上一户拥有一个三间两廊单元，贫富差距在民居规模上无从体现。沙田区公共建筑匮乏，少数聚落建有简单的庙宇。民居在1949年以前以质量很差的茅寮为主，滨水伸出干栏式平台。

传统聚落形态是长期适应外部自然人文环境的产物。越海民系创造的江南水乡和广府民系创造的岭南水乡，虽然都处于水网密集地区，但其外部环境系统仍存在多方面的差异（表2–4–1），从而造成两类传统水乡在聚落形态上也有差别（表2–4–2）。可以得到以下结论。

表2–4–1　江南水乡与岭南水乡自然人文环境的差异

自然人文环境比较	江南水乡	岭南水乡
建设族群	越海民系	广府民系
地理格局	水乡泽国，平原坦荡 环境趋同 水网密度大、水面率高	三类地形 环境分异 水网密度、水面率均低于江南水乡
开发时期	成陆早、开发早、文明起源早	成陆晚、开发晚、文明起源晚
城乡体系	长期发育，结构复杂，层级丰富， 位序–规模结构比较完善	初步发育，结构简单， 位序–规模结构不够合理
二元倾向	租佃率高，城居地主多 市镇与乡村的巨大差异	租佃率高，宗族地主为主 围田区与沙田区的巨大差异
农业结构	产桑区、产稻区、产棉区	基塘农业区、果林花卉农业区、产稻区

首先，外部环境系统是包含多种要素的复杂系统，每一要素都会对聚落形态的演进发生作用，不过作用的方式、强度并不一样，而最终的聚落形态的演化方向取决于所有要素的综合作用机制。

其次，外部环境系统的组成结构主要分为两个层次，自然地理要素是最为本质的底层要素，它对聚落形态的影响是长期的、稳定的、根本性的。社会人文要素是表层要素，它对聚落形态的影响是直接的、多变的、高效的。两类要素的矛盾反映了聚落从原始自然转变为人化自然过程中，处理人与自然关系问题的基本立场。

最后，从外部环境系统的作用效果来看，导致两地水乡传统聚落形态差异的主要有两种力量。一种是秩序化的、集中化的力量，依赖的环境要素包括集中的时段、适宜的人口数量、发达的经济技术、统

表 2-4-2　江南水乡与岭南水乡聚落形态的差异

聚落形态比较		江南水乡		岭南水乡	
		市镇聚落	乡村聚落	围田区聚落	沙田区聚落
整体布局		集村	集散过渡、散村	集村为主	集散过渡
		线形为基型或块形	枝网状、环形、格网状	线形、块形、放射形	线形
组团街巷	交通网络	单街区模式 树状交通网络 主街－次巷－支巷－小弄 巷道规整度弱	横巷为主，纵巷为辅 主巷—次巷 巷道规整度弱	梳式布局 大量纵巷和少数巷 主巷—次巷 巷道规整度强	横巷 单一层级 巷道规整度强
	空间结构	以双向等级子群为主要结构方式 层级丰富，形成生活性空间 并列子群，形成商业性空间 链接子群作为空间结点，类型丰富、数量多	以并列子群为主要结构方式 链接子群作为空间结点，数量少	以单向等级子群为主要结构方式，层级清晰，形成生活性空间 并列子群，形成祭祀性空间 链接子群作为空间结点，类型丰富、数量多	“基”内为并列子群 “由基到村”为单向等级子群 链接子群作为空间结点，类型少
聚落建筑	公共建筑	公共建筑丰富	公共建筑贫乏	以宗祠和庙宇为主的公共建筑	公共建筑贫乏
	民宅	民宅小面阔大进深，精细化利用基地，商住混合功能	粗放式利用基地，加建与劳作用途相关的辅助用房	民宅统一采用三间两廊单元	民宅为质量很差的茅寮

一的文化信仰和单极化的社会组织形式，在这种力量的推动下有利于形成大规模的彰显人工规划性的集村。另一种是混沌化的、分散化的力量，依赖的环境要素包括时间的推演、人口的膨胀、落后的经济技术、多元或缺失的文化信仰和多极或无极化的社会组织形式，在这种力量的推动下有利于形成小规模的体现聚落的自组织属性的散村。江南水乡和岭南水乡处于多要素形成的复杂力场作用下，形成了“岭南围田区水乡—江南水乡市镇—江南水乡乡村—岭南沙田区水乡”，秩序性逐渐减弱，混沌性逐渐增强的位序关系。

（本节作者：施瑛　潘莹）

三 南粤古驿道文化遗存

一、南粤古驿道村落人文特色

古驿道是古时各地区间用于传递文书、运输物资、人员往来的通路，包括水路和陆路、官道和民间古道，是经济交流和文化传播的重要通道。在国家“一带一路”的发展战略下，古驿道作为海陆丝绸之路的重要载体，其保护与发展得到各方的重视。通过古驿道的纽带作用，可以整合串联沿线城镇、村落的历史文化资源，驱动县域经济协调发展和城乡人居环境有效改善。南粤古驿道，也称“广东省古驿道”，是指在广东地区分布的各条连接岭南与周边地区的古驿道，为古时沟通中原与岭南的大动脉，是南粤地区的重要文化传播和经济发展线路（图 3-1-1）。

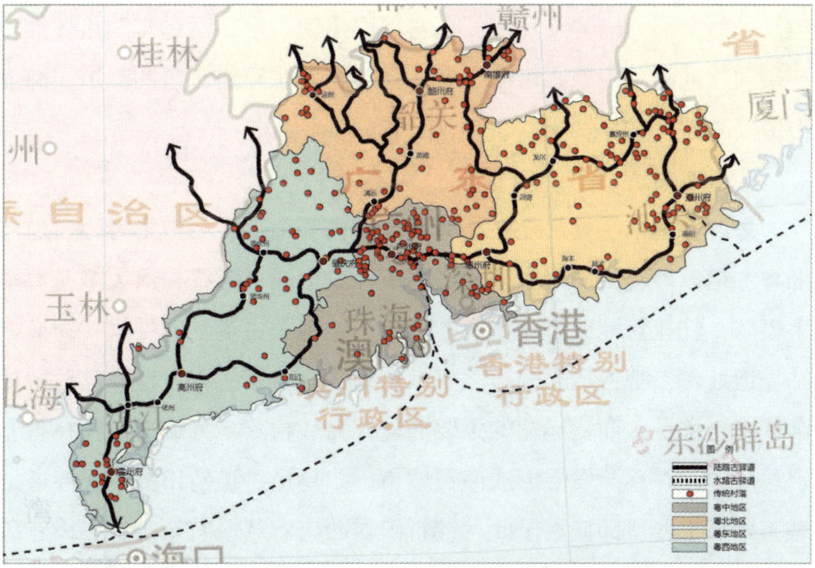

图 3-1-1　南粤古驿道与传统村落分布图

传统村落是重要的人居聚落类型之一，其人文景观集中反映了人群适应和改造自然的生产实践积累，体现了不同文化的建筑美学积淀，展现了特定地域的社群空间关系。南粤古驿道在汉民南迁的大规模移民和南来北往的文化和商贸往来的过程中，与其沿线乡村人文景观的形成发展形成了密不可分的联系，是不同文化在岭南地区传播交流的重要通道。南迁汉民首先在驿道通过地区集聚开发，因此沿驿道保存下的传统村落较为集中，保存程度相对完整，历史文化也更加深厚。基于南粤古驿道对其沿线传统村落的重要影响，梳理南粤地区不同古驿道的典型传统村落，不仅有助于呈现广东地区传统村落总体概况，以及不同文化在广东地区的传播与融合，而且推动深化村落人文景观与传统聚落人居文化的关联性研究。

（一）南粤古驿道与沿线村落

岭南自古偏居一隅，自秦始便有对岭南地区的交通开辟。这些交通联系经过各朝各代的开发与扩建，形成了紧密联系珠江三角洲平原与周边地区的通道，承载着民族迁徙和货运流通的重要功能。岭南地区水网纵横，水路交通比陆路便捷，南粤古驿道呈现出以水路交通为主，陆路交通为辅的交通模式。它以广州为中心，通过水陆路转换，连接周边地区及中原，可分为粤北驿道、粤东驿道、粤西驿道和海上古道（图 3−1−2）。

1. 粤北驿道

粤北驿道指主要沿北江流域发展的古驿道，主要包括粤赣古道与湘粤古道。粤赣、湘粤古道通过军事开发形成，沿线村落大多有着军事设防、驻扎营地或修建城寨的背景。如梅关古道上的中站村为秦中站城遗址，茶亭古道上的石兰寨相传为岳飞安营扎寨之地。其后古道渐成南迁移民和商货运输的主要通道，沿线村落多为谪迁汉民在粤北定居所建，并逐渐发展形成商贸墟市。如乌迳古道新田村李氏族谱记载其始祖于西晋即谪居于此，在新田村西南水畔设有新田圩，设有码头、商铺等。

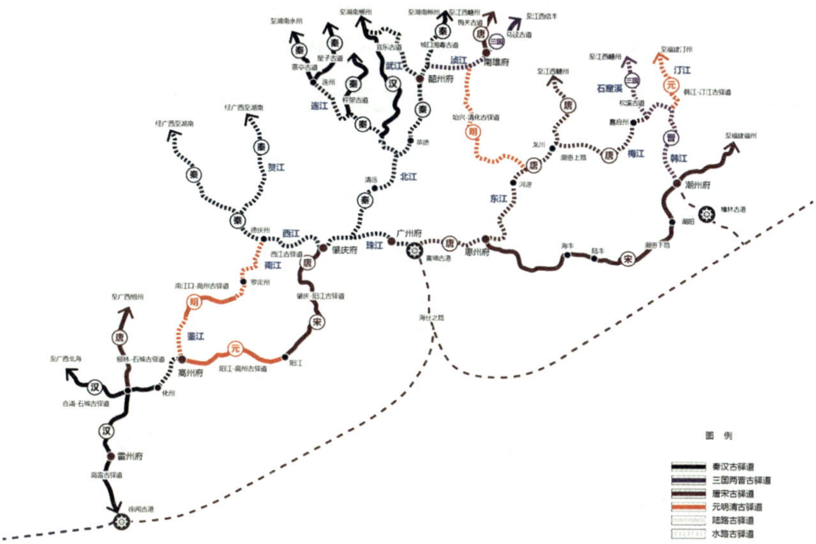

图 3-1-2 南粤古驿道形成年代图

明朝中叶，原由赣闽迁居粤东的客家民系再次向粤中、粤北、粤西迁移，被称为“反迁客家”。其中一支经清化水到达始兴，该线路为始兴—清化古驿道。因此始兴、曲江至英德一带的村落现存多为从赣南、闽西的客家人经粤东迁徙而来所建。

2. 粤东驿道

粤东驿道主要是指以东江为主要依托的古驿道。秦将赵佗为平定百越，率秦军于河源龙川开埠，这是中原对粤东地区最早的开发。

粤东地区的粤赣闽古道是不可分割的存在。两晋，松溪古道便已形成，是连接粤赣闽的千年“盐米之路”。唐朝，为加强中原与粤东、福建的联系，依托东江在粤东山地开通了潮惠上路。宋代，官府组织了对粤东滨海一带古驿道的修整，整合起羊蹄岭古道、观音岭古道等形成潮惠下路，可远达福建福州、江南地区至中原，沿途经过多个重要海港，是连接广东、福建沿海地区的重要通道，并取代了潮惠上路地位成为南粤的东路主驿道。

潮惠上路沿线村落多为原居于赣南和闽西南的中原汉民，自晋代开始陆续沿松溪古道迁居至河源、梅州等地，与当地土著融合所建；也有一部分因军事建设而开基，如和平县林寨古村。闽海人口自五代时期便从福建开始向外迁移，有着相似地貌的潮汕和雷琼地区成为了首选入居地。唐宋以后，闽民主要转从潮惠下路迁入，因沿海驿道的整合完善和商货运输的需求，潮惠下路沿线村落逐渐或开埠或兴起，现存多为明代开基村落，如潮州龙湖古寨。

3. 粤西驿道

粤西驿道是以西江航道为主要干线的古驿道。秦汉过南岭的其余二路均经广西入粤西，一路取道湖南，建灵渠沟通湘江和漓水（湘桂走廊），下西江，为越城岭道；一路由湖南江华过萌渚岭，下贺江、西江（潇贺古道），为萌渚岭道。

粤西驿道主要连接桂东南和粤西两地，越城岭道和萌渚岭道在封开合流，并线为西江古水道为主，其经肇庆—高州古驿道和南江口—高州古驿道连接合浦 / 郁林—石城古驿道和高雷古驿道，其中高雷古道可从徐闻港远眺琼州。

西江流域的汉民聚居最早可追溯至秦汉时期。两汉时期的交州首府即设在今广西梧州与广东封开一带，中原移民通过越城岭道和萌渚岭道经西江进入粤西，选择在西江河谷地区开垦定居。宋、元以后，原沿大庾岭道到达南雄珠玑巷后的一部分南迁汉民，经过几代生息再次南迁至高要、清远以及珠三角等地区，并向西江流域发展，现存村落以明清开基居多。高雷古道沿线村落多为闽民所建，他们一部分在秦汉时期沿湖南、广西进入雷州地区；一部分在北宋末期从徐闻港登陆半岛；明代有大部分闽人移民迁居徐闻港或至雷州湾、徐闻港等沿海区域，因此这一时期的沿海地区开始大量出现村落。

4. 海上古道

海上古道主要是指在广东沿海的海上移民和货运商贸路线，其与广东的内江驿道紧密联系，通过港口枢纽作为水陆路连接，形成完整的南粤古驿道系统。

北宋末期，闽琼两地沿海居民开始经海路从徐闻港登陆雷州半岛；明代有部分闽商、琼人移民迁居徐闻港，同时期也有大批闽民沿海漂浮至雷州湾、徐闻港等沿海区域，此时广东沿海地区出现大量聚落。

海上丝绸之路是海上货运商贸的主要载体，早在秦汉时期已形成，用于丝绸的输出，主要的贸易港口为番禺和徐闻。雷州徐闻古港是中国、乃至世界上第一个有官方史书记载的海上丝绸之路始发港，由汉官方经营；唐宋时期，广州黄埔古港兴起，成为中国对外贸易的第一大港，明清时期更是长期处于“一口通商”的优越地位；清代潮州、汕头等港口兴起，其中樟林古港曾繁盛一时，其于韩江海口，可直通韩江流域腹地。由于港口的建设和发展，沿海平原的传统村落或因商业贸易繁荣而兴起，或因海外华侨资助而发展，以宋代开基居多，明清时最为鼎盛。

（二）南粤古驿道村落人文特征

南粤古驿道沿线村落大多与古驿道的形成和发展同步，或开基、或完善、或繁盛，其乡村人文景观在古驿道文化的影响下也愈加各具特色，形成了丰富多样的传统村落风貌。通过选取南粤古驿道沿线保存较为完好的典型村落，提取其人文景观特征要素，横向对比各驿道沿线村落在村落形态、突出特色和建筑风貌等方面的特色，不仅可以呈现出广东地区丰富多样的传统村落总体风貌，同时反映出赣湘桂闽等地区建筑文化在其与广东交界地区的影响及在广东区域内的交融。

1. 村落形态

村落形态是体现传统村落人文景观差异的重要内容，不同地缘地貌特征、不同村落起源与发展程度对村落总体形态有着不同的影响。粤北驿道北段位于连州、仁化、南雄等粤湘赣接壤地区，为秦汉古驿道进入岭南的“关口”，沿线传统村落开基早，多为宋元以前的南迁汉民所建，保留有宋元中原文化特色。该段沿线传统村落大多依山面水而建，条层式布局，自由松散，与驿道联系紧密，沿等高线延伸，村落规模较小。粤北驿道中段过始兴、翁源、英德，由于明中叶赣闽客家群的迁入，沿线村落向组团式布局发展，建筑相对密集。北江一路南下，过清远汇入珠江，其沿线村落规模较大，人口集聚，用地紧约，排列式与围合式布局并存，结构规整紧凑。粤北驿道经粤北五岭山地沿北江而下，沿线村落总体呈现出从北至南的自山地向平原的选址变化，村落规模逐渐扩大，形态从自由松散的条层式结构向密集整齐的梳式结构转变（图 3-1-3）。

粤东驿道的潮惠上路经韩江、梅江辗转于粤东山地间，与赣闽接壤，过梅州、河源，因山地资源有限，其沿线村落多为中小型山地村落，宋元以后开基，多于河道一侧，以祠堂为核心呈多组团式分布，总体形态自由，建筑联系紧凑。潮汕下路则一路从沿海平原而下，其沿线村落平原聚落居多，多为明清时开基，规模宏大，布局规整，建筑密集，呈集中式的排列布局，有明显的防御性围墙城楼等设施。粤东驿道两主要驿道村落形态呈现出较大区别，潮惠上路的山地村落形态自由，为多组团式布局，其防御性体现在建筑多组团围合；潮惠下路平原村落规整严谨，为集中排列式布局，其防御性体现在村落整体内向封闭（图 3-1-4）。

南迁汉民由西江古水道进入南粤，古广信一带为古岭南中心，两广文化同根同源，因此西江古水道沿线村落形态具有极高的相似性：以排列式为主，偶有条层式，布局规整有序，核心公共空间由祠堂、风水塘、榕树等组成，由山地向平原规模逐渐增大。粤西南的高雷古道位处雷州半岛，其驿道沿线村落大多位于地势平坦地区，沿线村落多为棋盘排列式布局，建筑松散；而沿海一带村落开基多为明后，以梳式布局为主，建筑密集，受海洋文化影响显著，多封闭防御性建筑。

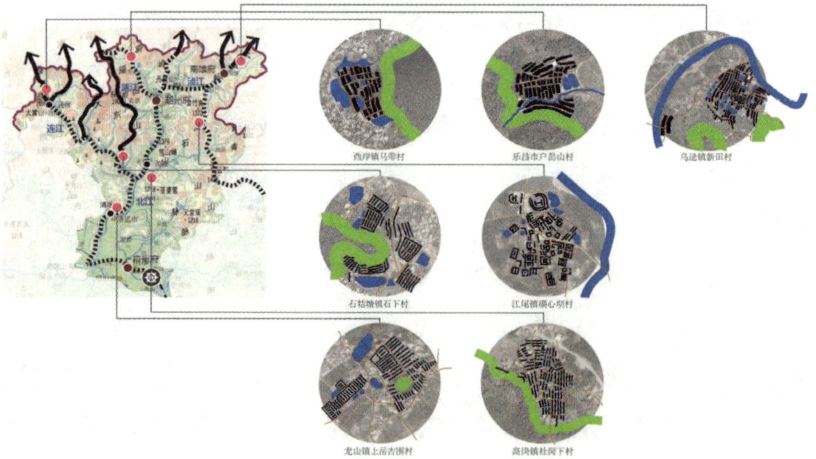

图 3-1-3 粤北驿道传统村落形态图

粤西驿道沿线村落总体布局规整有序，自西向东建筑由松散渐密集，村落防御性普遍较强（图 3—1—5）。

广东总体地貌为“八山一水一分田”，地势北高南低，粤东北多山地丘陵，粤中、粤西多河谷平原，沿海地区为广阔的冲积平原。驿道所处地区地貌地形的不同使得其沿线村落形态和规模产生根本性的差异。宋元前开基的村落人地关系舒缓，无刻板的理学教条约束，形态较为自由开放，建筑间距较大。而后随人口流转、村落兴盛，村落的规划布局受制于严格的宗教礼制约束，同时各地流寇肆虐、反迁客

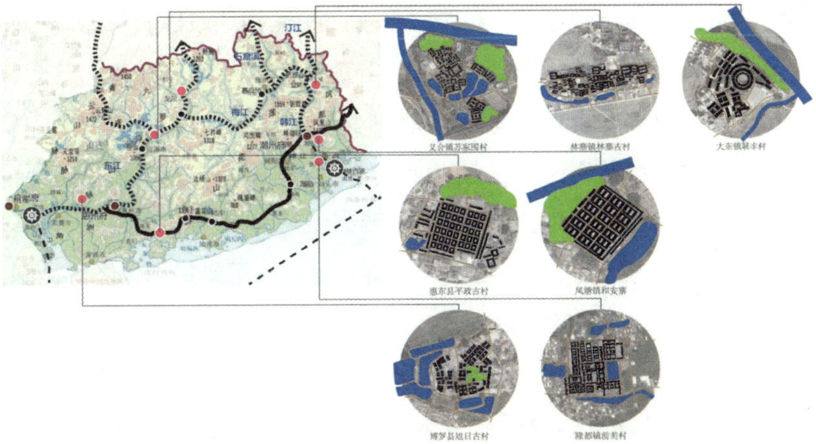

图 3—1—4　粤东驿道传统村落形态图

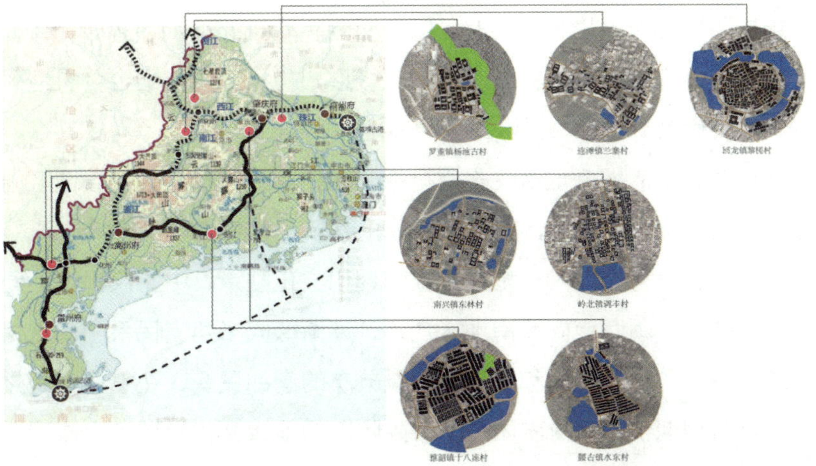

图 3—1—5　粤西驿道传统村落形态图

家群迁入争地，使得村落向组团式或集中排列式发展，建筑联系更加紧密，防御性增强，呈现出各异的村落形态。

2. 建筑风貌

传统村落人文景观最主要体现在建筑风貌之中，建筑风貌集中体现了村落景观的地域性特征，是传统村落不同文化交流与融合的综合反映。以下主要围绕古驿道建筑的线性文化特征、商业与防御和祠居形态进行诠释。

（1）古驿道建筑的线性文化特征

粤北驿道承担着中原和岭南的文化与物质的主要交流，南迁汉民经湘赣两地来到岭南扎根，也带来了不同的湘赣地域建筑特色。粤赣古道沿线村落多牌坊，其最能显现出与赣南类似的地方特色。这些牌坊在村落中或单独设立，或与祠堂的门楼或照壁结合，处于村落中最瞩目的位置，也是建筑中重点装饰的部位。牌坊的样式、构建特征以及工艺与赣南等地的做法十分相似，雕饰工艺和内容题材细致、丰富，记录着其宗族的显赫历史、社会功德等，是后人记录祖训、恪守礼制、感怀先辈、教化后辈的一种方式。

湘粤古道沿线村落受楚湘文化影响最大，其突出表现在设置于连州、仁化地区村落入口的门楼上。村落四周由封闭房屋围绕，门楼是最主要的出入口，前有池塘，正对笔架山，具有标志界定性。门楼与村内主要街巷相通，底层为过道，二层或夹层作瞭望和射击用，兼具交通与防御功能。最为特别的是门外两侧有偏矮的外八字青砖墙体，使门楼更显高峻挺拔。其八字墙的门楼形式与风水方位结合，有迎风纳气、会运聚财之意，最多见于两湖地区。

粤北驿道的湘赣地缘文化建筑特色主要反映在粤湘赣接壤地区的驿道沿线传统村落之中，其影响随着驿道深入岭南腹地而逐渐减弱。

粤东驿道是粤赣闽三地的重要交通和文化联系，中原汉民在不同时期从赣南、闽西南向岭南地区迁移，逐渐形成了两支民系——占据粤东北山地的客家民系和在沿海平原分布的潮汕民系，在家族礼制文化上具有相似性，其对内团结、对外防御的地域文化特征集中体现在粤东驿道沿线村落的向心围合式的民居与聚落中。

粤闽赣接壤地区人多地少，流寇肆虐，因此围屋这种兼顾经济效益和防御需求的建筑和聚落形式逐渐形成。在粤东北边缘地区，多为方围、圆围式民居，其体量宏大，一个建筑内含多个居住单元，主要从闽西等地的寨堡、土楼发展而来。而在粤东南边缘，则多为厝式民居，与汉民族后期发展形成的小家庭式合院式民居相似，并通过规则的排列形成大型组合民居或四面围合的村寨。随着驿道向岭南腹地延伸，两种形态的民居相互结合，并衍生出更多的围屋类型，如包厝式围屋、半月形围屋和围拢形围屋等，并逐渐向防御型聚落转变。粤东沿海地区地势平坦，驿道沿线多向围村发展。由于明中叶客家人从粤东向广东其他地区再次迁徙，也把围屋和围村的建筑特色随着驿道带到了这些地方，尤其以粤北始兴、翁源、英德一带最盛。围屋和围村的核心都具有中轴对称、内向围合、规则严谨的特质，这是对宗族礼制文化和家族互助精神的坚守。

西江为珠江主流，经湘江连灵渠，是古中原文化传播路径和重要经济走廊，军队和移民在河谷地带开垦定居。广信为古岭南的文化中心和统领两广的政治中心，其后两广切割岭南中心逐渐向广州迁移，可见肇庆地区与广佛、桂东南等地同属一个文化圈，村落形态和建筑特色都有很大相似性。沿西江而下，从桂东南到广佛，其传统村落形态从自由无序向均质规整变化，即与岭南文化核心越近，广府梳式肌理越强，人为参与规划程度越高；而民居形式也从多种民居形式并存转向主要以三间两廊为主，文化表现形式更注重统一性。

位于桂东南和广佛中间的肇庆地区，为两者的过渡，其中最富特色的为圈层式的村落布局形式，既表现了与自然山水的适应性，又有人工规划的形态性。圈层式布局村落常见于肇庆东南部的平原地区，该地水网密集、小丘众多，村落多依靠山岗建设，民居以水乡排屋为主，围绕中心圈层式排列，形成方式既有从外围向中心，也有从中心向外围发展；村落整体形态多为圆形或椭圆形，四周水塘或河流环绕。水乡排屋多为一进单开间的横向组合，其占地小、布置灵活，适合圈层式非规则布局。

粤中地区自古为移民集中地，粤西和粤北驿道自秦始便是中原文化向岭南腹地输入的最久远且最重要的途径。唐宋后广州港兴起，州府城市往来加强了粤北、粤东与粤中的驿道联系。明清沿海贸易和海丝之路发展使得南粤古驿道得到整合联系并汇聚广州。粤中传统村落形态多样，多以明清主流的梳式布局为主，围田和基塘文化景观突出表现了岭南水乡的地域风貌，以中原移民带来的汉文化合院式民居为主，三间两廊、硬山顶、青砖墙等从粤西、粤北驿道较早传入的建筑形式更为普遍，同时粤中的城镇化推动了民间文化的多元性发展，村落中出现了形式活泼的园林式大型民居建筑。

粤中地区因港口埠头和海丝之路的发展首先受到西方文化的影响，其对外来文化的接受与容纳程度相对较高，重商意识蔚然成风，中西结合的建筑形式更为丰富。其中，西学东渐思想的传播和华侨对侨乡的建设使得粤中村落民居在西化特征的表达运用上更为创新，集中表现在庐居和碉楼这一粤中侨乡最为独特和典型的新式民居上。庐居和碉楼就其独立性而言便与传统的集体性合院式民居大为不同，多为高大的多层建筑，分布于村落的外围，西洋式装饰语言出现在建筑外观、内部空间甚至建筑的功能性、结构性部位，平屋顶也逐渐取代坡屋顶。西方建筑特征从单纯模仿、独立割裂（穹顶、拱券等）到逐渐探索与中国传统建筑形式的创新性结合，更加有机和谐地融入粤中传统村落之中。多样的建筑形式、起伏的天际线、各异的装饰语言都极大地丰富了粤中村落的建筑人文景观风貌。

（2）商业与防御

南粤古驿道从秦汉时军事开发的军道经过历代不断扩建整合，发展为民众交流、商贸运输的重要通道。驿道从原来简陋荒芜到沿途建有驿站、憩亭、古桥等，沿线村落由原有单纯的居住聚落逐渐转变为多功能性聚落。南粤古驿道沿线村落特色纷繁，尤其以商业性和防御性最为突出。

伴随着岭南开发，汉民南下，沿线村落自发形成墟市、埠头。唐宋沿海港口兴起使得官方商贸发展，南粤古驿道承担起商贸货运的重要功能。商贸的发展沿古道线型展开，临近驿道陆续出现了许多商铺，多为前铺后宅，承担与古道相适应的运输货物的仓储、中转和发散功能。商铺逐渐连成线状或片状的街道，形成商业街或者集市，或发展成为村落，如黄塘、石塘、里东等，或带动周边村落兴起和发展，形成商贸型城镇。也有一些商业街是建村后形成的，由于村落临近古道，具有驿站功能，货物经此转运，设有客栈、当铺、银库，方便客商交易，促进了村落的经济发展和形态布局，形成了有别于农业村落的商贸型村落景观风貌。繁盛的商业街往往会成为这些商贸型村镇的核心，是乡村景观中最有活力的部分。

秦汉古驿多依靠自然山水进行军事开发，此时建村类似军屯扎营，带有一定的防御性。其后闽赣一带汉民迁往粤东山区，其围屋、寨堡等具有强烈的防御特色，并于明清时传播至粤北、粤西等地。随着村镇经济兴盛，流寇增多，沿海一带也常遭海盗侵袭，村落内防御性的碉楼建筑建设兴起。可见驿道沿线村落的防御性主要分为两种形式。一种是整体防御型村落，如粤北山区中以围屋村落、粤东平原的围村、围寨，或是围绕村落建有门楼、村围、护河等设施。这些村落在建村初期受文化影响组织防御系统，村落整体内向封闭，外围建筑主要作瞭望射击之用。另一种则是防御型建筑，如沿海一带村落的碉楼，一些村落中的寨堡等，这些建筑一般后于村落而建。不同地区的碉楼特色各异：粤北碉楼一般无居住功能，设于村落入口，外观朴素；粤西开平一带碉楼受移民文化影响，外观装饰性墙，表现出中西合璧的建筑特征，集居住与防御于一体，独栋点状散布于村内，为村内集体建设；而雷州地区碉楼则多与大型民居宅院连在一起，属家族自建，仅作防御之用，无过多装饰。寨堡作为村落临时庇护所，通常临近村庄另外设置，具有完备的防御设施和齐全的生活设施。

（3）祠居形态

南粤古驿道沿线传统村落中，无论祠堂还是民居，都有其特殊的地域性表现，有着丰富的形态特征和精美的装饰细节。这些建筑中的特征元素无不反映着由古驿道流传而来的多样的文化特色，以及不同地缘的文化特色和多种文化交融的地域特征。不同的古驿道沿线村落因环境和发展程度的差异，其所受地缘文化影响也不同，呈现出不同文化趋向的建筑景观。

粤北、粤西驿道上以祠宅分离形式居多。粤北祠堂分湘粤形式和粤赣形式。湘粤古道上祠堂开间较大，门前布置檐柱，粤赣古道则多前置门楼，开间小，檐廊进深大，或做牌坊式门面。而粤西古道也分西江形式和高雷形式，主要差别体现在前厅。西江水道祠堂前堂内有塾台、塾间等，而高雷古道祠堂前厅多为檐柱式门廊，入口屋面比两侧高，且会于祖坛前设置拜亭。粤东古道基本为祠宅合一形式，祠堂多在大型民居院落中心，前厅为凹肚式，大门入口部分屋面升高以凸显等级制度（表 3-1-1）。

表 3-1-1　南粤古驿道祠堂特色对比表

	粤北驿道祠堂		粤东驿道祠堂	粤西驿道祠堂	
	湘粤古道	粤赣古道		西江水道	高雷古道
平面图	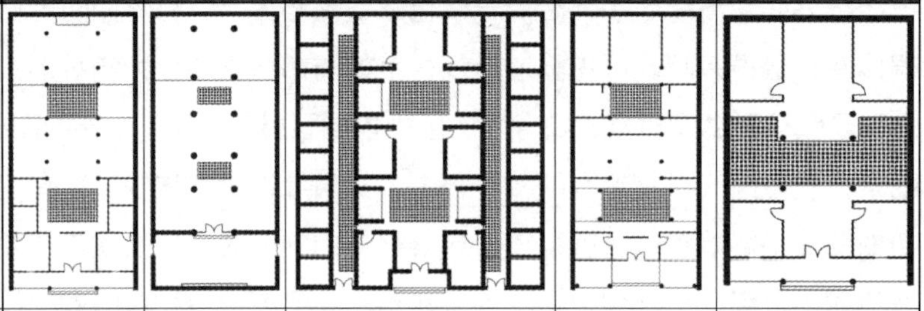				
立面图	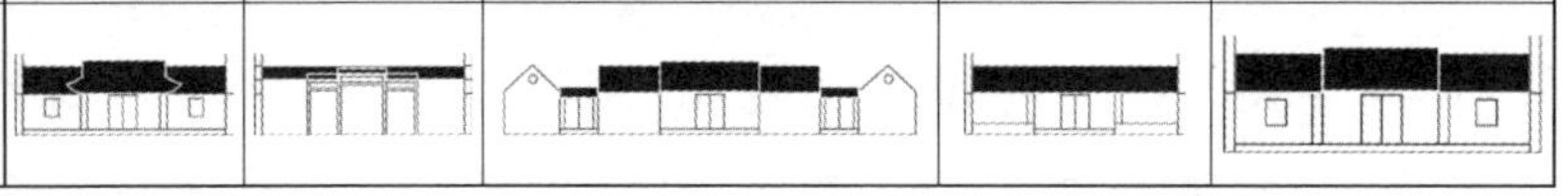				

粤北民居南雄、仁化、连州等地多为一明两暗的三合院式民居，始兴、英德一带多为围屋，形态较为自由，但讲究中轴对称，屋顶组合较为简单。粤东民居分为平原式和山地式，平原多为三合院和四合院，山地则多围屋，其布局规则严谨，中轴对称、等级分明，屋顶组合变化多样。粤西民居也分西江式和高雷式：西江水道为广府文化浸染，多为三间两廊式的四合院式民居，一般增加进院纵向拓展，还有功能性的排屋，强调中轴对称，屋顶组合较为简单；而高雷古道则承闽海文化，多为二合院或三合院式的堂横屋，一般横向增加偏院拓展，形态较为自由，屋顶组合变化多样。沿海民居受到西方风气的影响，一般为中西建筑形式的结合，其建筑形态自由，坡屋顶与天台结合，出现穹顶、拱券等（表 3-1-2）。

表 3-1-2　南粤古驿道民居形制对比表

粤北驿道民居	粤东驿道民居	粤西驿道民居		海上古道民居
		西江水道	高雷古道	
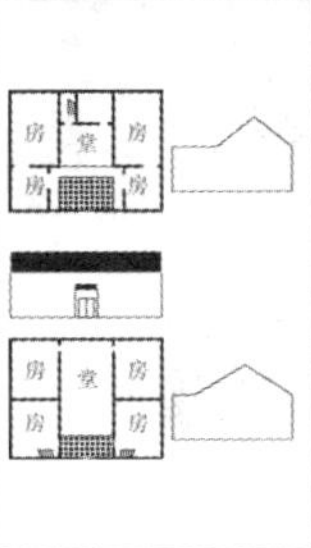	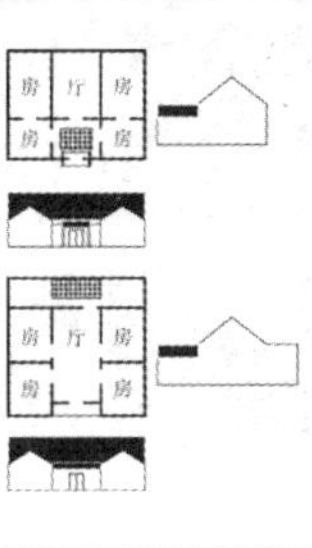	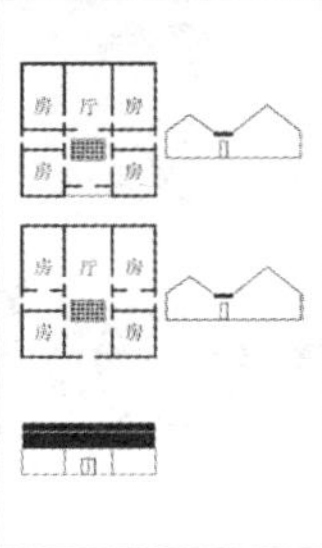	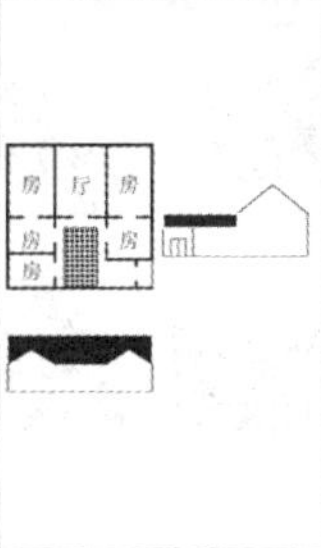	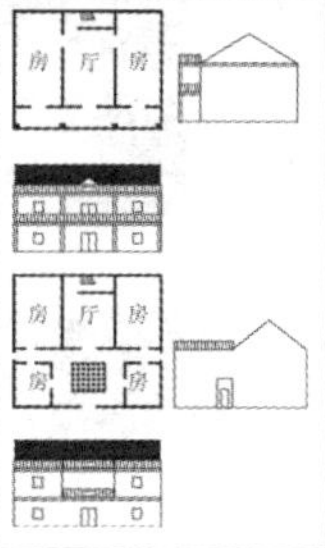
	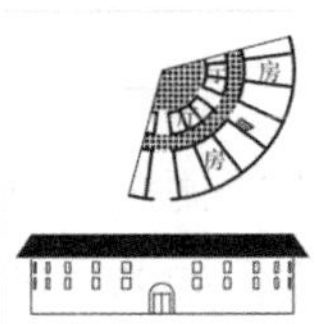	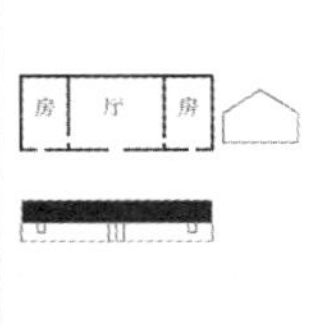	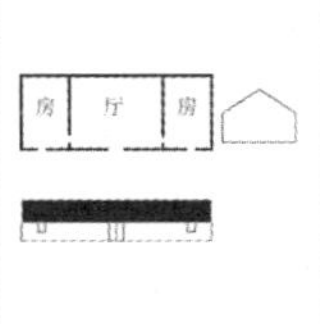	

粤北驿道中地区差别较明显，湘粤古道以起翘明显的人字山墙居多，装饰多用木料，外窗多为拱形窗或叠涩三角形窗；粤赣古道祠堂普遍采用马头墙，民居则多用五行山墙，装饰以红砂岩为主，喜用漏窗。粤东驿道上围楼较朴素，夯土构筑，开窗较小；合院建筑装饰华丽，潮汕盛用嵌瓷、木雕，土石白墙黑瓦，外窗多为规则小窗，内作吉祥纹雕，五行山墙多用金式和大幅水式。粤西驿道分西江式和高雷式：西江水道上建筑装饰多用陶塑、灰塑和砖雕等，多为青砖墙或蚝壳墙，喜用大幅砖雕漏窗和镬耳山墙；而高雷式＋墙体以红砖为主，还有地域性的玄武石和珊瑚石等，外窗较小，多用形式浮夸的五行山墙。沿海民居建筑装饰多为中西合璧的形式，使用山花、门窗楣、护栏等西方元素（表 3-1-3）。

从表 3-1-3 可以看出，南粤古驿道沿线村落的建筑风貌主要受地缘文化与驿道形成时期主流文化的影响。宋代以前汉民首先集聚在粤西、粤北一带，因此粤北驿道沿线村落的建筑形态与赣南、湘南等地相似，保留有宋元前中原文化风格，同时也有沿途途经的赣南、湘楚地域特色的建筑风格；而西江水道位处古岭南文化核心，古中原文化与土著文化在此融合，形成了稳定的广府文化特色风貌村落，粤中、

表 3-1-3　南粤古驿道外窗与山墙对比表

	粤北驿道		粤东驿道		粤西驿道		海上古道
	湘粤古道	粤赣古道			西江水道	高雷古道	
外窗形式							
山墙							—
样式		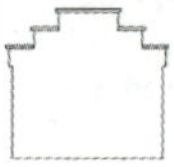			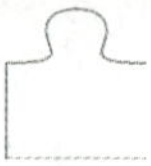		—

粤西至桂东南文化特色相似。宋、元以后，岭南经济发展，移民再次向岭南迁入，粤东山地驿道沿线村落受赣南、闽西地区建筑风格的影响，而粤东平原、雷州平原传统村落的建筑特征相似，呈现出闽海风貌。明清沿海村落受华侨文化的影响，建筑融合了西式元素，建筑的形态和装饰都产生了较大的改变，表现出中西合璧的建筑特征。

南粤古驿道村落人文景观的对比，清晰地展现了驿道对传统村落各方面的影响：由驿道地区因其便利的交通容易吸引南迁移民的集聚，其地区开发时间较早，沿线村落文化形成也相对较早，封闭独立的山地地貌使得沿线村落保留有较完整的单一的早期文化景观；同时，驿道串联多个文化区的交通，其沿线村落呈现出多种地缘文化交融的建筑文化特征，不同文化的影响随驿道的深入而变化，多样的地域特色极大地丰富了广东地区的传统村落人文景观风貌。

（本节作者：陆琦　蔡宜君）

二、粤北古驿道线性聚落景观

粤北地区的 3 条重要古道均沟通岭北和岭南，向南延长线均汇聚于北江干流，构成北民南迁的“中路”，即北江线路系统。这 3 条古道从西至东分别为连州丰阳—东陂古道、西京古道和梅岭古道（图 3–2–1）。

粤北古驿道是典型的“文化线路”遗产，具备《马德里共识》中对“文化线路”的定义，是一种“陆地道路、水道或陆水混合类型的通道，其形态特征的定型和形成基于自身具体的和历史的动态发展和功能演

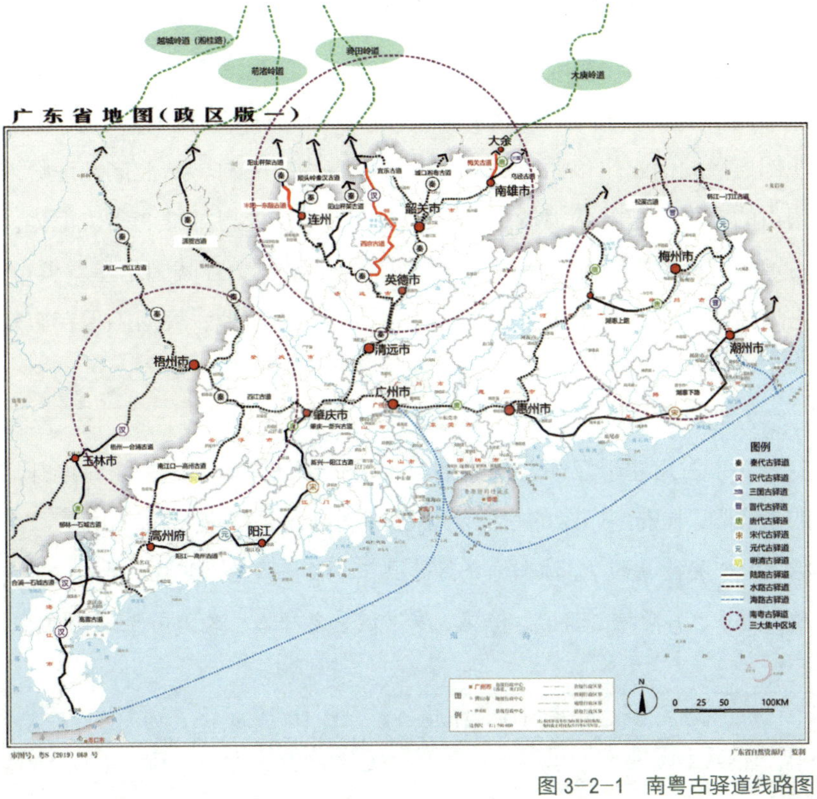

图 3–2–1 南粤古驿道线路图

变；代表人们的迁徙和流动，代表一定时间内国家、地区内部或国家、地区之间人们的交往，代表多维度的商品、思想、知识和价值的互惠和不断的交流，并代表因此产生的文化在时间和空间上的交流与相互滋养”[1]。同时，粤北古驿道具有特殊性，与世界上其他著名的文化线路（如丝绸之路、运河遗产廊道等）相比较，它因北方汉民明确的自北而南的迁徙流向而具有人流主体和文化主体的主导方向性，又因迁移主体明确的定居生存目的而具有密集聚落遗产的黏着性[2]。

由于粤北古驿道肩负着汉民南迁的移民通道的重要使命，因此其线路遗产除了包括线性的线路本体外，沿线还聚集了大量的传统聚落。这些聚落大多是由不同历史时期南迁的北民先后建造，反映了移民原居地文化顺应线路的传播并与本土文化的交流和融合，是广东聚落遗产多样化的重要源流，也是研究广东民系聚落史和景观史的珍贵样本。

（一）粤北古驿道的重点线路

1. 连州丰阳—东陂古道

连州丰阳—东陂古道建于秦朝，属于陆路驿道，南端与水道相连，北部连接湖南永州市蓝山县。其北边起点为丰阳村，从北向南途经连州市的丰阳、东陂两镇抵达东村驿站。古道地处粤湘桂 3 省交汇处。古道经过南岭之中的萌渚岭南麓，沿线崇山峻岭，丘陵冈峦星罗棋布。古道沿线传统聚落主要分布在连江岩溶高原和盆地。聚落内保存有较为丰富的古庙、古街、古门楼、古祠堂等历史文化遗存[3]。

2. 西京古道

西京古道建于汉朝，属陆路与水路结合的驿道，是东汉时期开通的从洛阳、长安到广东的官道。《韶关市志》曾这样描述西京古道：“自浛洭（今英德县西）、浈阳（今英德县东）经横石塘、罗坑、凤田岭（今属乳源）、石角塘、云岩、梅花、罗家渡、老坪石、武阳司至湖南宜章，

[1] 李伟，俞孔坚．世界文化遗产保护的新动向：文化线路［J］．城市问题，2005（04）．
[2] 陆琦，蔡宜君．南粤古驿道与传统村落人文特色［J］．中国名城，2018（04）．
[3] 唐曦文，梅欣，叶青．探寻南粤文明复兴之路：《广东省南粤古驿道线路保护与利用总体规划》简介［J］．南方建筑，2017（06）．

因由宜章北上可达西京，故称西京古道”[1]。古道北段沿线聚落分布在溶蚀高原地貌山区，南段沿线村落主要分布在韶关乐昌丘陵盆地，其乳源段分布在瑶族村寨。

3. 梅岭古道

梅岭古道始建于秦朝，唐代宰相张九龄奉诏在梅岭开凿新路，属陆路驿道[2]。古道地处赣粤闽三省交界处，北始江西省大余县，途经新华村、中站古村、珠玑镇、黎口镇，南至广东南雄。梅岭古道在唐代以后的交通价值日益彰显，其线路上的珠玑巷是中原南迁氏族重要的驻足地和中转站。据文献记载，仅唐、宋、元 3 个时期，从中原经珠玑巷南下的大规模迁徙就有 3 次。古道东有海拔约一千米的油山，西有海拔千米以上的山峰数座。沿线有夫人庙、六祖寺、忘梅亭等古迹，沿线聚落主要分布在南雄始兴盆地[3]。

（二）古道沿线聚落景观差异

选择 3 条古道周边五公里内传统风貌保留较好的聚落作比较，并以传统建筑占聚落总建筑一半以上，水塘、风水林等景观要素仍保存良好的自然村为衡量标准。最终选取连州丰阳—东陂古道聚落 25 个、西京古道聚落 42 个和梅岭古道聚落 26 个。从宏观、中观、微观层面分析所选取传统聚落的景观，其中，宏观层面着眼于聚落高程、聚落规模，中观层面着眼于聚落景观格局、居住地内部肌理、坑塘布局的特点，微观层面着眼于民居平面形制（图 3−2−2）[4]。

1. 宏观层面聚落选址高度和规模的差异

3 条古驿道虽然均位于粤北山区，但沿线聚落平均高程仍有明显差异：西京古道沿线聚落选址最高，平均海拔为 352m；梅岭古道沿线聚落高程次之，平均海拔为 174m；连州丰阳—东陂古道沿线聚落高程最小，平均海拔为 159m（图 3−2−3）。

[1] 赖井洋 . 韶关古道概述之一：西京古道［J］. 神州民俗（学术版），2012（03）.
[2] 杨志坚 . 梅岭、梅关、古道与梅花［J］. 火山地质与矿产，1999（02）.
[3] 司徒尚纪 . 广东文化地理［M］. 广州：广东人民出版社，1993.
[4] 潘莹，卓晓岚 . 广府传统聚落与潮汕传统聚落形态比较研究［J］. 南方建筑，2014（03）.

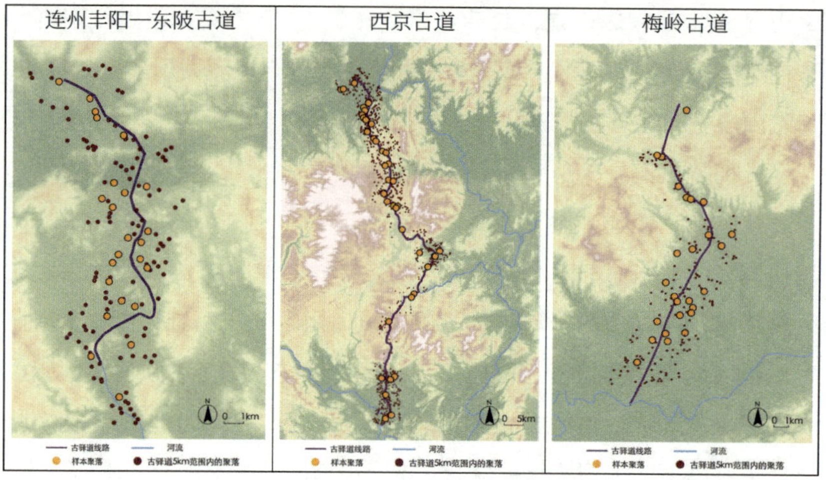

图 3-2-2 三条古道沿线聚落分布

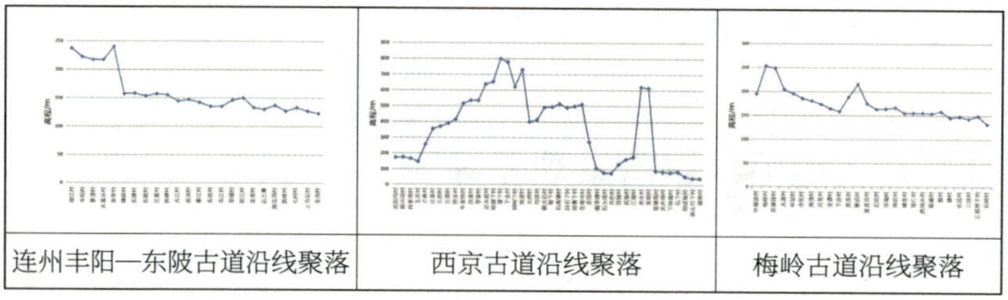

图 3-2-3 3 条古道沿线聚落高程分析

连州丰阳—东陂古道和西京古道沿线自然村较整体化，聚居地数量多为一个，而梅岭古道自然村聚居地较分散，数量较多，聚居地数量 3 个以上的自然村占总数的 1/5；3 条古道沿线聚落的自然村居住总面积：连州丰阳—东陂古道沿线聚落规模最大，为 7.00hm^2；梅岭古道沿线聚落规模次之，为 3.96hm^2；西京古道沿线聚落规模最小，为 1.97hm^2（图 3-2-4）。

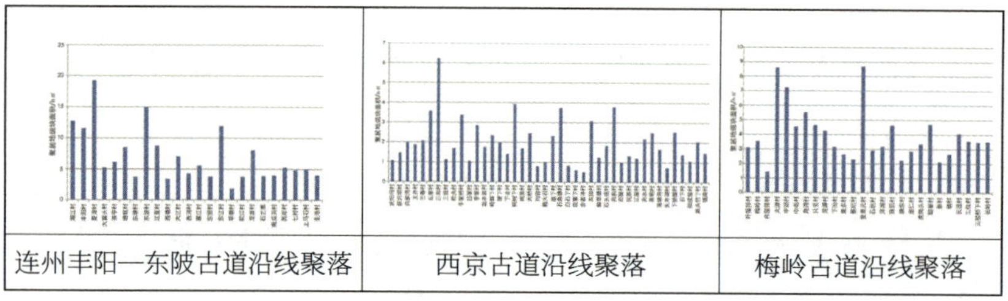

图 3-2-4 3 条古道沿线聚落规模分析

将聚落高程与聚落规模比较，发现选址位置海拔越高的聚落其规模反而越小。平均海拔最低的连州丰阳—东陂古道沿线聚落规模最大，海拔稍高的梅岭古道沿线聚落规模次之，海拔最高的西京古道沿线聚落规模最小。这与可耕地资源随海拔增高而越来越少有关。在农业社会，可耕地资源决定了聚落的人口承载力，人口数量越多聚落用地规模越大。地形地貌与3条古道的关系有以下特点：粤北古驿道周边村落在山地环境中多选择地势相对低平的山间盆地建村，梅岭古道经过的南雄始兴盆地是粤北地区最为开阔的盆地，其内部聚落的空间拓展受地形影响较小，可耕地资源也相对丰富，因此不仅单个自然村的聚居地数最多，自然村的整体占地面积较大，而且同一地理范围内聚集的村落数量也较多，耕地也多利用平地，梯田开垦较少；西京古道沿线聚落位于粤北岩溶地貌山区，林立的小山丘造成地形较为复杂，山间盆地规模小，聚落空间的扩张受地形影响大，其聚落规模最小，聚居地数量少，平地耕作不能满足聚落居民的生存需要，梯田体系较为发达；连州丰阳—东陂古道贯穿的山间盆地规模居中，其聚落规模最大，但同一地域范围聚落数量少于梅岭古道沿线的聚落数量。

2. 中观层面聚落用地与组织的差异

聚落维持正常运转，需要生产空间、生活空间和周边的自然生态空间在功能上相互协同，在农业聚落中体现为山、水、林、田、居等不同用地类型的空间组织方式。3条古道沿线聚落对各类用地的分布和组织，形成了各具特色的聚落景观格局（表3−2−1）。

连州丰阳—东陂古道沿线聚落一般分布在山脚，背靠风水林，周围被大片的农田围绕，呈块状式布局。聚落前有河水贯村而过或设风水塘，解决了聚落中的排水、防火、洗涤等生活需求。在居住用地内部，连州丰阳—东陂古道沿线聚落的居住用地肌理以横巷为主，纵巷为辅，横纵巷交织形成交通网。居住地外缘设有多个门楼，每一门楼前对应一个小型风水塘，门楼的功能除了通行外，还兼具防盗的作用。门楼内侧为主巷道，将聚落分隔成多个坊。一个聚落中门楼数量与聚落中的姓氏数量和宗族分支数量有关，同一姓氏或同一宗族分支成员的住房邻近，受同一门楼的统摄和管理。如石兰寨，村子背靠岳荣岭，建筑顺着月牙状的山形横向排列，村中因黄、杜、骆 3 个氏族而设置 4 个门楼。这样以山、水为保障，以街巷、门楼为交通，从外到内构成层层的防御系统，较好地解决了全村的安全防范问题 [1] 。

表 3-2-1　典型聚落景观格局和街巷体系对比

名称	典型聚落景观格局	典型聚落街巷体系
连州丰阳—东陂古道	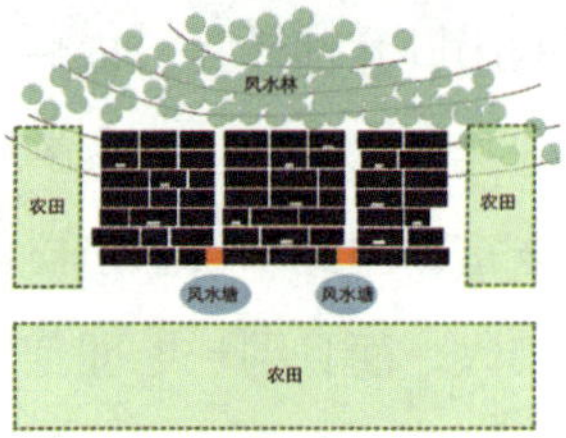 块状式布局	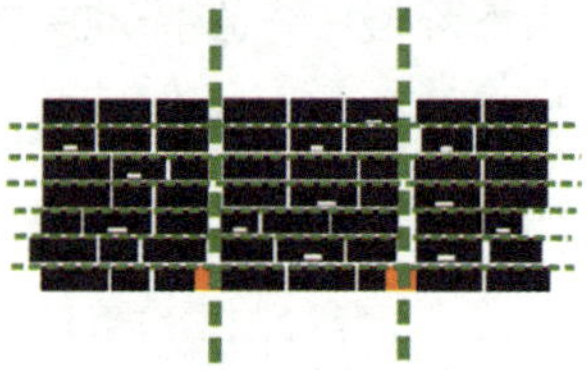 横巷为主
西京古道	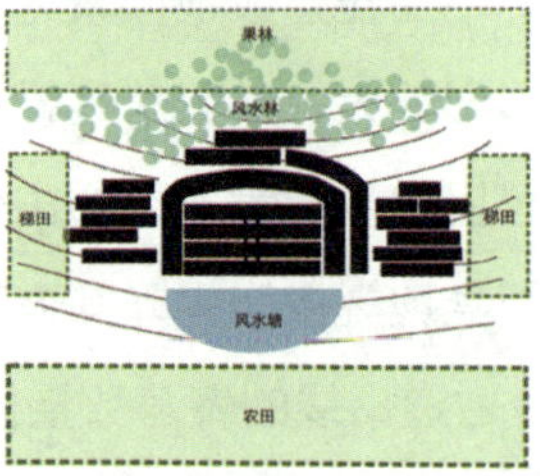 围团式布局	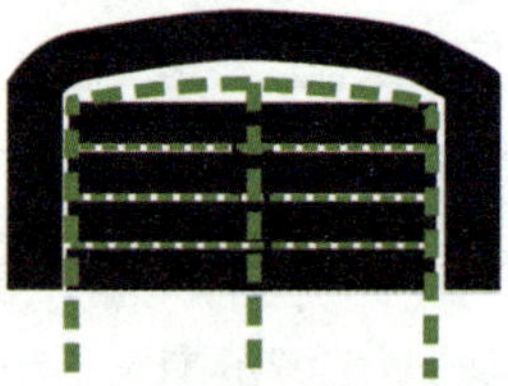 横纵巷综合组织
梅岭古道	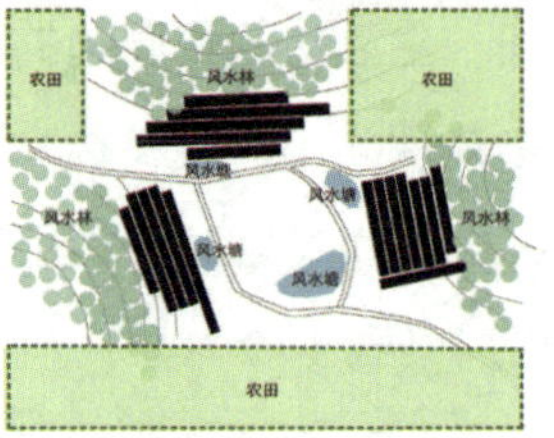 多组团式布局	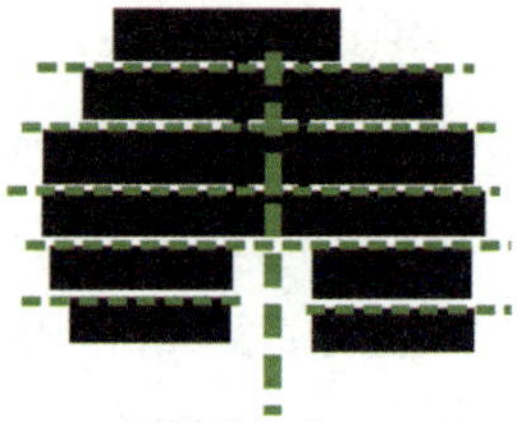 横巷为主

西京古道沿线聚落均为布局紧凑的集村，北段聚落的居住用地以街巷体系组织的块状式布局为主，南段聚落则以异形围屋为主体的围团式布局为主。北段的块状式布局村落以村前的池塘为中心，民居建筑围绕低处的池塘沿等高线逐层升高，犹如扇面，居住地周边分布着平田和梯田。而南段围团式布局的聚落借助山体建立大型聚居建

[1] 伍国正．湘江流域传统民居及其文化审美研究［M］．北京：中国建筑工业出版社，2018.

筑——围屋，呈前低后高的格局。并充分利用山体的特点将围屋周边的缓坡改造成梯田，在围屋后的山丘种植风水林，围屋前则建有半月形风水塘。风水林有利于保持水土，坑塘对聚落起调节小气候的作用。这种封闭又独立的围屋聚居形式，适应于以血缘为联系的宗族组织防御外敌的入侵，如镇南村。

梅岭古道沿线聚落多为散村式，多个居住组团分散于山丘围绕的田畴之间，每一组团都形成背靠风水林，面对水塘的小系统，朝向各异，相对独立。所对水塘形状不规整，对位亦不精确，用于收集从居住组团排出的雨水和浇灌附近的农田。组团和组团之间隔有一定距离，在一定地理单元内形成居住地靠边而田地居中的格局，使生活在每个居住组团内的聚落成员都有近田的耕作条件。各组团内部由多行排屋串联聚合而成，街巷体系以横巷组织为主，纵巷比较少，其排屋边界不整齐，没有形成很强的闭合性，因此其防御性较弱，代表村落如塘村。

3 条古道聚落景观在中观层面存在共性，但又各具特色。在聚落景观格局方面，3 条古道上的聚落均讲究聚居地与前部风水塘和后侧风水林的结合，连州丰阳—东陂古道沿线聚落的风水塘是与门楼的数量和位置对应的，形状不一定规则；西京古道的聚落风水塘与围屋总面宽有对位关系，最符合半月形的理想形态；梅岭古道的聚落风水塘与聚落居住组团数相呼应，数量多且形状不规则。在聚落的封闭性和街巷肌理上，都出现了与山地环境更为适应的平行于等高线的横巷布局方式且在街巷组织中占优势地位。西京古道聚落因广泛采用围龙而具有最高的围闭性；连州丰阳—东陂古道聚落采用系统化的多门楼组团管理，围闭性较强；梅岭古道聚落却具有从外缘进入居住地的多条开放通道，安全性较弱。

3. 微观层面民居平面形制的对比

连州丰阳—东陂古道的民居平面形制以一明两暗单行排屋和“泛天门式”民居为主，附带少量带天井的堂厢式民居。其民居单体的开间数明显少于另外 2 条古道沿线的民居。其中，“天门式”民居实为天井式民居变异的结果，天井空间收缩和内化为一道正屋前檐的构造化裂隙，在满足采光通风条件的情况下，把进入室内的太阳辐射热和雨水量减至最小，最终使正屋和厢房失去围合特征，达到室内空间的一体化。有的民居，会用前檐墙高侧窗代替檐口裂缝，更好地解决了防雨问题。把这一类民居纳入上述体系后统称为“泛天门式”民居[1]。

西京古道北段以一明两暗排屋为主要民居平面形制，南段以瑶族的多开间排屋民居和各类型围屋为主。围屋既有形状规整对称的半月形围龙屋，也有形状较为自由的异形围屋。围龙屋集中分布在石牯塘镇、英德浛洸镇等处，其平面布局由外部呈曲线的“围”和内部由多行横向排屋串联形成的厅房组合体构成。排屋开间数多大于五间，中轴厅堂一般分上中下三堂，上堂为放置神龛和祖公排位的祖堂，三进厅堂间有侧廊前后衔接。围屋通过增加围数可以满足家族人口增长的需要，但周边地形限制也会导致围屋形状的不规则性。西京古道的乳源段经过瑶族聚居区。瑶族民居分为独户和连排式。有的民居建在山岩上，采用干栏式结构，底层为杂物间或用来饲养牛羊，二层为居住空间，房前靠木柱架出廊道[2]。

梅岭古道的民居平面形制以串联排屋式为主，附带多开间单行排屋，北段有少量的两进或三进式的堂厢式。串联排屋式民居与粤东客家文化核心区常见的堂横屋和杠屋有很大的不同。堂横屋是由中轴的堂厢式厅堂和两侧的横屋两种单元组合而成，厅堂朝向与横屋朝向是垂直的，入口方向在檐面；杠屋由单一的多开间排屋单元组成，入口方向在山面；而梅岭古道沿线的串联排屋与杠屋一样由单一的多开间排屋单元组成，但入口方向在檐面，它依靠各行排屋中部的厅堂前后串联，将多行排屋组织成一座大型民居[3]。

通过对比可以发现 3 条古道都大量分布排屋，其民居平面形制不同之处为：连州丰阳—东陂古道是以堂厢式和串联堂厢式为主，伴有大量的天门式民居；西京古道南段以围龙屋和异形围龙屋为主；梅岭古道以串联排屋居多（表 3–2–2）。

---

[1] 潘莹，施瑛．探析赣中吉泰地区“天门式”传统民居［J］．福建工程学院学报，2004（01）．
[2] 陆琦．广东民居［M］．北京：中国建筑工业出版社，2008.
[3] 曾令泰，郭焕宇，李岳川，等．广州从化地区传统民居建筑类型及其特征研究［J］．南方建筑，2018（01）．

表 3-2-2 3 条古道沿线聚落传统民居平面形制对比

连州丰阳—东陂古道 民居平面形制	西京古道 民居平面形制	梅岭古道 民居平面形制
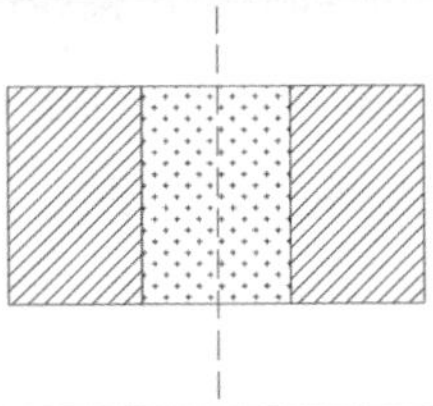	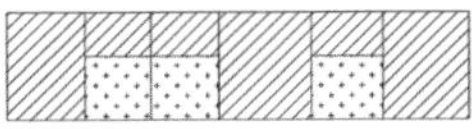	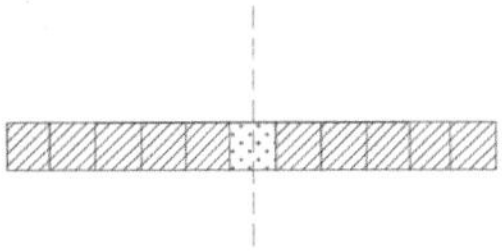
一明两暗排屋	多厅式排屋	一条龙式围屋
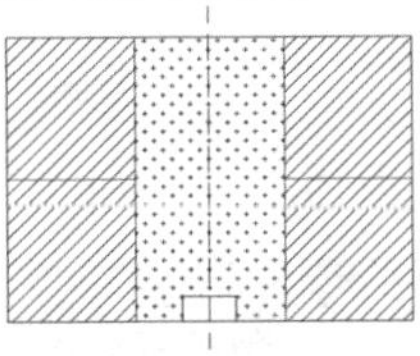	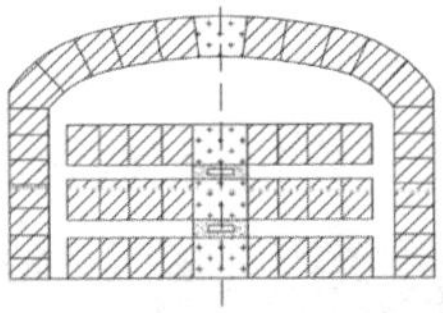	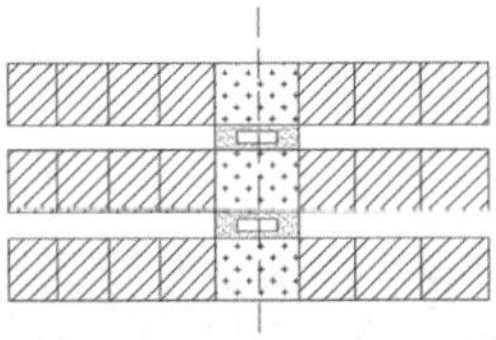
堂厢式	围龙屋	串联排屋
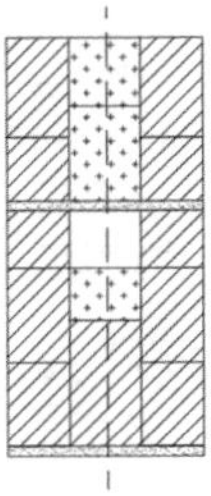	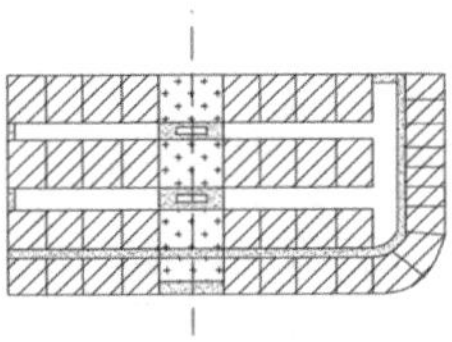	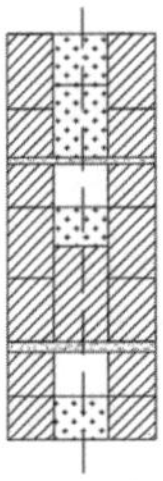
串联堂厢式	异形围龙屋	串联堂厢式
厅或堂　房间	天井或天井坑池	连廊

（三）移民文化对聚落景观的影响

在传统聚落景观形成过程中，有两类条件对其发生作用。第一类是自然地理条件。在粤北山区气候较为趋同的情况下，前述的地形地貌条件差异为 3 条古道的聚落景观提供了差别化的自然基底。第二类是社会人文条件。对于移民社会而言，通常是指移民面对迁入地的自然基底，如何利用自己的既往生存经验和自然认知体系，形成利用自然和改造自然的具体模式。总的说来，自然地理条件主要对聚落的选址产生影响，社会人文条件主要对聚落景观的聚落景观格局、居住地内部肌理和民居平面形制发生作用。

移民的既往生存经验和自然认知体系是在原居地长期的生活实践中形成的，来源于不同迁出地移民的聚落景观认知是有差异的。在长距离的迁徙过程中，移民可能在迁徙路线上的一些地点做过较长停留，因此迁徙路线沿线的聚落景观文化也会对移民产生影响。当移民到达新的迁入地之后，必然与当地土著发生文化交流，因此迁徙源地、迁徙路线和迁入地土著聚落景观文化的共同影响导致了移民聚落景观的生成[1]。依据移民史和地方志材料，对不同线路上聚落的建村时间和迁徙历史进行资料梳理，可以得出导致3条古道传统聚落景观形成差异的主要原因（表3-2-3）。

表3-2-3　3条古道沿线聚落迁徙源流

古道名称	村落名称	建村时间	主要姓氏	迁徙源地
连州丰阳—东陂古道	门楼脚	明成化二十三年（1487）	曾姓	湖南省
	江夏	南宋绍兴八年（1138）	黄姓	江西省
	江美	北宋景德元年（1004）	黄姓	江西省南昌市安义县
	塘头坪	明朝弘治元年（1488）	黄姓	江西省
	马带	明朝弘治元年（1488）	唐姓	湖南省蓝山县
	三古滩	清代	李姓	广东省梅县
	鹅公潭	明末清初	刘姓	湖南省宜章县
西京古道	塘口村	明成祖永乐十一年（1413）	朱姓	湖南省郴州市汝城县
	福龙村	清宣宗道光二十四年（1844）	何姓	湖南省郴州市桂阳县
	梅华圩	明成化元年（1465）	余姓	湖南省郴州市
梅岭古道	角湾村	明末	郭姓	广东省韶关市珠玑镇
	下汾村	不详	邓姓	江西省
	塘东村	不详	多姓杂居	江西省大余县新城镇、广东省南雄市
	聪辈村	不详	多姓杂居	江西省信丰县、广东省始兴县
	高石街	清代中期	张姓	江西省信丰县、广东省始兴县
	杨屋	清乾隆年间	杨姓	江西省信丰县

[1] 曹树基，吴松弟，葛剑雄．中国移民史：第一卷［M］．福州：福建人民出版社，1997.

1. 江西、湖南移民对连州丰阳—东陂古道聚落景观的影响

连州丰阳—东陂古道沿线聚落建村时间主要在明清时期，部分古老村始落建于宋代，移民迁徙源地主要在江西和湖南[1]。根据移民史记录，宋代以后江西赣中、赣北平原逐渐达到人口饱和，而陆续往湖南移民，在明洪武年间达到高潮[2]。迁入湖南的移民经过一段时间的休养生息，在人口逐渐增多的情况下有一部分从湘南迁往广东。《清远市地名志》记载，江夏村是南宋绍兴八年（1138）黄姓由江西迁此；门脚楼村是明成化二十三年（1487）曾姓从湖南迁此；马带村是明弘治元年（1488）唐姓从湖南省兰山县迁此等。连州丰阳—东陂古道沿线的大多数聚落受到江西和湖南文化的深刻影响，在方言上也隶属于与客家方言不同的粤北土话区域，其村落带有明显的赣湘民系的聚落景观特征。此古道沿线聚落与大多数赣湘系聚落一样采用集村模式，居住地集中成块状，聚落普遍设置门楼。据统计，古道沿线的东陂镇有 48 个自然村保存有 84 座门楼，用门楼组织空间是湘南聚落和赣中聚落的常见模式，内部按“血缘关系”设坊，以街道划分聚居单位；民居平面在开间数上有较严格的限定，与赣湘民居较为一致。其民居形制具有“泛天门式”民居的特点，“泛天门式”民居发源于赣中吉泰盆地，并且时常出现于赣湘移民线路中[3]。

2. 湖南、梅县移民对西京古道聚落景观的影响

西京古道沿线聚落建村时间多在明朝，移民迁徙源地为湖南和广东梅县。古道南北跨度较大，因此沿线聚落景观差异较大，从移民迁徙来源和地理位置可发现：古道北段与湖南宜章县接壤，多为自湖南而来的南迁北民建立起的聚落[4]。《韶关市地名志》记载，梅花圩是明成化元年（1465）余姓从湖南省马头下迁此；塘口村是明成祖永乐十一年（1413）朱姓从湖南汝城迁此；福龙村是清宣宗道光二十四年（1844）何姓从湖南郴州迁此等。聚落景观受湘南文化影响较深，与宜章县一样也有大量块状式布局的聚落，民居建筑习惯围绕池塘扇

[1] 清远市地名委员会，清远市国土局 . 清远市地名志［M］. 广东：广东省地图出版社，1993.
[2] 曹树基，吴松弟，葛剑雄 . 中国移民史：第五卷［M］. 福州：福建人民出版社，1997.
[3] 潘莹，田甜 . 江西泛天门式民居的传播与演变［J］. 建筑遗产，2018（04）.
[4] 韶关市地名委员会，韶关市国土局 . 韶关市地名志［M］. 广东：广东省地图出版社，1993.

面式分布。中部乳源段被大量过山瑶占据。过山瑶至迟在隋唐已在粤北生活，相对晚到的客家移民而言是土著。其村寨一般坐落于群山的山头、山腰、山坑，沿等高线排列式布局。南段英德市浛洸镇和石牯塘镇附近受梅州返迁客民的文化影响，很大程度上将宋元时期粤北地区的经济生活和人文活动等“原生状”覆盖掉[1]。其聚落以带有典型梅州客家特点的围龙屋和异形围龙屋为主要民居类型。

3. 江西信丰、广东始兴移民对梅岭古道聚落景观的影响

梅岭古道沿线聚落主要集中在明清时期建村，最古老的村落建村年代可追溯到秦朝，古道沿线有大量聚落迁徙源地为赣南信丰和粤北始兴两地，移民主要为客家人。根据移民史资料，梅岭古道沿线不仅是宋元之际赣南客家移民南下广东的主要通道，也是明末清初广东客家返迁回赣的重要路径，因此沿线聚落反映了双向移民的历史层叠，具有典型的客家文化特征[2]。《韶关市地名志》记载，聪辈村是从江西信丰和广东始兴迁此定居；杨屋村是清乾隆年间杨姓从江西信丰迁居至此；下汾村是邓姓从江西迁至梅岭镇红梅村，再南迁至此等[3]。往复的客民迁徙缩小了梅岭古道沿线与赣南粤北地区聚落景观的差异性。具有赣南粤北客家民居的典型特征，以串联的多开间排屋为聚落主体。江西信丰的国字围和广东始兴的方围内部都围合有串联式多开间排屋[4]。到梅岭古道一带，因其处于较开阔的山间盆地，防御性要求相对减弱而减除了外圈围屋。

3 条古驿道均处于客家的粤北文化亚区，通过比较研究可以发现：即便在同一个文化亚区，不同古驿道沿线的聚落景观也存在差异性，单条驿道的聚落景观自身也呈现出线性变化，说明地域传统聚落景观是非常复杂和多元的，静态地看待民系内部的聚落景观只会抹煞聚落文化遗产的真实性和多样性。对古驿道沿线聚落景观的保护必须立足于各条线路的真实特点，而不是将其同质化。

---

[1] 朱雪梅．粤北传统村落形态及建筑特色研究［D］．广州：华南理工大学，2013.
[2] 曹树基，吴松弟，葛剑雄．中国移民史：第六卷［M］．福州：福建人民出版社，1997.
[3] 梁步青，肖大威，陶金，等．赣州省际古道沿线传统村落形态特征及形成机制研究［J］．小城镇建设，2018（12）．
[4] 黄浩．江西民居［M］．北京：中国建筑工业出版社，2008.

聚落景观体系由丰富、多层次的系统构成，外界环境条件对不同层面的聚落景观特点分别有不同的影响机制，其中自然地理条件主要影响其聚落选址、大小等要素，民族、民系与移民文化主要作用于居住地内部肌理、坑塘布局等要素。自然地理条件和社会人文条件的叠合影响造就了粤北古驿道沿线聚落的景观特质。聚落保护不能仅仅停留在传统民居等，而应关注聚落整体，针对不同层次的景观特点制订不同的保护策略。

（本节作者：潘莹　方逸真　施瑛）

三、古驿道下的古代城湖分布

“水光潋滟晴方好，山色空蒙雨亦奇。欲把西湖比西子，淡妆浓抹总相宜”，这首广为流传的诗是苏轼任杭州通判时所作。苏东坡在诗中将杭州西湖比作美人西施来赞颂西湖山水之美。这样美丽的湖光山色，在中国广泛分布。除杭州西湖外，还有“半城湖色半城山”的惠州西湖、“平湖十里碧璃”的颍州西湖等数十个大小不一的西湖见于历史记载。根据明代《永乐大典》的记载，明代中国共分布西湖 36 处。扩展来看，除西湖外，还有数量众多的东湖、北湖等。

这些数量繁多、广泛分布的湖泊是如何演化发展的，目前仍处于开放讨论之中。从分类来看，普遍认为其是邑郊园林的一种形式，毛华松等学者将其归纳为湖泊型风景园林，反映唐宋时期的城市文明演变，“特别是开放街市的空间结构变化和商贸娱乐性的日常生活演变，影响了作为邑郊园林的湖泊型风景普遍建设”[1]。这些西湖、东湖、北湖、南湖等湖泊的方位都是以所在的州府城市为参照，从某种意义上来看，城市与湖泊是一种相互关联的系统。

若是将“城市—湖泊”系统的发展演化同所在古代州府城市的发展和演化联系起来，那么古代驿路，其实就是从结构方面认识这些城湖系统分布的重要视角。这些城湖的分布，与唐代开始逐渐成形的贯通南北的驿路有着紧密的联系。越是交通便利的节点，州府一地也越发达，其城市建设也较好，对于“城湖”的建构也越是重视，而“城湖”的营造建设又反过来支撑了古代州府城市的发展。

[1] 毛华松，杜春兰，陈心怡．“西湖文化”的生态智慧及其现实意义探索［J］．风景园林，2014（06）．

（一）古驿道路线与城湖

1. 唐宋时期形成的 3 条线路

唐代时去往江南、岭南一带的主要线路为两都驿路和蓝武驿路。“两都驿路”从长安（今西安）出通化门后，再经长乐驿、滋水驿至昭应县，沿渭河南岸一路东行，出潼关。出函谷关后，经陕州，沿洛水至洛阳。“蓝武驿路”从长安出延兴门（或春明门），至太宁驿，经故驿、五松驿至蓝田县，出蓝田过韩公堆、蓝桥驿、商州、四皓庙到武关，再由武关至邓州南行，从邓州南下至襄州。

经由“两都驿路”，或是“蓝武驿路”进入长江沿线之后，则主要通过赣江或者湘江沿线南下（图 3-3-1）[1]。经由湘水入岭南，由于大致向正南方向行进，因此称之为正南线。赣江入岭南的线路由于在东南一侧，称之为东南线。东南线：东南行经隋州（今随县），进入淮南道的安州（今安陆）、沔州（今汉阳），经由江南西道的鄂州（今武昌）、淮南道的黄州（今武汉新洲）、蕲州（今蕲春），再经过江南西道的江州（今江西九江）、洪州（今南昌）、吉州（今吉安）

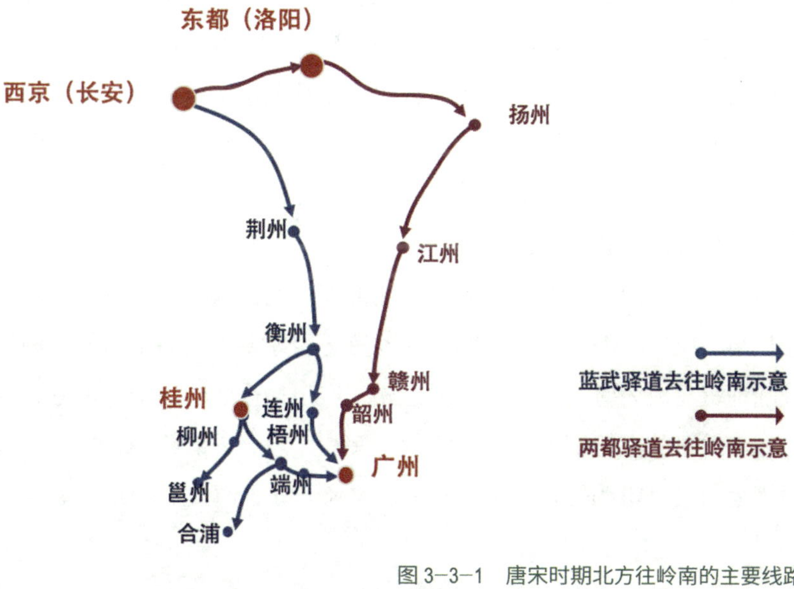

图 3-3-1　唐宋时期北方往岭南的主要线路

[1] 谭其骧 . 中国历史地图集（隋唐五代十国时期）［M］. 北京：中国地图出版社，1996.

到虔州（今赣州），穿越大庾岭从而进入岭南道的韶州（今韶关）、广州或潮州。

正南线是从荆州向南行，进入江南西道，经由岳州（今岳阳）、潭州（今长沙）、衡州（今衡阳）到郴州（今郴州），东南可进入岭南道的韶州、广州。或者自衡州向西南方向行进，经永州（今零陵）的西南部，进入岭南道的桂州（今桂林）、柳州（今柳州）、浔州（今桂平），复折向东经梧州（今梧州）[1]。

至少在初唐时期，正南线方向的驿路都是去往南方的主要线路，唐代韩愈在《燕喜亭记》中所记载的交通路线，可以作为一个重要的参考："宏中自吏部郎贬秩而来，次其道途所经，自蓝田入商洛，涉淅湍，临汉水，升岘首以望方城；出荆门，下岷江，过洞庭，上湘水，行衡山之下；繇郴逾岭，爰所家，鱼龙所宫"[2]。

时间线上，随着武则天迁都洛阳和江南地区经济中心的崛起，中晚唐时期出现了全国性政治中心东移（长安—洛阳）和经济中心南移（黄河流域—长江流域）的现象。唐开元年间，张九龄修通梅关古道后，去往岭南的东南方向的线路开始逐渐成形。正南方向的驿路系统和东南方向的驿路系统，共同构成了唐宋时期从中原去往岭南的线路。由于唐代统一中国后，重视沿海对外贸易，海上贸易迅速发展，东南近海沿岸的海上线路趋于成熟。唐代宰相及地理学家贾耽记述了唐代两条主要的海上交通路线，东部从登州（今山东蓬莱）出海通往朝鲜、日本，南部从广州出海通往东南亚、印度、西亚、东非[3]。为促进海上贸易发展，唐代在广州设立"市舶司"，专门管理对外贸易，检查货物，收取商税。而边境突厥、吐蕃等少数民族控制西域，阻断西北货路，所以近海贸易的周期比陆地贸易周期要短，海上贸易逐渐取代陆地贸易成为对外贸易的主要方式。广州的重要性进一步增强，成为海上线路的枢纽节点。到了宋代，又在广州之外的明州、杭州、泉州等港口设立市舶司，"崇宁初，三路（广东、福建、两浙）各置提

[1] 王育民．中国历史地理概论［M］．北京：人民教育出版社，1987.
[2] 韩愈．燕喜亭记［M］董诰．全唐文．北京：武英殿，1819［嘉庆十九年］．
[3] 丁超．唐代贾耽的地理（地图）著述及其地图学成绩再评价［J］．中国历史地理论丛，2012（03）．

举市舶司，三方唯广最盛”[1]。南北航运由广州出发，沿海岸线行驶，越过潮州、漳州，再经过泉州，驶向明州或福州。沿海一带城市皆因海上贸易的发展扩大而愈发繁荣昌盛，有海上贸易航路沟通沿海城市，自然也需要有内陆漕运交通沟通内陆城市，对于水系交汇的通航贸易城市的水利建设也十分重视。宋代广州在三个市舶司中的地位超然，离不开其贯通城市内外的水系建设（图 3–3–2）。

2.“城市—湖泊”系统的分布

《永乐大典》所载西湖主要于唐宋时期兴建，目前留存或仍有迹可循大致在 21 个左右（表 3–3–1）。《永乐大典》所记载的古代州府城市的西湖，实际是一个典型的城湖系统，除西湖外，还有其他的城湖，作为古代城市水系的一个重要组成部分存在。结合《永乐大典》，可大致整理出现在仍可考据的“城市—湖泊”系统分布（图 3–3–3）。从现代地理学的观点来看，这些有迹可循的城湖系统都位于胡焕庸线东南一侧的平原丘陵地貌。虽然胡焕庸线是现代地理学的观点，但这个概念的提出有着深刻的历史现实原因。古代风水选址讲究“藏风得水”，意思是找到一个山环水抱的小空间。胡焕庸线所在的东南一侧，基本为中国三大台阶地势的第三级，地形地貌多为山环水抱的平原丘陵。大多数州府城市都必须在这些山环水抱的丘陵地貌所形成的小盆

图 3–3–2　宋代广州城和广州西湖（药洲）关系复原想象图

[1] 朱彧 . 萍洲可谈［G/OL］：（1923-01-01）［2019-3-31］.https://zh.wikisource.org/zh-hant/%E8%90%8D%E6%B4%B2%E5%8F%AF%E8%AB%87.

地中开始发展，这本身就构成了山环水抱的风水格局。

表 3-3-1 《永乐大典》中记载的 36 个西湖分布

序号	古代区域	现今区域	兴建时期	现存情况
1	杭州	浙江省杭州市	唐	世界遗产
2	严州	浙江省建德市	隋唐	建德西湖公园
3	寿昌	浙江省建德市	隋唐	寿昌西湖公园
4	温州	浙江省温州市	三国	疑似不存
5	宁波	浙江省宁波市	五代	月湖景区
6	鄞县	浙江宁波市鄞州区	唐	或为东钱湖
7	新定	浙江淳安县	宋	疑似不存
8	湖州	浙江省湖州市	战国	疑似不存
9	潮州	广东省潮州市	宋	潮州西湖公园
10	雷州	广东省雷州市	宋	雷州西湖公园
11	惠州	广东省惠州市	魏晋	惠州西湖国家风景名胜区
12	桂林	广西壮族自治区桂林市	唐	西山公园古西湖
13	彭州	四川省彭州市	隋唐	疑似不存
14	蜀州	四川省崇州市	宋	考证不存
15	汉洲	四川省广汉市	隋唐	广汉市房湖公园
16	邛州	四川省邛崃市	唐	疑似不存
17	吉水	江西省吉水县	宋	基本不存
18	婺源	江西省婺源县	宋	疑似不存
19	铅山	江西省铅山县永平镇	唐	仅存遗址
20	新城	湖北省襄阳市	唐	疑为檀溪湖，现不存
21	沔阳	湖北省仙桃市	唐	疑为仙桃排湖
22	邵阳	湖南省邵阳市	唐	疑似不存
23	耒阳一	湖南省耒阳市	唐	耒阳西湖游园
24	耒阳二	湖南省耒阳市	唐	疑似不存
25	将乐	福建省三明市	唐	疑似不存
26	漳浦一	福建省漳浦市	宋	漳州市漳浦西湖公园
27	漳浦二	福建省漳浦市	宋	疑似不存
28	福州	福建省福州市	魏晋	福州西湖公园
29	济南	山东省济南市	唐	大明湖公园
30	昆明	云南省昆明市	唐	疑似不存
31	华县	上海市松江区	魏晋	考证基本不存或遗址醉白池公园
32	许州	河南省许昌市	隋唐	许昌西湖公园
33	昌平	北京市昌平区	唐	疑似不存
34	大名	河北省大名县	宋	疑似不存
35	琼州	海南省海口市琼山区	唐	疑为永兴西湖
36	颍州	安徽省阜阳市	唐	安徽省风景名胜区

3. 城湖分布的特点

虽然部分“城湖”体系始建于唐代以前，但绝大多数城湖体系基

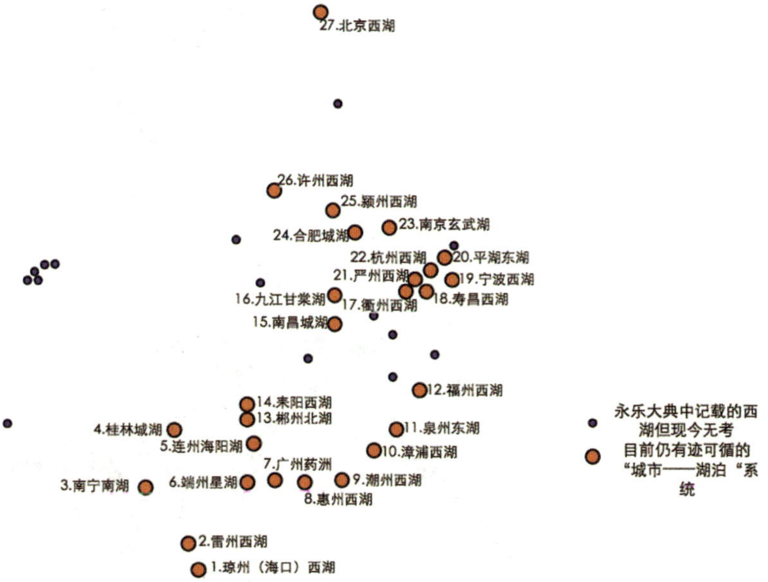

图 3–3–3 目前仍有迹可循的“城市—湖泊”系统

本成型于唐宋时期，这同唐宋时期地方州府城市的建设紧密相关。综合来看，诸如人口增加、经济增长、贸易往来等多个因素共同驱动了唐宋时期地方州府城市建设的大范围爆发（特别是南方地区）。将这些“城湖”形成的时间线索和空间线索叠加，可以大致描述出这些城湖分布的几个特点（图 3–3–4）。

绝大多数的“城湖”体系基本分布在胡焕庸线东南的区域，对应的是中国三大台阶地势的第三级，多为丘陵、平原地貌；“城湖”体系的分布主要依托三个主要线路来进行组织：正南线系统（蓝武驿路方向）、东南线系统（两都驿路方向）和沿海线系统（东部沿海近岸），绝大多数的“城湖”体系都分布在三条路线上；没有在主要结构性线路上的“城湖”体系，其所处区域亦多为丘陵—平原地貌，所在城市亦多为区域重要的节点。

（二）城湖体系分布成因

针对中国古代城市发展演化的研究，应当是全面探讨包括城市自然生态本底的山水环境营造在内的研究，这一点正在达成学术共识，

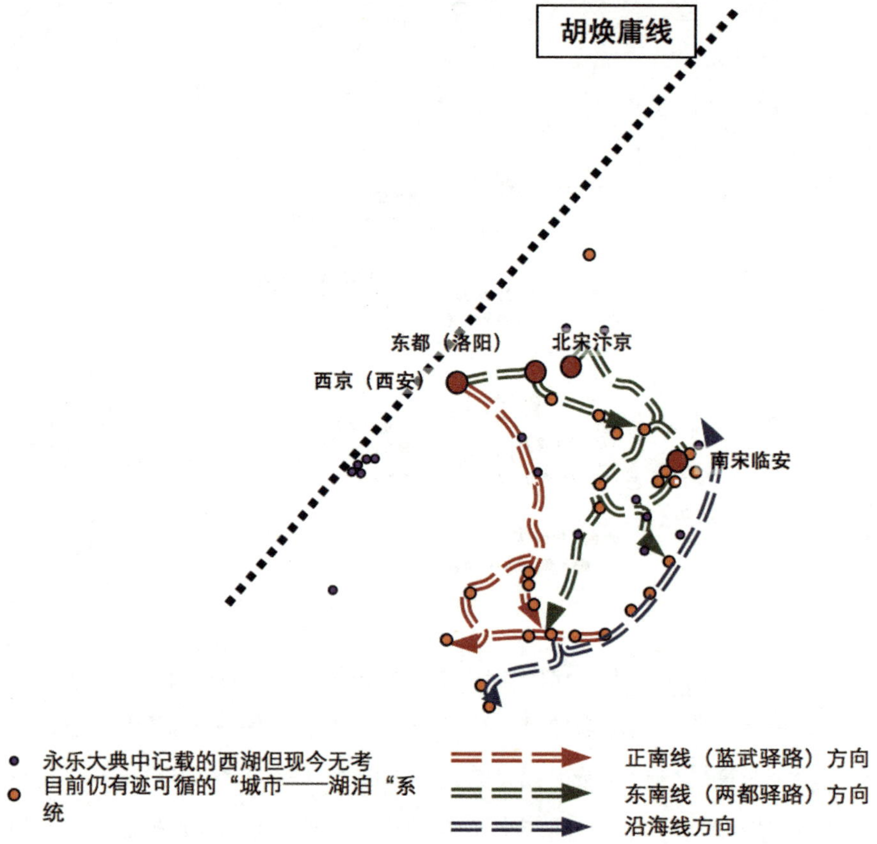

图 3-3-4　唐宋时期北方往岭南的主要路线与城湖分布

“中国古代的城市营建与发展过程中，城市与其所在的自然山水格局始终是一个整体”[1]。从秦汉到唐宋，中国的地方建置一直处于不断变化之中，宋代之后，地方建置逐步稳定。唐代“道、州、县”三级制是中国历代行政区划中的一个重要的转折节点。“道”的设置影响了之后的宋代行政区划，形成了“路”的原型。“道”和“路”都是一级行政区，在此之下设府、州等地方建置。唐宋的行政区划，使得州府一级建置成为地方治理的关键节点。随着唐宋时期地方经济的发展，州府一级城市作为地方行政中心，开始了中国历史上大规模的地方城市建设，对于推动古代城湖的大规模建设起到了至关重要的作

[1] 孙乔昀，郑曦. 古代城市区域风景系统的构成与分区营建的关系探讨：以隋唐时期扬州为例 [J]. 风景园林，2017（04）.

用。这些地方州府城市的发展是由古代主要的驿路结构所联系的，城湖体系的发展亦从属于这个大的框架。

1. 地形限制下的城市营建策略

正南线驿路系统和东南线驿路系统沿线的城市，往往处在山环水绕的小盆地中，因地制宜地在这个山环水绕的小盆地中寻求发展空间。由于中国整体地势西北高、东南低，造成河流干流多为东西向。所以正南线驿路系统和东南线驿路系统沿线城市的来水方向大多数都在西侧或者北侧，极易遭受上游来水的侵袭，通过城湖的设立，调蓄西北一侧的来水，是古人十分朴素的智慧。在冷兵器时代，为抵御外敌入侵，需要建设城墙，城墙的取土则多来自城濠。唐宋之前，地方城市的城墙多为夯土墙，大规模使用砖墙是在明代之后[1]。从建设土方工程量的角度，夯土墙和城濠之间可以大致取得平衡。若是修建砖墙，则需要在城外取土烧砖。由于大多数正南线系统和东南线系统的城市，都是处于这个山环水绕的丘陵小盆地环境中，修建城墙就需要从城市外围择近取土，取土之处的低洼地就逐渐由蓄水池演化成近郊湖泊，如雷州西湖、福州西湖、许州西湖等。同时，水网交汇处的州府城市多为重要节点城市，如颍州、九江、桂林、广州等。古代主要依托水运来组织交通网络，水运是古代城市之间交通往来的关键，通过连通各个城市节点的内外水系，促进人员来往、货物流通，城市才能得以兴旺发展。水网交汇之处虽然交通便利，但是水势难控。因此通过建设湖泊调蓄，缓江流涌动之势，从而起到防洪的作用。从驿路视角来看，城湖体系的生成及发展，为了适应古代州府城市在驿路沿线地形限制下形成的城市营建方法，这些城湖伴随着唐宋时期大规模兴起的地方城市建设，经历代营造逐步完善，“可简单总结为从曾经的蓄水池和天然湖泊，经过历代的山水治理与园林营建，最终形成一个巨型的城市公共园林的过程”[2]。

2. 气候影响下的防洪调蓄策略

中国盛行的季风性气候带来的季节性暴雨时常会引发水患，当洪

[1] 蓝勇，彭学斌. 古代重庆主城城址位置、范围、城门变迁考：兼论考古学材料在历史城市地理研究中的运用方式［J］. 中国历史地理论丛，2016（02）.
[2] 廖睿. 基于湖山范式的城市风景公园规划研究［D］. 重庆：重庆大学，2013.

水季节来临时，又会淹没城池，倾覆家园。如张良金《南宁府城隍庙碑》记载南宁：“自古及今常以水患为苦，传闻水至大者，莫如宋嘉定己巳，然犹去城六七尺”[1]。大水越过城池六七尺，这样的大水在中国古代黄河、长江、珠江三大流域城市的发展历史中并不罕见。治水的基本原则大致有两种，一个是堵，一个是疏。对于城市而言，堵截洪水的方式主要是通过城墙的围护体系，而疏导则可以通过城墙四周的城濠，城濠与城内外井泉池溪河湖相互联通，共同形成古代城市水系，如宋代广州的六脉渠（图 3-3-5）[2]。

特别是唐宋时期，中国的气候变化十分剧烈，这个时期的气温逐渐变冷，在气候学上被称为“小冰期”[3]。由于中国夏季盛行东南季风，携带水汽北上，而胡焕庸线东南的地区多为丘陵地貌，当气温较低时，丘陵地貌拦截北上水汽，形成降水，造成北方干旱，南方洪涝。这个时期的东南沿海地区，夏季还需要面对台风的侵袭。这些台风动辄侵袭整个城市。据《文献通考》记载，宋代广州、琼州、雷州、白州、潮州、福州、邕州、朱崖军、惠州、明州都曾遭受飓风（台风）袭城[4]，这些城市亦都建有城湖体系。

图 3-3-5　宋代广州六脉渠图

[1] 汪森辑，黄盛陆，石恒昌，等．粤西文载［M］．南宁：广西人民出版社，1990.
[2] 徐敏．宋代广州城市景观研究［D］．广州：华南理工大学，2012.
[3] 竺可桢．中国近五千年来气候变迁的初步研究［J］．中国科学，1973（02）.
[4] 马端临．文献通考［M］．北京：中华书局，2011.

从驿路视角来看，城湖体系的形成及发展，适应了驿路沿线州府城市的气候，其调蓄功能对于古代州府城市的安全保障起到了重要作用。

3. 服务古代城市经济社会发展的景观基础设施

政治角力、气候变化、战争叛乱，多重因素的叠加使得唐宋时期大量的北民南移。北方民众在数百年间，渐次通过正南线系统和东南线系统的驿路向南方迁移。人口增加要解决农业生产的问题，黄河以南的南方地区多为稻作农业，需要水田。蓄水成湖，显然有利于增加耕地，解决城市近郊的农业发展。这也是胡焕庸线所表示的人口密度分布，能够同古代“城湖”体系的分布呈现高度正相关的原因。

以连州海阳湖为例。连州海阳湖是古代连州城外的一个湖泊，刘禹锡曾谪居在此地，写下了《海阳十咏》。连州海阳湖大致兴盛于唐代，宋代时仍有大量文人题刻，而后逐渐湮灭。梁方仲先生，大致统计了唐贞观—天宝年间正南线、东南线各州府辖县人户的增减变化（图3-3-6）[1]。对比发现，唐代中期，连州地区的人口大量激增，增幅高达479%，远超同期其他城市。这是因为，此时的连州是中原地区去往岭南的必经之地。

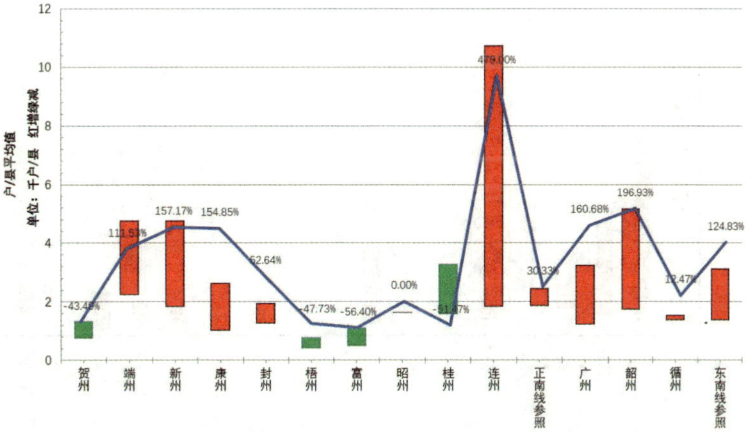

图3-3-6　唐贞观—天宝年间正南线、东南线各州府辖县户均增减图

[1] 梁方仲. 中国历代户口、田地、田赋统计 [M]. 北京：中华书局，2008.

张九龄的梅关古道修通后，去往岭南地区的线路开始逐步转向东南线系统的驿路。根据《宋会要辑稿》中关于北宋熙宁十年的商税记载，连州只增长了 87.4%，而同期韶州则取得了高达 442.78% 的增长（图 3−3−7）[1]。

由于唐宋之后去往岭南的驿路出现了结构性变化，因此，连州的重要性不断降低，连州海阳湖也在这个进程中逐渐湮灭（图 3−3−8）。

杭州自古以来就有“半边山水半边城”的美誉。古代杭州“城湖”体系的建设确立了古代杭州城市的空间结构，促进了古代杭州城市的发展，并一直延续影响至今。“杭州‘城湖空间特征’是城市与西湖互动发展的结果。杭州一直保留着隋代建造州城时形成的‘依江带湖’‘三面云山一面城’的城市环境风貌”[2]。陈桥驿先生指出，杭州西湖的演化过程实际是经由海湾—潟湖—天然淡水湖—人工湖泊而不断转变的过程，“在这个淡水湖沼泽化的过程中，周围的人文地理环境发生了很大的变化”[3]。站在城市历史发展的角度，中国古代城湖通过历代多次的营造建设，已逐步从纯粹的天然湖泊脱离出来，成为能够承载供水、给排水、蓄洪、防火、防御、灌溉、养殖、航运、造园、教化、娱乐等多重功能的景观基础设施。

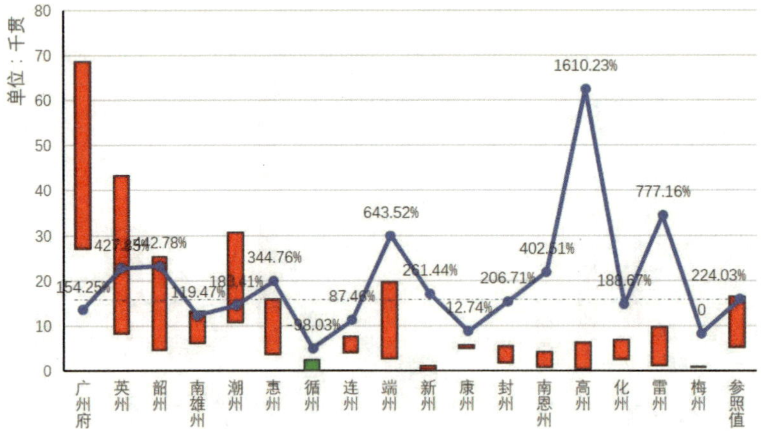

图 3−3−7　北宋熙宁十年广南东路各州府商税增减图

[1] 徐松 . 宋会要辑稿［M］. 北京：中华书局，2014.
[2] 黄文柳 . 杭州西湖文化景观城湖空间格局控制研究［J］. 风景园林，2012（02）.
[3] 陈桥驿 . 历史时期西湖的发展和变迁：关于西湖是人工湖及其何以众废独存的讨论［J］. 中原地理研究，1985（02）.

图 3-3-8　连州海阳湖遗留北宋熙宁四年题刻

从驿路视角来看，城湖体系的生成及发展过程，实际上就是在驿路沿线的地理气候条件限制下，将近郊山水湖泊改造，逐步转化成服务驿路沿线州府城市的景观基础设施的进程。古代驿路系统的结构变化，对城市发展有着极其重要的影响，作为古代州府城市景观基础设施的城湖体系，也被这个结构变化所影响。

古代城湖的分布和存在与所在城市的发展高度相关。城湖分布的特征充分说明了古人对风景园林与城市发展的系统性认识。古代“城市—湖泊”系统的营造充分考虑了古代城市近郊风景环境和城市发展的联系，对于古代城市的发展功不可没。比如唐宋时期政治、经济中心的迁移即促进了人口迁移，以及整个南方的城市建设，从而促进了“城湖”体系的发展。这个“城湖”系统被刘管平先生归纳为州府园林。这些“城湖”通过古代州府的风景化治理，作为州府一地的“公家园林”，成为古代“政府官员对地方治理政治、文化、经济的综合性载体”[1]。孙筱祥先生指出，“中国现行的城市规划体制，是在没有风景园林师参加，是由城市规划部门先做好城市规划总图，然后再由风景园林师在城市规划师做好的总图上，见缝插针，画出自欺欺人的园林绿地系统图来。这是一种不科学的体制，也是不能与国际接轨的体制，必须改正。园林绿地系统规划要和其他项目规划，在总图规划时同步进行”[2]。

“城湖”体系的出现立足于中国古代基本国情，立足于古代城市建设的实际条件，是古代城市规划和建设的宝贵经验。在当代城市规划建设的实践中，如何充分借鉴古代“城湖”体系，通过协调城市与周边山水关系，以此为基础生成当代中国山水城市营造范式，值得深入研究。

（本节作者：陆琦　林广臻　陈玉叶）

[1] 毛华松．城市文明演变下的宋代公共园林研究［D］．重庆：重庆大学，2015.
[2] 孙筱祥．风景园林(LANDSCAPEARCHITECTURE)从造园术、造园艺术、风景造园：到风景园林、地球表层规划［J］．中国园林，2002（04）.

四 南粤古城镇景观营造

一、宋代广州城市功能分区

两宋时期，因西北陆路交通受阻，政府转向发展东南沿海水上交通线路，实行“江海求利，以资国用”的基本国策，积极发展海外贸易。对外贸易的发展使得宋代城市的社会经济较之前代更为突出，从而进一步推进了东南沿海城市的建设。当时，广州、明州、泉州等城市是重要的对外贸易港口。借助地理位置的优势，它们在海外贸易中扮演着重要的角色，其中以广州最为突出，有全国海外贸易“唯广最盛”的说法[1]。作为岭南地区的政治和经济中心，广州自秦汉以来一直是重要的港市，尤其到了宋代，水陆交通比前代更便利，对外贸易更繁盛，商业活动更丰富。与此同时，广州的城市空间不断扩张，功能分区逐步调整和完善。

（一）宋以前广州城市功能空间分布

从秦汉到隋唐五代，广州先后作为南越国、南汉国的都城，并长期是历朝历代州县治所、总管府的所在地，又是全国主要的都会之一，城市功能分区已现雏形。秦统一岭南后，南海郡尉任嚣选取白云山和珠江之间地段，作为南越人的聚居地，并在此建立番禺城，奠定了广州“云山珠水”的空间格局。

公元前 204 年，赵佗建立南越国，定都番禺。赵佗建国之后，扩大了番禺城的面积，命名为“越城”。从考古发掘来看，宫殿区在城市的西面，生活区在东南[2]。隋唐时期，政府开始鼓励发展海外贸易，

[1] 朱彧．萍洲可谈（卷 2）［M］．上海：商务印书馆，1939.
[2] 黄思达，林源．西汉南越王宫苑囿池渠周边宫室建筑复原研究与探讨［J］．建筑史，2018（01）.

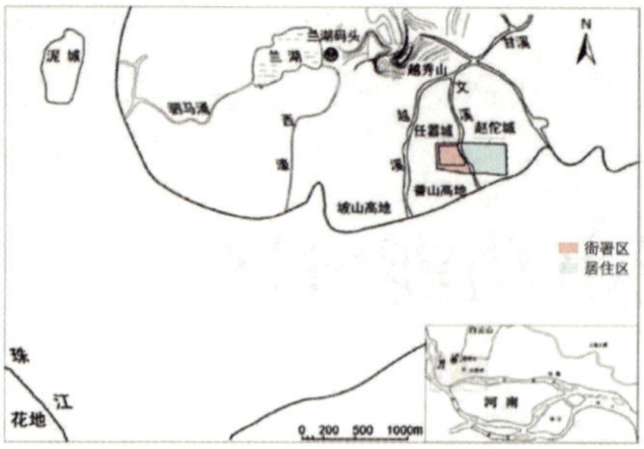

秦汉广州城

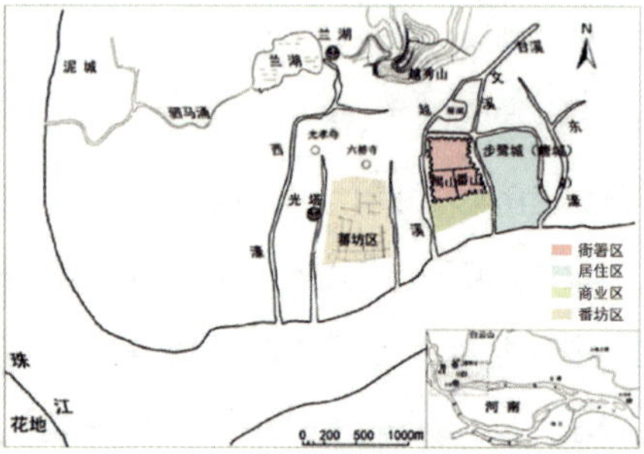

唐代广州城

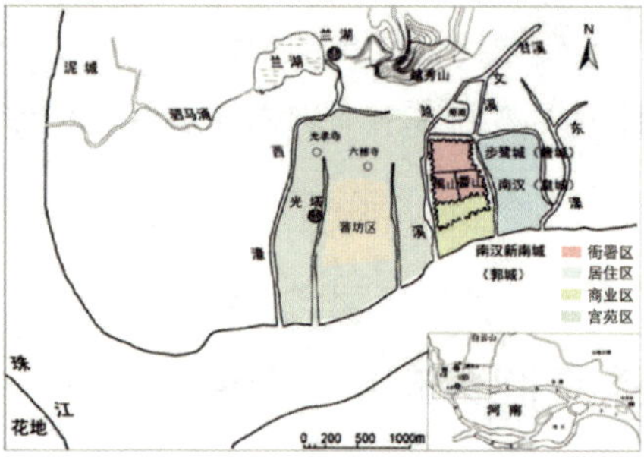

南汉广州城

图 4-1-1　宋以前广州的城市功能分区

广州一跃成为唐代最大的通商港口，执全国“海港之牛耳，成为世界上最著名的贸易港口城市”之一[1]。随着海上丝绸之路的发展，入港的外商人数逐渐增多。据统计，每年约有 10 万名外商进入广州[2]。为了方便管理，政府在光塔码头周围设立蕃坊区，供外商长期居住，形成了城内衙署区和城外商业区并行发展的态势。唐末，南汉兴王府开展大规模的建设活动，凿番、禺二山，筑城郭，号称新南城。据考古发掘及古籍文献记载，这一阶段广州城大致可划分为：北部的衙署区、南部的宅邸和商业区，以及城外的外商活动区[3]，城市功能分区逐渐明确与完善（图 4-1-1）。

从广州城市功能空间的发展历程来看，其衙署区的位置基本没有变化，始终与“云山珠水”的格局紧密结合。随着海外贸易的发展，商业区的面积不断扩大，逐渐与衙署区持平。南汉政权曾将商业区纳入城中，城市分区日益完善。同时城市周边王宫苑囿的建设，与自然山水相得益彰，形成了和谐的人居环境。

[1] 左正 . 广州：发展中的华南经济中心［M］. 广州：广东人民出版社，2013.
[2] 徐鞠 . 海上丝绸之路（隋唐时代）［J］. 椰城，2008（06）.
[3] 吴宏岐 . 南汉国都兴王府城形态特征初探［A］. 中国古都研究（总第二十四辑），2013（12）.

秦汉时期的广州，子城主要是衙署区，城的东侧是手工业区和居住区，这是以西为尊礼制影响下产生的。唐代的广州城，子城仍为衙署区，随着珠江岸线南移和西移，城南发展为商业区，城西出现了蕃坊区，城东仍为居住区。南汉国时期的广州，将沿江商业区纳入城中，城西变为宫苑，园林密集，城东仍为居住区，城外为外商活动区。

（二）宋代广州贸易繁荣和城市建设

北宋时期，政府为了增加财政收入，积极鼓励外商前来贸易。这时候，朝廷将广州定位于与东南亚、阿拉伯和西亚等国贸易往来的门户[1]，并在广州设立了专门管理海外贸易的市舶司，主要负责检查进出船舶的蕃货、征榷、抽解、贸易等事。北宋时期，广州是全国最早设置市舶司的港口城市。国家对外贸易的基本政策为“厚其委积而不计其贡输”，北宋中叶以后，朝廷对亚、非各国进贡的物品，按照“估价酬”的原则给予回赐[2]。南宋初年，广州仍是全国最大的贸易港，政府继续实行“优待蕃商”的政策，在城外设置了海山楼、城内设置来远驿，专门接待外商，鼓励他们来广州贸易。积极的对外贸易政策极大地刺激了商品经济的发展，神宗熙宁十年（1077），三个主要的市舶司共收到354449斤商税，其中明所收4739斤，杭州637斤，而广州有348673斤，占据总数90%之多[3]。

北宋中期，侬智高发生叛乱，派兵围堵广州，政府为了加强防御，于皇祐四年（1052）修建子城，这是广州城进行第一次大规模的扩建[4]。随着商业的快速发展，人口的不断聚集，“患旧城不足以安民”，城市空间要容纳越来越多的人。为了给民众提供留居之所，朝廷于宋神宗元年（1068）修筑东城；为保护城外蕃商的贸易安全，又于熙宁五年（1072）增筑西城。政府对西城的修筑十分重视，派遣各大官员办理此事，广州知州程师孟、转运使王靖均参与其中。南宋时期，发

[1] 漆侠．宋代经济史［M］．北京：中华书局，2009.
[2] 关履权．宋代广州的海外贸易［M］．广州：广东人民出版社，2013.
[3] 邓瑞本．广州港史（古代）［M］．北京：海洋出版社，1986.
[4] 刘卫．广州古城水系与城市发展关系研究［D］．华南理工大学，2015.

生了大奚山岛民进攻广州城的事件，城南的商业区被洗劫一空，这一事件震动了当地政府。据《南海志·城濠》记载，“州城南为一寰阓，无所捍蔽”，为“临海以卫城南居民”，又修筑了南城[1]（图4-1-2）。可见，商业的发展是促进城市的主要力量。

在扩建城垣的同时，朝廷进行了大规模的水利兴修（表4-1-1）。西澳为当时重要的码头，政府不断地对其拓宽和疏浚，以满足航运和生活需求。宋代的珠江岸线约2000m[2]，水面宽广，货船容易遭受台风袭击，朝廷便派经略使魏瓘凿东澳和玉带濠为内港，以保护船只安全。随着贸易进一步发展，城内建筑密度不断增加，为解决排水问题，将环城濠池与六脉渠组合成连贯全城的水网，城内雨水满足“就近接纳，四向可排”的原则，提高了河道蓄容能力，减轻了城内水患灾害[3]。

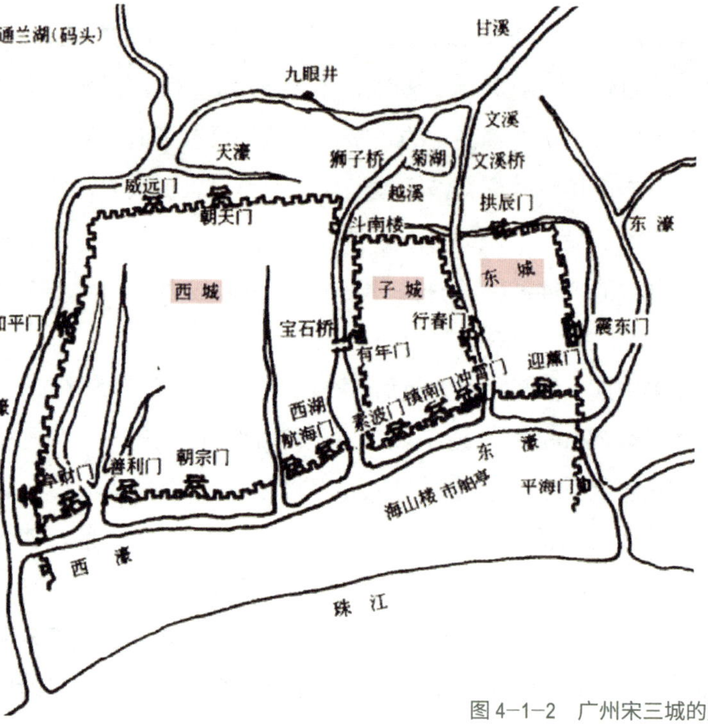

图4-1-2 广州宋三城的建设

[1] 广州市地方志编纂委员会．广州市志（卷十八）［M］.1996.
[2] 曾昭璇．广州历史地理［M］．广州：广东人民出版社，1991.
[3] 吴庆洲．中国古代城市防洪研究［M］．北京：中国建筑工业出版社，1995.

水系的连通，使城内的水运交通愈加便利，船只可以直接驶进城内交易，城中的内港也逐渐增多，其中东澳和西澳已成为城内最主要的内港码头，“河—港—城”的关系更加紧密。

表 4-1-1　宋代水利建设

时间	水利工程	相隔时间 / 修浚情况		水系功能
景德年间（1004—1007）	疏浚西澳	始浚	供舟楫停泊以避飓风波涛，纳城中之水入海，以备火灾	航运、内港排水、防灾
嘉定三年（1210）		203 年		
绍定三年（1230）		20 年		
宝祐元年（1253）		23 年		
德祐元年（1275）		22 年		
大中祥符四年（1011）	疏浚东澳	由城内达诸海，以通盐运		航运、内港
大中祥符四年（1011）	凿玉带濠	始凿	凿内濠以通舟楫，不为飓风所害	航运、内港
熙宁元年（1068）		57 年		
熙宁年间（1071—1073）		3 年		
宋代熙宁三年（1070）	凿六脉渠	濠达于海，城中可无水患		排水、航运

秦汉时期，城市内港只有兰湖码头，城市水系只有文溪和越溪，供城内王宫贵族饮水。唐代时随着西澳的疏通，增设了内港光塔码头，外商在此停留，唐代蕃坊区在此设立。到了宋代，随着六脉渠、玉带濠的开通，增设了东澳码头，外商可行船进入城中进行交易，城内商业点的数量不断增多（图 4-1-3）。

从广州城的修建情况来看，宋代为了适应海外贸易需要，一方面极力扩大城市规模，另一方面不断改善城内水运交通条件，其城市规模和交通条件超过了前代，形成了“三城并立、六脉穿城”的空间格局。与此同时，城市功能分区也在悄然发生变化。

（三）宋代广州城市功能空间的演变

宋代广州的政府机构分为行政类衙署和经济类衙署。行政类衙署沿袭前代惯例，主要分布在越秀山、番山和禺山三山围合的区域之中，文溪流经两侧，形成山环水抱的空间格局。从《南海志·城濠》

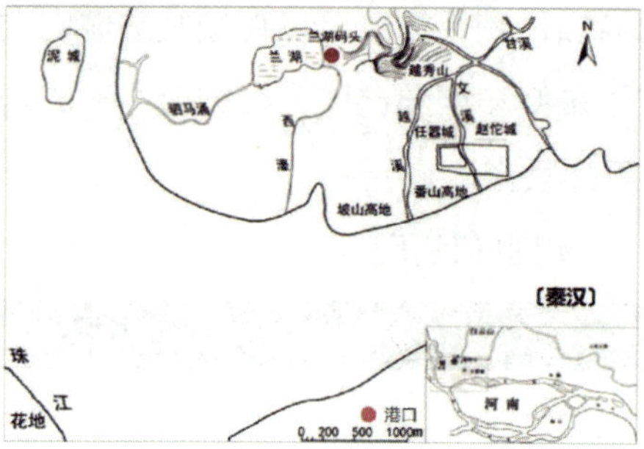

秦汉

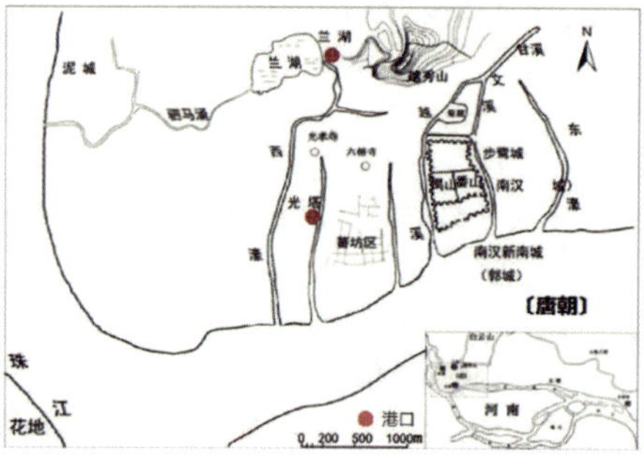

唐代

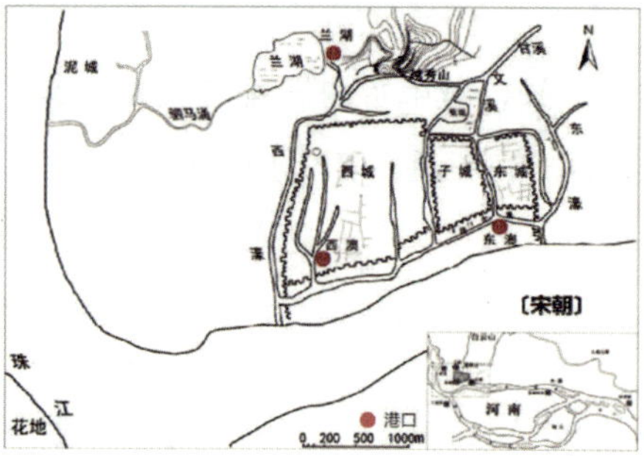

宋代

图 4-1-3　历代水利与港口建设

《广东通志》《广州府志》等志书中，各个衙署所在的位置大致集中于西澳与玉带濠交接处，以及玉带濠沿线位置。公元 971 年，为了鼓励对外贸易，朝廷在珠江边设置了市舶亭，用来“掌市易南蕃诸国物货航舶而至者”。1011 年，开凿子城南段河道玉带濠，濠宽约为 70m [1]，商船可以直接停在玉带濠中。为了招待外商，于 1059 年沿着玉带濠修建海山楼。1071 年，西城兴建完毕后，于次年疏浚玉带濠，西城遂成为商业发展的主要区域。而玉带濠的疏通，使其与原来的西澳相连，使得西澳运输更加便利，外商可直达西城内，西澳成为繁华的商业码头区。为了持续招徕外商，又在西澳东岸修建共乐楼。在商业的带动下，政府为了加强税收管理，便沿着西澳两岸设置了各种税收机构，如商税务、税课司、酒税务等，还设置了调控物价的管理机构——平准库，最终在西澳码头和玉带濠形成了外商招待机构和税务管理机构的两大核心地带。

在玉带濠开凿之前，西澳和文溪的水直接流入珠江。随着珠江岸

[1] 张金国 . 从水井与居址“二元共生”关系探索南越国宫殿区与市功能区布局 [J] . 广州文博，2017（01）.

线的南移，西澳和文溪南段逐渐淤浅。大中祥符四年（1011），政府开凿子城南部中段的玉带濠，沟通了文溪东、西支脉的水道，促进了子城南部的商业区产生。熙宁元年（1068），凿通东城南部东段的玉带濠，原文溪东水道改注入玉带濠，并汇流东濠，濠南文溪东水道已彻底淤塞，形成陆地。水道两侧的商业街连成一片，拓展了城南的商业区，东城南部的商业区就此产生[1]。熙宁年间（1071—1073），疏浚西城南面的西段玉带濠，原文溪西水道也流入玉带濠，并流入西濠，原文溪西水道南部已淤浅成陆，成为城南商业区的一部分，从此这一地段沿着玉带濠形成了完整的城南商业区。

宋代广州的居住空间由“权贵阶级为先导的水源导向型居住模式”向着“经济发展为主导的商业趋利型水坊居住模式”转变。南越国时期，居住区与水井分布有着共生的关系[2]，一级水井和二级水井周边聚集着政府官员居住区，三级水井四周分布着平民生活区（图 4-1-4）。一直到唐代，居住区都紧靠在井水资源丰富的地方。宋代，珠江岸线的南移为广州城市发展提供了更多的腹地，玉带濠和六脉渠的开凿不仅为城市带来了生活的便利，还有商业的繁荣。这时人们的居住特征显现出趋利性，与水系的分布表现出高度耦合性的特点，所谓“水聚

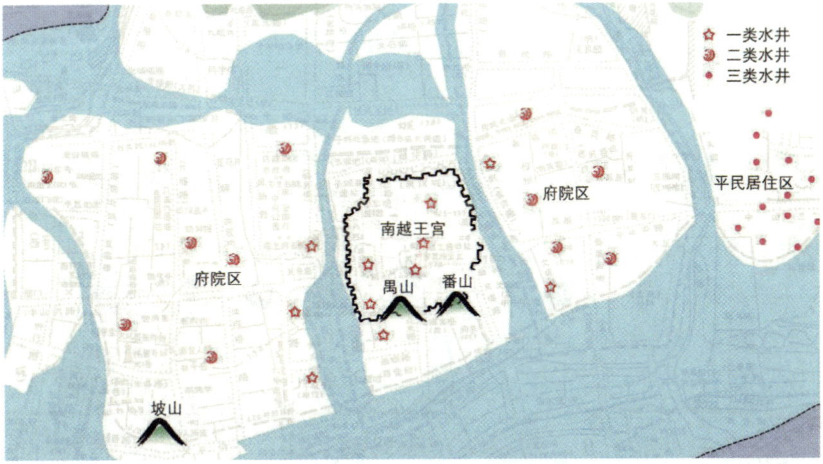

图 4-1-4　南越国时期水井分布与居住区分二元共生关系

[1] 黄佛颐 . 广州城坊志 [M] . 仇江等点校 . 广州：广东人民出版社，2012.
[2] 张金国 . 从水井与居址“二元共生”关系探索南越国宫殿区与市功能区布局 [J] . 广州文博，2017（01）.

处民稠，水散处民离”[1]。人们往往沿街设铺，逐水而居，由点成面，形成了商住一体的开放式水坊模式。这些水坊往往集中在城市内港的码头处，沿着水道形成带状的商业区、居住区，呈现出显著的与河道垂直或平行生长的分布规律（图 4-1-5）。

为了避免商业干扰，文教空间逐渐在番山、禺山聚集。自宋仁宗颁布普遍兴学的诏令后，广州的书院才逐渐兴起。广府学宫最初选址于西城的夫子庙，这是广州州学的始创。广府学宫在宋代经过三次迁移，最初建在西城区，因西城修建，便于皇祐二年（1050）迁到了东城，大约在今天的工人文化宫一带。到了熙宁元年（1068），西城修建完毕，开始兴建东城，学宫又迁移回西城。后来章粢担任广州经知府，他认为“教化所始莫先于学，人伦之序莫先于教”[2]，教育对人的教化如此重要，而西城商业区人员混杂，不宜读书，于是要求书院重新选址。经过考察，他认为“番山之前，而风水且顺，建学聚徒，此其吉地也”[3]，就是说番山风水环境好，适宜建学，遂于绍圣二年（1095）把学宫迁到番山附近，广府学宫这才最终落定。广府学宫的筹建起到了良好的示范作用，于是贡院、番山书院和禺山书院也开始在番山、禺山兴办。广州城除了州学还有县学，西城的南海县学从府县的周边搬至兰湖，东城的番禺县学迁到珠江边沿线一带。从宋代广州书院变迁的历史，我们可以发现：书院最终都远离了繁华的商业区，而迁移到山水环境较好的地方。

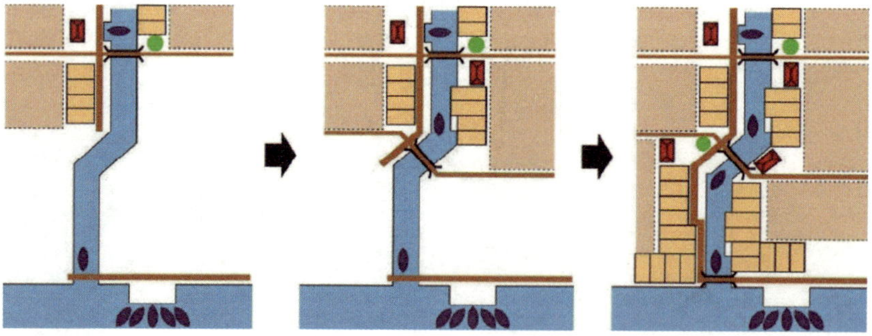

图 4-1-5　沿河道水坊发展过程示意图

[1] 辜托长老．绘图入地眼全书［M］．北京：华龄出版社，2011.
[2] 屈大均．广东新语［M］．北京：中华书局，1997.
[3] 仇巨川．羊城古钞［M］．广州：广东人民出版社，1993.

（四）宋代广州城功能布局形成原因

宋代广州城市功能分区演变，具有以下特征：商业区、居住区、衙署区逐渐向港口和城内主要水道扩张，表现出趋利的特性；而文教区在三者的挤压下，为了躲避闹市的干扰，寻求安静的场所，而逐渐在番山和禺山脚下聚集。

城市的不断扩张，使各个功能分区也不停地调整自身发展的路径。坊市制的瓦解，打破了原有居住区和商业区严格分开的局面，使城市功能分区呈现出自由发展的态势。在这个发展变化的过程中，最重要的特征就是沿着交通要道延伸，水道和码头无疑是一条重要的生长轴。虽然现存的史料不能详细地复原当时的历史图景，但可以推断的是，商业首先在水道周边聚集，为了便于商业管理，衙署区向商业区靠拢。在利益的驱动下，人们纷纷选择在其周边居住。此时，宋代城市功能分区以一种灵活的功能复合方式为商业的发展提供了更为便利的条件，从而取代了单一的用地状态，促进了城市经济的快速发展。

公元1011—1071年是广州城市的大建设时期，城市完成了扩张，并完善了水网系统，为城市的发展奠定了基础。公元1072—1275年为广州城市的大发展时期，新元素的介入，使得城市功能分区根据各自的需求，寻求新的组合方式。为了满足新的功能分区要求，城市不断完善基础设施建设。从政府不断修筑城市楼宇和反复疏浚各条水道的系列举措中，我们可以大概窥见当时城市经济发展的速度。因此，各个功能分区的发展是相互统一、相互促进的。

宋代府衙通过人工水网的建设，重塑了广州的山水体系。在此基础上，各个功能分区根据自身的属性和功能需求，逐步与山水环境融合，形成了稳定的空间布局。政治类衙署区、文教区聚集在番山、禺山和越秀山组成的风景系统之中，经济类衙署、商业区和居住区与水系相互融合，促成了广州水城城市景观的风貌。城市功能区与山水环境相互利用、相互配合，塑造了具有水城特色的人居环境。

广州濒临南海，宋代我国海外贸易的主要对象是东南亚、西亚等地的国家。广州港距离这些国家最近，在交通运输以木船为主的年代，广州的距离优势非常明显，吸引了外国商人来此居住和贸易。同时广州又是广东的东江、北江、西江三江交汇地带，内河航运发达，西江连通潮汕、泉州等粤东地区，北江穿过大庾岭可达中原腹地，沿着西江可达广西、云南等省。海内外的交通联系便利，使广州成为国内外商品集散的重要中转站。古代的水路交通比陆路交通发达，广州城河网密布，朝廷对其疏浚后，形成了以水路为主的交通网络，城中水系宽度有的超过 70m，货船可以直接驶入城中进行交易。各个功能区沿着水道发展延伸，与水系的结合更加紧密。对比同样作为海港城市的泉州，可以明显看出广州内河水路运输条件要便利得多，而泉州依然是以子城为城区，商业在外的传统城市，商业沿着晋江两岸发展，城外的商业区呈现带状的布局，与城市内部的互动较少（图 4−1−6）。而广州将市纳入城的体系之中，市的规模远远超过了以衙署为中心的子城区，市渗入城之中，商业性更强，可见广州内河水运的便利对城市功能分区发挥着较大的作用（图 4−1−7）。

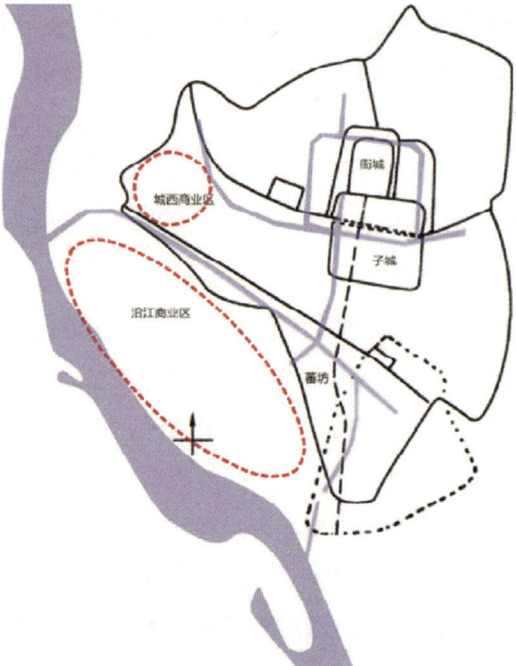

图 4−1−6　泉州城带状商业布局

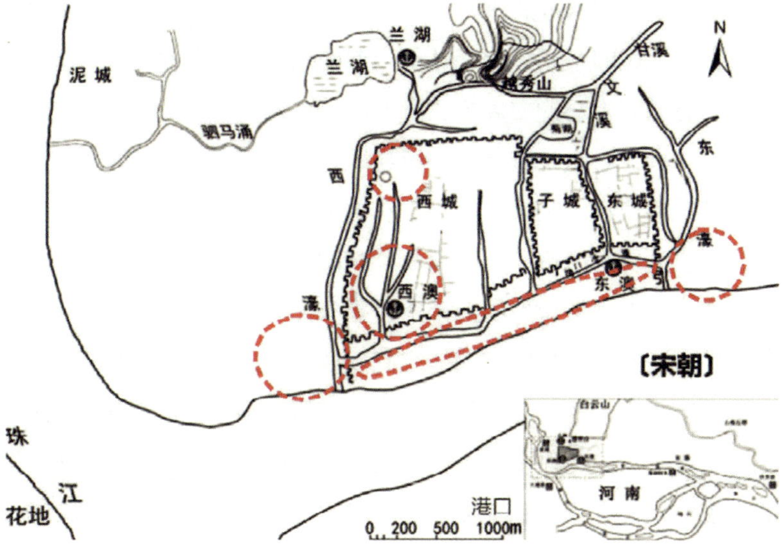

图 4-1-7　广州城渗入式商业布局

广州建城初期，城市空间明显受到中原礼制的影响，出于军事和政治的目的而建城，城的功能主要是巩固政权统治，这时候城的规模较小，职能单一。到了唐代，海外贸易有所发展，城西出现了外商活动的贸易区，但未纳入城的保护系统之中，城市的政治职能仍然占据主导地位。但从此时起，城市的经济职能开始逐渐发挥作用，蕃坊区的出现象征着城市功能分区初现雏形。宋代广州实行“优待蕃坊”的对外贸易政策，对外贸易的繁荣，城市的经济职能开始增强，逐步将商业纳入城市之中，城市内部的功能区分化越来越显著。功能分区的改变，不仅仅是城市的经济职能对政治职能的冲击，还有文化职能的推动力量。综览宋代广州城市功能分区发展演变的历史，我们看到其经济职能逐渐占据了主导地位，并影响此后广州城的发展。

归纳总结一下可以得出，秦汉时期的广州城的功能空间布局受到中原礼制的影响，始终以衙署区为中心，城市的政治职能发挥着主导作用，城市表现出“政为主、商为辅”的功能分区特征。自唐代到北宋中期，随着海外贸易的发展，广州的城西出现了承担管理外商任务的蕃坊区，城市经济职能的重要性开始显现，城市的功能分区初现雏形。宋代广州实行“优待蕃坊”的政策，对外贸易益加繁荣，为了适应海外贸易的发展，政府进行了大规模的城市建设。随着城市的不断发展、城市地域的不断扩大，城市内部的功能区分化越来越明显，打破了以衙署区为中心的布局模式，形成了“商为主、政为辅”的城市功能分区结构。可以说城市对外贸易职能的增强，使社会经济形态能够首次超越国家政治制度，成为左右城市功能分区发展的主要因素。广州长期作为海港城市，担负着海外与国内商品流通的职能，依托广州丰富的内河网络系统，以海外贸易需求为导向，通过水道联系中原资源腹地，决定了广州城市功能空间发展的方向。在贸易的驱动下，城市商业区、居住区、经济衙署区逐步扩张，与水系联系更为密切，功能区的分布更能凸显沿海港城市地理环境的特征。但相比同时期其他的海港城市，广州有着更便利的内河水运网络体系，因此城市功能分区的布局更开放，商业活力更强，港市的特征也更显著。

（本节作者：邢启艳　陆琦　陈亚利）

二、潮州古城公共祭祀空间

潮州古城位于广东东部，城周三山顶立，一湖增色，一水环绕，自然条件优越。古城始创于汉代，唐宋年间逐渐成形，到明清时期发展成熟，功能趋于完善，除行政区及住宅区外，工商业的兴盛发展使城市职能更加明确。古城的公共祭祀空间与城市功能分区密切相连。时至今日，古城的祭祀活动仍十分活跃，历经数百年长盛不衰。

与祭祀活动紧密相连的传统公共祭祀空间保存完善，日常香火不断。这些公共祭祀空间规模大小各异，装饰繁简多样，分布在城内各处，是城市历史发展的见证。传统公共祭祀空间作为城市公共活动场所的重要组成部分，在当下社会有着举足轻重的影响，在百姓日常生活中起到道德约束的作用，内供的各类神明圣贤常作为一种榜样典范引导人们朝着正确的道德观念前行，其丰富的类型更是城市政治、经济、文化相互交融的综合体现。

（一）传统公共祭祀空间分类

根据主导祭祀群体的不同，可将潮州古城传统公共祭祀空间分为三类：官方祠庙、佛寺道观及民间神庙。

1. 官方祠庙

官方祠庙由政府主导，体现了古代的官文化，也即所谓的雅文化。其具体可分为两种：一种是由国家统筹，从国库分配资金进行建设，祠庙等级高；另一种是由地方官员主导致祭的祠祀，以纪念对地方做过卓越贡献的先贤圣人[1]。

潮州古城的官方祠庙以官府建设为主，外观上有明显的标志性，仪式感强，常附带有庭院、回廊、前广场等活动空间。每年由官府择吉日致祭，且有固定经费[2]。这类祠庙是宗族纽带同日常生活相交融的结果，是对先祖圣贤发自内心的尊敬体现，如供奉孔子的文庙、祀濂溪及张程朱子的元公祠等。但由于其具备深厚的官宦阶级底蕴而与寻常百姓较为疏远，日常不对公众开放。

2. 佛寺道观

佛教观属“制度性宗教”，有独立的神学观或宇宙观，有专门的神职人员组织祭祀典礼，有独立的仪式和信仰体系。城内的善男信女日常到佛寺道观奉祀，每年于特定节日汇聚一堂，共同朝拜[3]。

中原文化的介入、海洋文化的包容及商业文化的传播让潮州古城成为多元文化的熔炉，随之而来的是佛教道教在城内的兴起。由于官方推崇佛教，加上道教道法自然，道观的选址以环境幽静的城郊山林为佳，古城内佛寺的数量要远多于道观。据《潮州市佛教志》记载，仅清代潮州城内的佛寺便多达 38 座，而道观从宋朝至清代数百年间只出现过 11 座，建于城内的仅两处[4]。

现存佛寺形制较为简单，除开元寺、叩齿古寺、宝寿庵等少数规模较大，有庭院廊道，由建筑群组成外，多数为两层楼的密闭建筑，外观现代化。据《潮州市佛教志》记载，古城佛寺多数为几百平方米，大的甚至几层上千平方米，如义安路府仓内的古大士庵占地 $1070m^2$，西平路道后巷叩齿古寺则为 $1200m^2$，以便容纳多人同时朝拜及开展一些宗教活动。

3. 民间神庙

民间多神祭祀独立性不明显，属于“弥漫性宗教”。此类祭祀没有统一的教义和组织系统，由民间文化衍生而来，与世俗生活紧密结

[1] 雷闻．唐代地方祠祀的分层与运作——以生祠与城隍庙为中心［J］．历史研究，2004（02）．
[2] 卢蔚乩，吴道镕．海阳县志·中国地方志集成——广东府县志辑［M］．上海：上海书店出版社，2003．
[3] 杨庆堃．中国社会中的宗教：宗教的现代社会功能与其历史因素之研究［M］．范丽珠译．成都：四川人民出版社，2016．
[4] 释慧原．潮州市佛教志潮州开元寺志［M］．潮州市开元寺，1991．

合[1]。与民间多神祭祀相关的各类民间神庙由百姓自发建设，作为日常朝拜的空间。

古城的民间神庙没有特定的建筑形式，但受空间性质影响规模大小区分明显。高等级一般是为纪念对地方做过贡献的先贤及官员，如天后宫，这些祭祀空间以形制复杂的建筑为主，装饰华丽。而以供奉自然神明或具有神话色彩的先祖为主的则多为位于街头的小庙，如五伯公妈庙、三山国王古庙，甚至出现诸如"龙尾圣王庙"此类形式简单，仅由顶棚、嵌墙牌位、香炉等组合而成的神庙，不能以建筑形制概之。重要节日庆典，部分祭祀场所周边搭建戏台，活动庆祝场面粗豪开放。这些祭祀场所供奉的神像类型多样，是古城泛神论的外在表现，也是满足不同阶层百姓多重信仰的需要。

（二）传统公共祭祀空间分布

1. 官方祠庙建设分布

潮州历史上出现过官方祠庙 34 座[2]，现古城内的官方祠庙仅存海阳县儒学宫一处，其余均毁坏。官方祠庙史料最早可考为建于唐代位于县学仪门右侧的海阳县乡贤祠。宋代之前官方祠庙几乎全位于城北行政中心（图 4-2-1），到了宋代开始向城周扩展并一直延续至明清时期。但随着王朝的消逝，官方祠庙的创建止于清代。这些祠庙几乎都靠近城市主街。

官方祠庙分布特点有三个。

一是潮州古城受到传统礼制等级思想的熏陶，祭祀理念表现出契合尊卑有序，以"尊天敬祖，崇德尚贤"[3]为核心精神的奉祀氛围。这种等级祭祀理念除了表现在祭奉神像有主次之分外，也渗透到公共祭祀空间的选址上。官方祠庙在城内公共祭祀空间中处于统治地位，以其为中心的各种祭祀文化、祭祀制度潜移默化地影响着佛寺和民间

[1] 杨庆堃 . 中国社会中的宗教：宗教的现代社会功能与其历史因素之研究［M］. 范丽珠译 . 成都：四川人民出版社，2016.
[2] 数据整理自《海阳县志》.
[3] 王晶晶，刘晓明，张司晗 . 北京皇家祠庙空间艺术研究［J］. 中国园林，2017（02）.

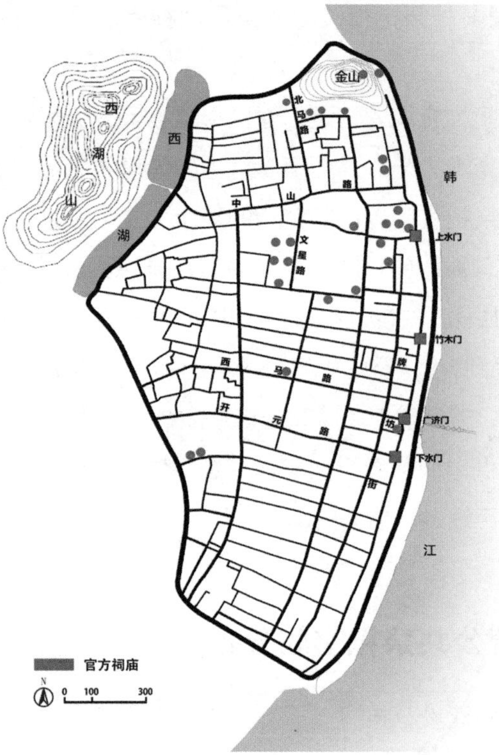

图 4–2–1　潮州古城官方祠庙可考分布图

神庙。为了更好地对城内其他公共祭祀空间进行管辖，官方祠庙营建须位于古城中心位置。

二是为了满足官宦阶级的祭祀需求及便于对官方祠庙进行管理，官方祠庙必然追随行政机构集中建设。潮州古城内除少数分布于城内其他角落，基本上都在官府机构附近。中国传统的建城思想以北为尊，城北作为城市的行政区体现了北贵的布局思想，而置于城市主轴之上、统领全城的衙署，则是儒家倡导的“不正不威”“居中不偏”的体现。行政机构的集中分布使早期城内的官方祠庙几乎都集中在城北（图 4–2–2）。到了宋代，城市街巷由坊里制转变成坊巷制，各区间的界限被打破。而明清时期工商业的兴起使古城对外交流频繁，原有子城逐渐湮没，统治机构的影响力不再被过分强调。这些因素促使官方祠庙选址多元化，虽总体布局以行政机构为中心，但部分转而向城内其他角落发散。

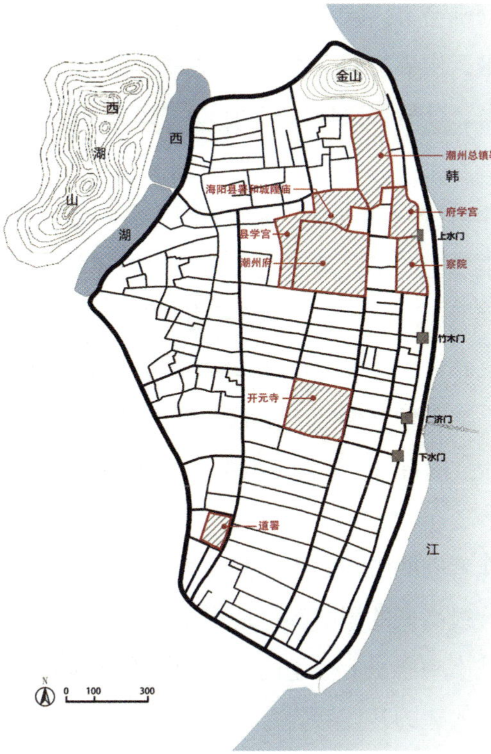

图 4-2-2　清代古城主要功能区分布图

三是官方祠庙多沿城市主街分布，这是其崇高地位的体现。作为官宦阶级的象征，官方祠庙与城内其他支巷的小型公共祭祀空间相比，位于主街更能彰显其独特性及重要性。另外，由于官方祠庙辐射范围广，不限于城区。每逢官府举行大型祭祀活动，不仅城内百姓会前往神庙参与，城外百姓也会进城共享盛典，足够的交通面积是祭祀活动举行的基础。

2. 佛寺道观建设分布

（1）佛寺

潮州古城内共计出现过佛寺 98 座，其中有 53 座始建年代不详，34 座信息较全，现存 16 座 [1] 。唐初潮州城内已有佛寺存在，唐宋时期佛寺建造几乎全部位于城北，到了元代开始向城周扩散，至明清时期遍布全城。民国年间新建佛寺较少，但兴起各种念佛会，如净宗念

[1] 陈怿生 . 潮州古城信仰场所空间衍变研究［D］. 广东工业大学，2013.

佛会、诚益友念佛会等。大型佛寺一般位于城市中部，小型的则位于城市较边缘地带。佛寺总体在古城内分布较为均匀（图4-2-3），没有明显集中倾向，且与官方祠庙相似，多靠近城市主街，交通发达。

（2）道观

历史上潮州古城内仅出现过两座道观，分别是始建于宋代位于下东平街的玄妙观及创于明代位于金山山麓的三观堂，现都无存。其余均置于城郊。《海阳县志·卷十二·建置略四第十页》提及："凡遇祈晴，官府于城隍庙设香案，请僧道各一班诵经，各官素服步行至庙礼拜。"每逢重要节日，道士便同僧尼一起念经祈福。清末潮州城内还尚存道士，到民国时则全部告终。城内道观史料记载稀少，但佛寺数量密集，影响分布的因素多样。

首先是营建者间的阶级之差。虽然佛教主张平等，但佛寺的营建却受到建造者阶级高低的影响而体现出主次，因此出现形制大、等级高的佛寺位于城市中心，而小型的佛寺则散布于城周的现象。古城内的佛寺当以皇家敕建的开元寺为尊，其从设立之初就一直位于城市中

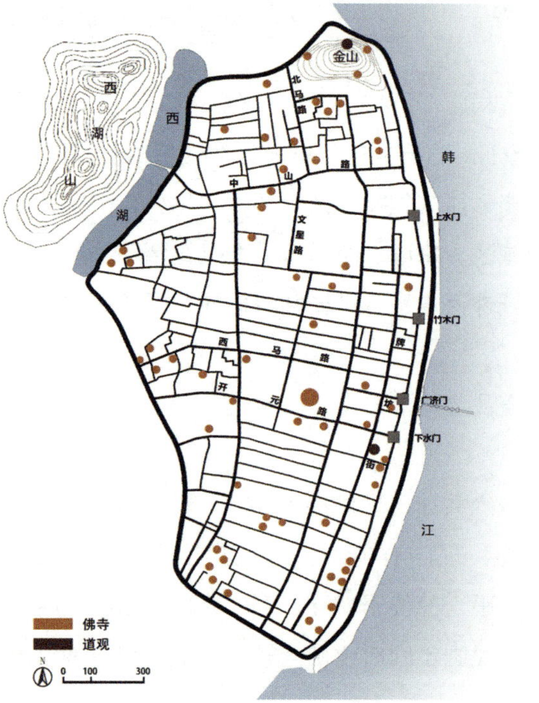

图4-2-3 潮州古城佛寺道观可考分布图

心位置，占地面积高达 100 亩（现存 20.3 亩），建筑群密集庞大，装饰华丽，庭院开敞空旷。而城内其他由官府拨款或由民间自发筹资营建的佛寺，面积多集中在 500 ~ 1500m^2 之间，造型简单，分布区位的中心化及规模大小区分不明显。

其次是信众群体的身份不限。佛教的信众来源多样，上至高官，下至布衣，都有佛教的虔诚信奉者，佛寺的分布受信众群体多样化需求的影响在城内分布较为均匀。早前佛寺与政府关系紧密，主要集中在城北行政机构周边及金山山麓，后由于城市主导力量发生变化，佛寺不再单一地由政府管控。明清商业的发展使商贸经济在城中占有一定地位，不同阶层的兴起改变了城市格局，促使佛寺不再简单地集中于一个片区，转而向城市四周扩散，渗透到城内的各个角落。

另外就是日常朝拜的便捷需求。佛教普适性强，信众涵盖城内各个阶级，日常对外开放，人流密集，在选址上要求靠近主路，方便到达。对现存 16 座佛寺周边的道路形式进行分析（图 4–2–4），并结合清

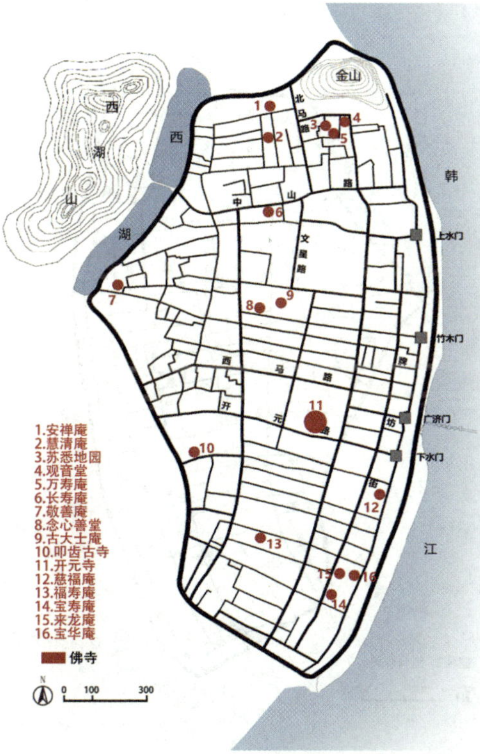

图 4–2–4　现存佛寺分布图

代古城神庙分布图可知大多数佛寺位于直线型大路偏中位置，如长寿庵、慈福庵等，只有极少数位于支巷内部或支巷交汇口，如古大士庵、来龙庵。这样布置既能使百姓祭祀通行方便又可满足疏散需求。此外，城内佛寺每年多次举办大型祭祀典礼，各方百姓汇聚一堂，靠近主街除了标志性明显外，必要时还能容纳更多的信众，使活动顺利举行。

3. 民间神庙建设分布

史料记载的民间神庙共计 89 座，其中有 26 座分布概况及祀奉神像信息较全，33 座仅知区位，另有土地庙 30 座已无从考究。古城内的民间神庙分布较为均匀（图 4–2–5），现存 17 座，含临时福德庙一处，总体保存情况良好。

潮州古城至明清时期功能已趋于完善，多样的城市功能除了使城市生活更加活跃多彩，还催生出不同类型的民间神庙，满足各行各业百姓的需求。成熟期古城的主要功能分布除了城北政治主导外，还形成了“城南豪宅紧凑、城东商业兴旺、城西作坊密集”等特点。

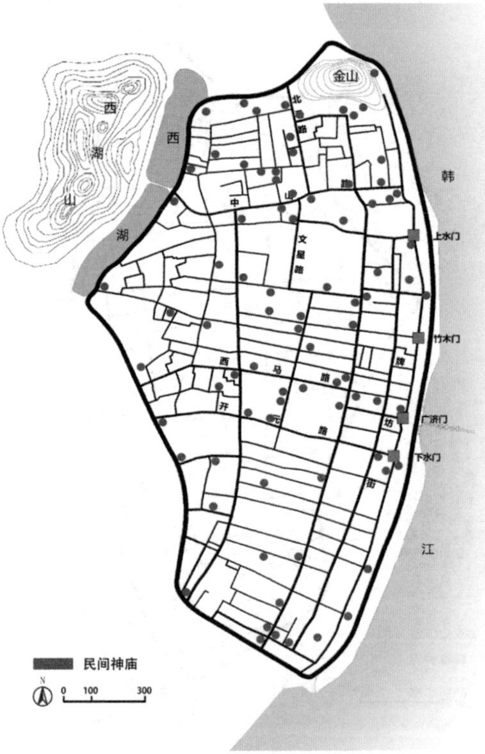

图 4–2–5　潮州古城民间神庙可考分布图

南部街坊以大型宅院为主，多数为资产雄厚的农村地主及文人雅士在府城的家园，这可从城南十大巷（图 4–2–6）现存的大型宅邸（图 4–2–7、图 4–2–8）窥探当年的兴旺之景。相比其他地区密集的百姓住宅，南部的民间神庙与其周边的建筑数量契合，密度相对较低。城东是城市的经济中心，紧邻韩江，水陆交通便利，商贾辐辏，呈现一派“店面高悬金字牌，绮罗锦绣艳衢街，恨郎腰肚带钱少，且买一双

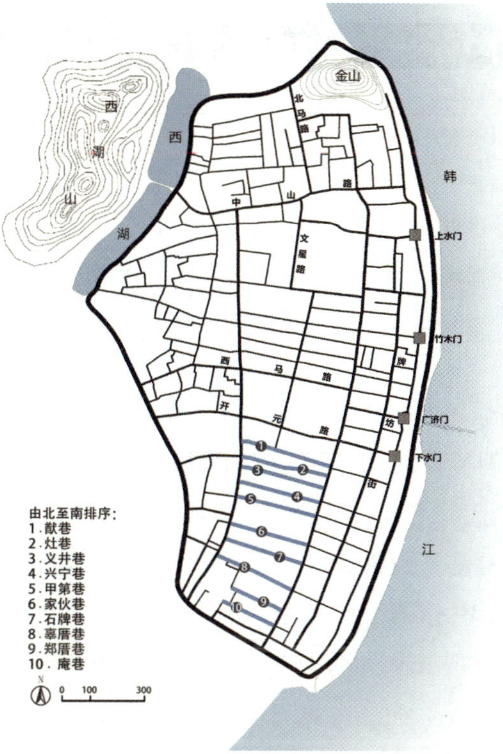

图 4–2–6　城南十巷区位图

图 4–2–7　甲第巷大型民居

图 4–2–8　义井巷大型民居

新样鞋”[1]的繁华景象。因此，供奉有妈祖类保一方商业兴旺、航运顺风的守护神的神庙相互靠近，常见于城东。至于城西，原有的手工业及作坊扩大生产规模，成为城市的生产加工基地。渔沧庙、药王庙等与行业相关的神庙层出不穷。而以祭拜土地爷、花公花妈、太阳星君等以保地方繁荣、百姓平安为主的民间神庙，则分布均匀，不与城市功能挂钩（表4−2−1）。

表4−2−1　《海阳县志》记载及现存与行业相关的民间神庙

区位	名称	所在位置	主要祭祀神像
城西	渔沧庙（已废）	府治西偏芦狄洲	—
	药王庙（已废）	翁厝巷	药王
城东	天后宫	东门内	妈祖
	蓬莱景古庙	城东	妈祖
	三妃庙（已废）	南门内近城东侧	天妃妈祖、圣泉妈祖、陈仙姑
	马王庙（已废）	文卫巷	蚕神

从清代古城民间神庙分布图及现存的17处神庙（图4−2−9）可以了解到，民间神庙大多位于丁字形道路的交汇口，如老太夫人古庙、白沙庙；或位于丁字形、十字形道路的交接口附近，如五伯公妈庙、仁德古庙。一是易于到达，方便服务周边百姓；二是这些神庙作为街巷的视线焦点，片区的公共空间核心，更能突出其地位及重要性，烘托庄严肃穆的祭祀氛围。大型的民间神庙不仅是祭祀空间，也是百姓日常休闲娱乐的活动场所。

民间神庙之所以常见于街头巷尾交汇口，还与古城的游神活动有关，既方便请神出庙又能通过规划游神路线将多个神庙串联。每逢节日盛典，街道两边人群密集，节日庆祝场面隆重。然而由于史料对此类节庆记载匮乏，即便是早几年政府组织的游神活动[2]，也因游神队伍庞大，选择大街作为主要游神路线，昔日同民间神庙密切相关的游神活动已难考察。

---

[1] 芳信．潮汕竹枝百首［M］．香港：艺苑出版社，2001.

[2] 从当地居民了解到，2014年潮州古城内还有游神活动，但近几年游神队伍已不入城。.

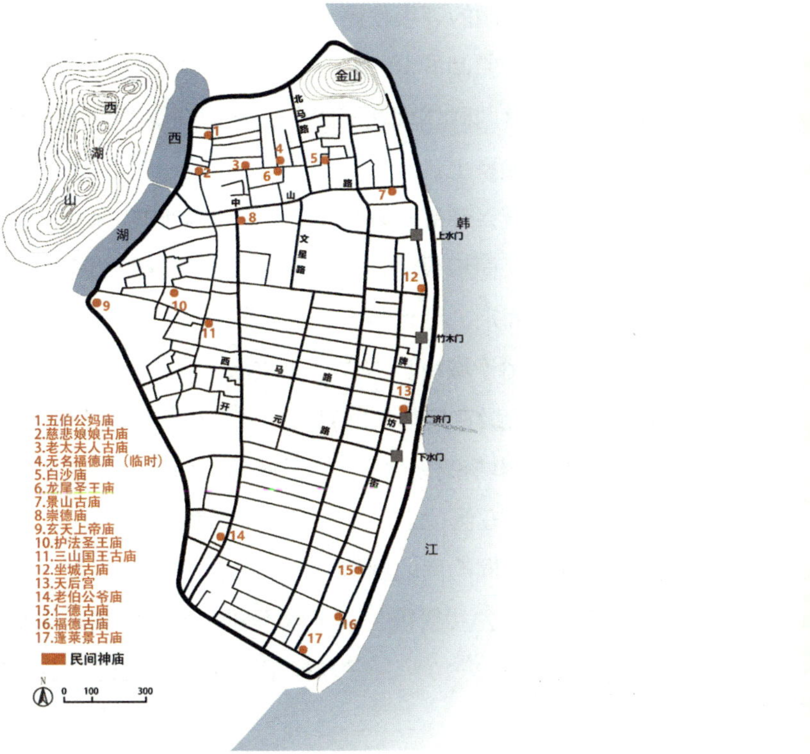

图 4-2-9　现存民间神庙分布图

（三）传统公共祭祀空间特征

公共祭祀空间是古代城市空间的重要组成部分，其从介入城市之初就随着城市的发展而做出适当的回应和调整，它不仅是城市精神的寄托和载体，更是百姓日常休闲娱乐的良好场所。潮州古城城市格局完善，功能齐全，城内的公共祭祀空间亦呈现出与城市功能协调、等级秩序分明、不同方位疏密有别、位于路中巷口的区位便捷以及同类质似相互靠近等特点，具体如下所述。

1. 体现城市的功能分区

官方祠庙是官宦阶级的象征，集中的区位与北部行政中心重合。至于民间神庙，以保佑商业兴旺为主的多位于城东经济区，与手工业密切联系的则多见于城西作坊区。佛寺没有明显的受众群体倾向，不与城市功能挂钩。因此，通过对不同类型的祠庙神庙进行区位分析，可以从中窥探城市功能布局的规律。

2. 主次分明的等级秩序

公共祭祀空间的分布和城市格局一样存在秩序分明、优先择位的等级关系，这同时体现在同类公共祭祀空间的分布及不同类公共祭祀空间的相互关系上。官方祠庙中，一般祭祀的官员等级越高，越靠近城市中心位置。佛寺的等级则受建造者影响较深，古城以皇家敕建的开元寺为尊，面积最大，区位最佳。民间神庙的建造规模及选址多根据祭祀需求而定，没有明显的主次之分。

但是，由于城市自古以来由政治主导，因此，相比佛寺和民间神庙，由官宦阶级直接掌控的官方祠庙，在区位及规模上占有绝对优势，几乎全部占据城市核心区，位于城北。而佛寺和民间神庙，则多向城市边缘扩散，在区位上不占优势，等级秩序明显。

3. 疏密不同的南北偏倚

不同方位公共祭祀空间密度不同，表现为城北高于城南，城东高于城西（图 4-2-10）。官方祠庙紧随行政机构分布，使城北的数量

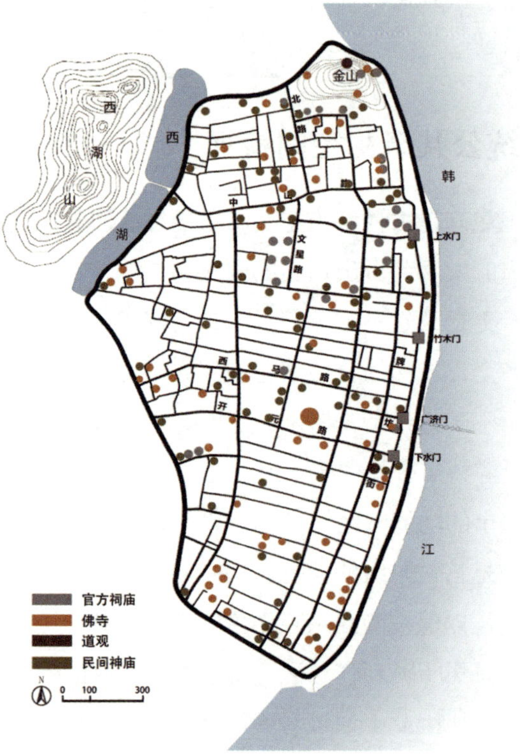

图 4-2-10　潮州古城公共祭祀空间分布图

明显高于城南。佛寺在城内分布较为均匀。民间神庙虽然也均匀分布于城内，但是受南北宅邸密度偏差及祭祀需求不同的影响，其数量城北稍高于城南，城东稍高于城西。这些不同类型的公共祭祀空间在古城空间上进行叠加，强化不同方位密度偏倚的现象。

4. 路中巷口的区位便捷

无论是何种类型的公共祭祀空间，都靠近城市街道，易于到达。建筑等级较高的官方祠庙、佛寺多置于主街中部，而民间神庙则位于支巷的交汇口。这些都是表明先人在设置公共祭祀空间时优先考虑区位便捷，营造庄重严肃氛围的有力佐证。

5. 同类质似的相互靠近

同类质似相互靠近主要体现在官方祠庙和民间神庙。早先的文庙学宫周边以各类奉祀理学名家、文学名家或道德典范的祠庙为主，如府学右侧祀理学诸先生 14 人的理学名宦祠、郡学右侧祀濂溪及张程朱子的元公祠、文庙棂星门外西侧忠义孝悌祠等。而道署、县治等行政机构周边则分布着大量以纪念对地方有重大贡献的文武官员祠庙，如位于城东府巷祀明知府黄日昌的黄公祠。佛寺无明显性质差异，民间神庙有少数与城市功能密切相关、性质相同的在区位选址上靠近，如天后宫、蓬莱景古庙类祭祀妈祖的神庙均位于城东。

公共祭祀空间在古城内的分布所呈现出来的自身性质与城市功能分区契合，以及深厚的阶级性、区位集中性、位于路中巷尾的交通便捷性以及同质相互吸引等特征，是自身建设与城市发展互动共生的结果。同时，公共祭祀空间作为城市的重要节点，其分布与城市的结构密切相连。

（本节作者：陆琦　林榕）

三、广州水环境与古城营建

广州城市水系属于珠江三角洲水系，其自然河道与三角洲水系特征相似，具有水面率高、水浅岸低、曲折繁密、与潮起落和水波不兴的独特特点，呈弯曲密匝、迂回萦绕的树枝状结构[1]。珠江三角洲水系河岸低浅，流速和缓，且气候高温湿热，降雨量大，水域形态变化多样，低洼湿地干旱成沼，降雨成塘，也容易产生水汽弥漫的蒸腾作用。以上水体特征在广州古城市郊水系中皆有体现，市郊水网依地形起伏蜿蜒、自由伸展，分散于郊野之间。

广州古城历经千年的发展，城内水系在自然河道的基础上不断疏浚和修筑，形成自然和人工交融的完整城市水系网络，其构成类型丰富多样。珠江水面宽广，自西北向东南绕过广州古城流出，对于城市整体而言呈现明显的带状特征。明末清初的屈大均先生在《广东新语》中曾感叹广州水脉在城市环境中的独特性：“盖会城山水气脉，起伏周环，有情有势，真天地造设之奇。”广州古城内外水系整体布局“因天时就地利”，顺应广州城自东北向西南逐级降低的自然地形地势而展开，以城内河渠水网为结构基础，形成相对规整的水网系统。

（一）汉魏时期的水环境与番禺城

古南海的自然地理环境是秦汉广州古城水系构成的基础。其时城市水环境主要以天然的河流湖泊为主，由甘溪、兰湖及其支流和众多湿地组成。虽然广州城与珠海还是相对并立的关系，但是珠海浩瀚汹

[1] 许自力，黄铎．岭南活水——珠江三角洲水系景观地域特色探源［J］．南方建筑，2015（03）．

涌，不仅城内众多河道受潮水涌入影响，而且城市江岸也常为珠海潮汐所淹没，形成大片浅滩，间接地对广州产生压制性的影响。

梁国昭先生将南越国时期的广州水系大体概括为：“一个大湖——兰湖；两个半岛——坡山半岛和番禺半岛；三个海湾——浮丘湾、海珠湾、海印湾。兰湖水系多支聚合流入浮丘湾；甘溪两分支分别流入海珠湾及海印湾”。[1]

其时广州南面为沿海浅滩，对外为三个主要海湾，珠海岸线可上达今大南路——惠福西路一线；甘溪自白云山东麓流出注入其下大片相通的丘陵谷地形成低洼水塘，并向南分流为文溪、越溪和东澳，经广州台地入海；象冈山下为与海相通的古兰湖，通过坡山半岛西侧的西澳水道与浮丘湾连通。广州城基本被水所环绕，河道和湖泊组成护城的天然屏障（图 4-3-1）。

广州城的选址与《管子》的城市理论十分契合：“凡立国都，非于大山之下，必于广川之上。高毋近旱，而水用足。下毋近水，而沟防省。”[2] 其中大山为白云山，而广川则是珠江水系。广州自建城就选址于番禺高地，汉魏时名番禺城。

番禺城以南越国宫城为主，于甘溪下游文溪和越溪之间为番禺岗

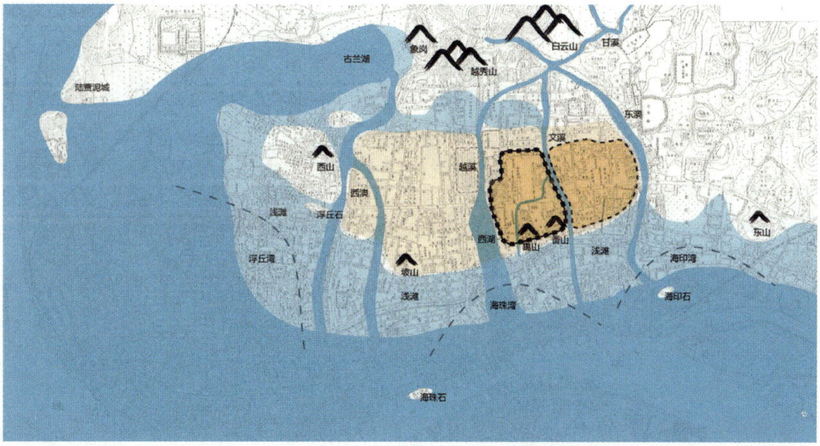

图 4-3-1　南越国时期广州水陆环境分布图

[1] 梁国昭. 广州港：从石门到虎门——历史时期广州港口地理变化及其对城市空间拓展的影响[J]. 热带地理，2008（03）.
[2] 李文娟，李远燕译注. 管子［M］. 广州：广州出版社，2001.

地上，是广州台地中地势较高的位置，可获得充足的淡水资源和便利的交通联系，占据较高的地势据点可免于潮汐侵扰。

城廓向东延伸至东澳，为古越人的居住区。西城东廓的布局体现了秦汉以西为尊的宗族礼制思想，同时其深受山水文化的影响，宫城以白云山作为对景，南对番禺二山。[1] 魏晋时期番禺城城廓无明显扩建，整体以水为界。

南越国时期番禺城东西两侧分别有东山古码头和坡山古渡码头。据考古发现，东山马棚岗有这一时期手工作坊和土井遗迹，东山古码头应为手工作坊区及其“东市”服务，坡山则是小渡口。魏晋时期西关冲积平原逐渐形成，西来初地是古代远洋航线停泊之地。坡山内港因此兴起，成为番禺通往周边市镇的重要渡口，并在唐代发展为蕃坊区，这一带应是较大的集市贸易区，即“西市”。集市周边会逐渐产生人口的集聚，人们逐水而居，带动沿水居住土地的开发（图4–3–2）。东西两市的布局符合中国古代城市的对称分布形制。

番禺城依存于水也受困于水，城市水环境对广州城市形态呈现单向的制约。都城以水为界，城市被水道切分，整体城市景观风貌也因此被分割成多个区域。甘溪下游多为居住区，以富丽的皇家宫城为中心，宫城四周为官员居住区，东侧为汉越杂居，主要被淡水资源分布

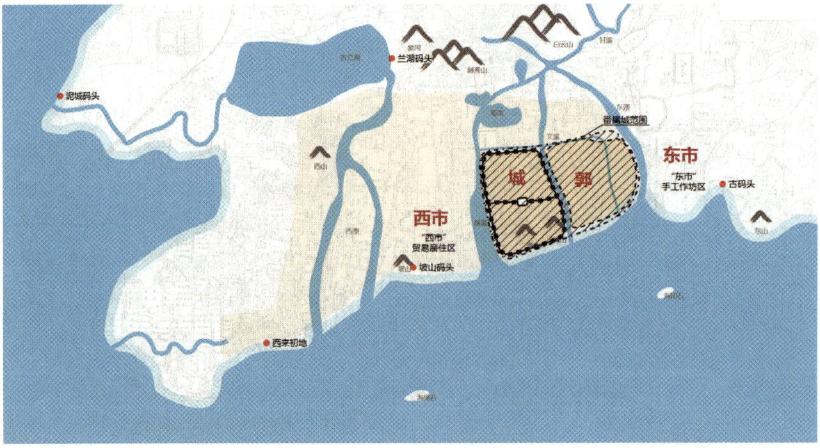

图 4–3–2　番禺城城市布局示意图

[1] 潘建非 . 广州城市水系空间研究［D］. 北京林业大学，2013.

所影响；西侧多为寺观庙宇，同时沿江发展为市郊，呈东西延伸之势，主要为港市经济的水运区位所驱动。其时城内景观主要以皇家御苑园林和寺庙建筑为主，它们依附于水系建设以获得充足的生活水源，兼得水运交通的便利。南越国宫署引用甘溪建设园林内部水景，整体呼应自然山水，借景入园；而寺庙则依靠西澳获得外部水景环境。可见，其时城市水系景观为水环境所限制。

（二）唐宋时期的水环境与宋三城

唐宋时期是广州城市水系建设的起步期，官方开始组织对自然水系进行调整和利用，以及有规模的人工水系开发，从而形成河渠—濠涌—珠江的人工水网体系，以城壕、河渠为主的人工水系成为广州城市水系的重要组成部分，城市内外水系连通形成有机整体。城市水利意识也因此逐渐发展，珠江开始与广州城市发生互动关系。

珠江在唐宋时期虽仍称“小海”，但已退缩为宽广的河道，珠江继续向南淤浅，已退至第十甫路—大新路—万福路一线，江上也淤起多个沙洲离岛。城南临江沿岸淤出大片滩地，城市可建设范围也得到拓展，西关一带也有较多的泥沙沉积，通过人工开垦形成水陆交错的沙洲基塘区，内有多条纵横交接、自西向东的西关涌河道。陆地的连接使得兰湖逐渐成为内湖，与珠江经洗马涌联系。晋代利用城北天然洼地形成菊湖，唐代在此基础上疏浚为甘溪。南汉在越溪上开挖多个苑池，建西湖药洲，并挖掘南北向水道连通各个天然河道，广州水系逐渐相互勾连，形成环状的水系网络（图 4−3−3）。

城内水系建设兴盛，水利工程为民生之重，是城市基础建设的首要任务，宋时伴随着城墙建设在东西濠的基础上修筑护城濠，即东濠和西濠，在城南开凿玉带濠，并在原有的水系河道的基础上经过不断的清淤、整理、修筑和归并，形成了 6 条沟渠，为南北走向，即宋代的六脉渠。城壕和河渠不仅具有城市给水排水功能，同时还有防洪排涝、消防隔火的作用。[1] 文溪、越溪和南濠都被人工修筑为六脉渠

[1] 吴庆洲．古广州城与水［J］．中外建筑，1997（04）．

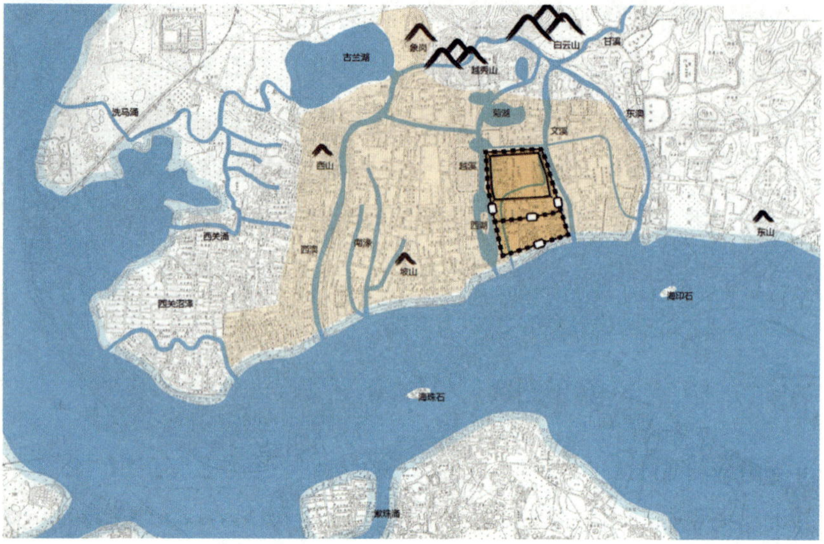

图 4-3-3　南汉国时期广州水陆环境分布图

的河渠廊道，其走向更为规整。直至宋代，城内城市水系格局已初具规模，形成了由六脉渠到内河濠涌，最后归入江海的三级水系。[1] 清人仇巨川在《羊城古钞》中说：“古渠有六，贯通内城，可通舟楫，使渠通于濠，濠达于江海，城中可无水患，实会城之水利。”珠江的缩窄和航运的兴起使得珠江逐渐成为城市水系的组成部分（图 4-3-4）。可见，宋代广州府对城市水利建设尤其重视，广州古城内的众多城壕河渠都是在这一时期修筑的，军民都参与其中。

宋三城是在唐代广州“州城三重”和南汉兴王府的基础上兴建而成的，为子城—罗城的规划布局，即《考工记》中：“凡大城谓之罗城，小城谓之子城，又有第三重城以卫节度使居宅，谓之牙城”[2]。宋承南汉兴王府修筑子城，并揽入南城，称中城，其北侧是承袭南越王宫署和南汉兴王府宫城遗存的官衙区，内有统治阶级的官署机构和宗族庙堂。[3] 随着对外港口的繁荣，外国商人和传教士等定居者逐渐增多，他们逐渐集聚于城西的坡山内港区一带，沿西澳向腹地深入，

[1] 关菲凡 . 广州城六脉渠研究［D］. 华南理工大学，2010.
[2] 闻人军 . 考工记译注［J］. 上海：上海古籍出版社，1993.
[3] 程存洁 . 唐代城市史研究初篇［M］. 北京：中华书局，2002.

图 4-3-4　宋代广州水陆环境分布图

唐代专设番坊供侨民居住，并允许列肆而市和加建围墙，宋西城即在此之上而建，番汉杂处。宋东城是古越城遗存，主要为高级官员居住区，文溪一线分布有重要的战略物资码头，有盐仓和兵营。南宋时，沿江淤积出陆地形成港口商业区，故在城南两侧加筑雁翅城。宋三城联合并立，以中城为核心沿珠江东西向延伸，形成了“中朝东居西市”的格局，其规划设计顺应珠江和内部各河涌走向，因此呈不规则布置。[1]宋三城东、西、南面均有城壕环绕，城内水道河渠则为水上街巷，交通便利带动了商市繁华。

宋三城在城内外分布多个港口，珠江沿岸上有珠江口的扶胥、琶洲外港和各河道入江口的华林寺码头和东澳、西澳码头内港，以及城内各河道上节点码头。沿江多为对外航运的货物集散地，因此商肆临江而立，形成东西向长街。城外东西两侧因码头沿江形成小规模的市集。城内各河道因服务对象差异和货运种类不同，沿内码头形成不同的商市区，如西澳多集中外国商人和传教士，寺庙集中于此地，而东澳为市政、军务用途，因此为高级官员的居住区，其时东西二城市坊合一（图 4-3-5）。

[1] 徐敏．宋代广州城市景观研究［D］．广州：华南理工大学，2012..

图 4-3-5 宋代三城城市布局示意图

宋三城与水系融合共生，城市水环境与广州城市形态呈现双向的互动。南汉大范围修筑皇家离宫别苑，对水系要求很高，因此开凿和修建了多条濠梁沟渠。三城并立，城壕环绕，六脉渠为水上街巷贯穿南北，形成不同的水系景观廊道，中城为严谨中正的宫署官衙区，西城是有着异域风情的商港外贸混居区，而东城则是传统的官员居住区，城市顺应地形和布局呈现出不规则的形态，体现出因地制宜、不拘成规的观念。

城郊苑囿的开辟促使城市与自然有机融合，趋向园林化发展。其时城内景观多元化发展，既有建筑景观、园林景观，也有街区景观，它们大多依水而设，兼具生态、文化、经济等多个功能。其中城郊园林，既因水借景，也拟水造囿，体现为与水共生。城市街区由于水运交通和水源供给的影响，大多逐水开坊，临水立肆，城内水系成为影响街区风貌和街巷肌理的首要因素。可见，其时城市水系景观与水环境是相互共融的关系。

（三）明清时期的水环境与广州城

明清时期，广州“六脉皆通海，青山半入城”的城市山水格局已趋稳定和完善，城内是以六脉渠和城壕为主的人工水系，而城外则由自然水系和人工水系相结合的水系构成。但由于城市人口饱满、房屋建设混乱和海口沙坦围田等原因，上游的淡水资源已不能满足城市发展的需求，许多濠涌河道逐渐淤堵以致湮灭。珠江宽度的急剧缩窄，城市建设已拓展至城南江岸，沿江两岸联系愈加紧密，珠江成为广州城市水系的重要部分。

明清珠江岸线退缩剧烈，北岸一线退至十三行路——越秀南路，南岸岸线也北沿至南华路一带，城南沙洲也因珠江收窄而并岸。清末，十三行已成临江陆地，南岸则至寺前街，珠江宽度进一步缩窄。城市急速扩张，三城合一以致城市水系网络因城防城建原因受到限制，菊湖淤填以扩展北城，文溪截断改道经东濠入海，西湖因水源减少淤平消失，六脉渠因此逐渐淤窄，与宋元时期有较大区别，官府重视城市水渠疏浚，但其效甚微，清末已屡疏屡堙，玉带濠更是自明起已堵塞不通。城外兰湖因无有效疏浚而急速缩退，入清已枯水成沼，洗马涌仍过湖心，成为山坑水的集中地，大雨时亦能成湖。西关开凿大观河和太平濠连通城内西濠、玉带濠，但在清代也逐渐断流。西关的西关涌、东山的波罗水道和河南的漱珠涌等河道依靠珠江干流得以稳定发展（图 4-3-6）。

图 4-3-6　清代广州水陆环境分布图

明代的三次扩城使宋三城连为一体，向东西两面扩筑，同时北拓至越秀山下，南延至珠江岸边，将越秀山、珠江纳入城区范围，形成明清古城。其时城北一带得到有效开发和建设，南城沿江港口商业区已纳入城内。越秀山为广州主山，是城之背靠，而珠江水流曲缓，初步形成了“后依越秀，南瞰珠江”的都会形势。

明清古城为东西二濠所环绕，南临珠江，内部六脉渠在越秀山下自北向南流出注入玉带濠而入江，形成了广州古城“六脉皆通海，青山半入城”的背山面水格局。

城内结构为南北向的四级功能分区：第一级地势最高，为越秀山及其下塘地别墅区；第二级为番禺高地，是历代政治中心，以东西主干街道贯穿，两侧为官署机构，周边是官员聚居地；第三级是内城拱北楼以南区域与新城玉带濠沿岸，是城墙以内的主要商市娱乐区域；第四季延伸向珠江，是城外的商贸码头区。老城内的东西向主干道将六脉渠以陆路串联，还有多条南北向街道连通各城门，为正方形交截的街巷格局，而外城街道则是沿玉带濠的东西向长街和与之垂直、联系珠江的南北向密集街巷划分“街圩”。

由于商贸的发展，西关沿江开设十三行作为对外贸易机构，商业中心有新城向西关转移，并不断向西关内陆延伸，自南向北形成外国商馆区—商街机房区—新兴住宅区—市郊乡野区四级结构，聚集了商人、外侨及帮工、学徒等人员。而明清古城内多是统治阶层的机构和府邸，有府衙、庙宇、书院、学宫等，为缙绅的据点，古城以东则多为农村，因此明清广州城整体上也呈现出“西商东官”的分化。[1]在港市发展下，西关一地的商贸地位迅速提升，同时带动了一江之隔的河南一地市坊区的开发（图 4-3-7）。

明清时期，广州古城不断扩张，但由于城廓水网的限制，城内只能通过填埋水域以换取发展用地，同时过度的人工开发使得濠涌渐淤，城市建设逐渐反向湮塞了城市的水环境。就城市整体而言，其街区风貌不仅南北有别、东西分化，城内外存在差异，而且依靠不同水系形

[1] 魏立华，闫小培，刘玉亭．清代广州城市社会空间结构研究［J］．地理学报，2008（06）．

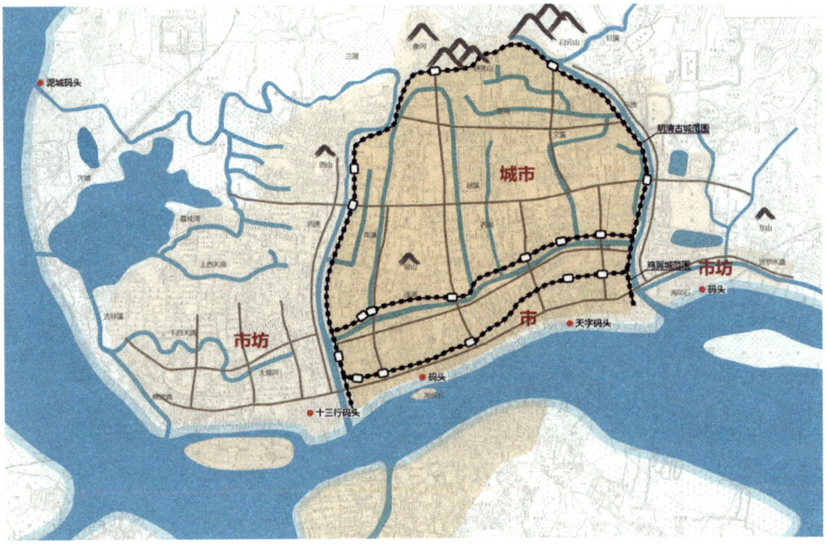

图 4-3-7　明清古城城市布局示意图

成的商市街道也有着不同的肌理特征和经济特色。其时，广州城已北阻越秀，南抵珠江，城内濠渠向北汇聚于越秀山下，往南发散于珠江之中，构成“六脉皆通海，青山半入城”的城市整体和山水格局，同时城外周边地区建设的兴起更是丰富了广州古城“山水相融，城田兼具”的城市风貌，尤其“白云越秀翠城邑，三塔三关锁珠江”的景观层次最为突出。如图 4-3-8 所示，广州古城不仅通过水系景观的营建与山水有机地融合为一体，而且在各个节点处与山水形态做出地域性的不同形式的呼应。

明清广州城城市景观蓬勃发展，园林类型百花齐放，并形成了稳定的地域风格。私人园林发展最为迅猛，其大多依托城市水系而建设，不仅关注园林内的造景形式，而且更加重视人文景观与周边城市水环境的呼应，多表现为对外因地借景、对内师法自然的理水形式。城内由于水系的退减，原有水系景观逐渐脱离城市水系存在，崇楼景观也无法因水建设，但是在视线上也是多以城市山水为对景，以求在整体格局上呼应城市水系。可见，其时城市水系景观多是呼应水环境而发展的。

图 4-3-8　1858 年广州全景

（四）古城水系变迁与营建特点

岭南的水陆变迁历经千年，尤其古广州城的水环境更是一直处于和缓而深刻的变化中。随着历代的演变，自然水系因地理沉积和人为填筑而逐渐缩减，尤其以珠江岸线的迁移最为显著，水退人进；而人工水系的建设则因水利意识和技术的提高，在不断开凿增建。直至明清，广州城的水系构成与古广州的自然水环境已发生颠覆性变化（图 4-3-9）。

从秦汉到明清，由于江河流沙堆积和人工围垦活动的共同作用，广州城城市范围虽然不断扩张，其陆地面积不断增加而水域面积却在不断减少，水陆比例大大缩减，水陆环境发生了和缓而深刻的变化。《羊城古钞》记载："今侵于濠畔之民，始为木栏，继甃以石，日积月累，濠愈狭矣"[1]。因此，以水系组织的广州城市景观建设在不断适应水陆环境的变化中与城市水系衍生出不同时期的关系特点，体现出城市各个发展阶段的地域营建特色。

随着广州古城水系环境的变迁，古广州城的整体城市形态和主要水系景观也在不断演变，城市水环境和景观的关系更是在不断发展，从汉魏时期的依附于水、到唐宋时期的与水共融，直至明清，已发展

[1] 仇巨川 . 羊城古钞［M］. 广州：广东人民出版社，1993.

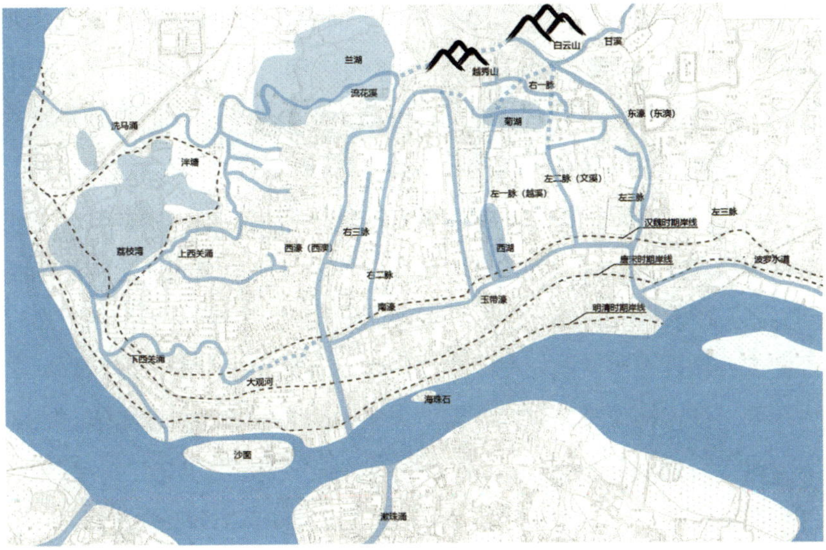

图 4–3–9　广州古城水系分布图

为稳定的因水呼应的城市风貌；水系也从最初对城市形态的单向制约，逐渐发展为与城市风貌的良好互动，最后更是被城市扩张反向侵蚀，可见城市水系景观是动态演变的。广州古城的水系景观的形成、发展和广州古城的城市演变历程是相对一致的，都体现了时间上的“营建”积累过程。以水环境为基础的广州古城营建具有以下特征。

1. 以水为界

珠江三角洲水系散乱，地形复杂，聚落既要取用水资源，又要避免水患，多位于地势较为平坦高敞的台地岗地区域。台地被三角洲纵横漫流的宽广河道切割，因此岭南水乡传统聚落形态多被水道所限制，依水道走势沿展。城市作为聚落中占地面积最广、经济程度最高的类型，其与水系的联系更是不可分割。广州古城作为珠江三角洲的核心城市，自然有其典型的岭南水乡聚落特征。

广州一地自有聚落起便与水系紧密联系在一起。广州虽然水域面积广阔，但河道大多与珠海相通，为咸涩潮水，难以食用，而流经广州台地的甘溪发源于白云山，是难得的淡水水源，因此广州的原始聚落首先出现在由甘溪下游包围的番禺半岛上再逐渐扩展至甘溪流域外廓的坡山半岛和东山岗地。《管子·度地》中写道：“故圣人之处国者，必于不倾之地，而择地形之肥饶者，乡山左右，经水若泽，内为落渠之写，因大川而注焉。乃以其天材，地之所生利，养其人，以育六畜。”[1]

广州古城在建城之初也是同样考虑到水源的因素，因此番禺城占据番禺高地，甘溪下游的越溪和文溪为宫城护河，东澳为城廓东界。这不仅可获得充足的淡水资源和便利的交通联系，而且占据较高的地势据点可免于珠海潮汐的侵扰。唐宋时期，城廓范围迅速沿珠江东西向扩张，形成宋代三城并立的形态。西澳为当时重要的对外交通水路，因此宋西城延伸至西澳一线。宋三城依靠天然河道开凿护城濠，分别为东西二濠和玉带濠。城内各河渠也成为分隔三城的重要界线。到了明清，广州古城依然以东西二濠为界，向南北延伸。由于珠江岸线退缩，广州在城南加筑新城和雁翅城直临珠江，沿江商肆景观构成了明清古城的对外边界意象，珠江成为广州古城的天然护城河；而古城北侧则阻于高耸的越秀山。明清古城外廓的商业、居住用地也已向西发展至西关涌沿线。

从广州古城的形态演变可以看出，千百年的水系变迁对广州古城的城市形态有着重要而深刻的影响，不仅广州古城的整体水城形态体现出以水为界的特征，而且城市内部功能分区也多以河渠为分界。如图 4-3-10 所示，广州的古聚落在扩张的过程中总是与水系呈现互动的关系，唐宋以前多是被动地以水为聚落界限，以保障自身安定；而唐宋以后则是主动构筑起护城河并联系珠江，形成稳定的港口城市结构。历代广州古城都是因顺应地形地势和水系布局走向而呈现出不规则的形态，体现出城市与大自然的良好互动和城市建设中因地制宜、不拘成规的观念。

景观意象的认知与一定的边界联系相关，边界越清晰，景观形象越鲜明。[2] 从广州古城的水城外在形态而言，历代的护城河显然是广州古城内外的边界，尤其是珠江，其沿线的炮台、城墙、商肆更是构成了广州古城最重要的边界印象。绕城水系在地理上明确了城、郊的空间分野。但这并不是绝对的隔绝与分离，而是以柔化的河渠边界

---

[1] 李文娟，李远燕，译注 . 管子［M］. 广州：广州出版社，2001.
[2] 吴左宾 . 明清西安城市水系与人居环境营建研究 . 广州：华南理工大学，2013.

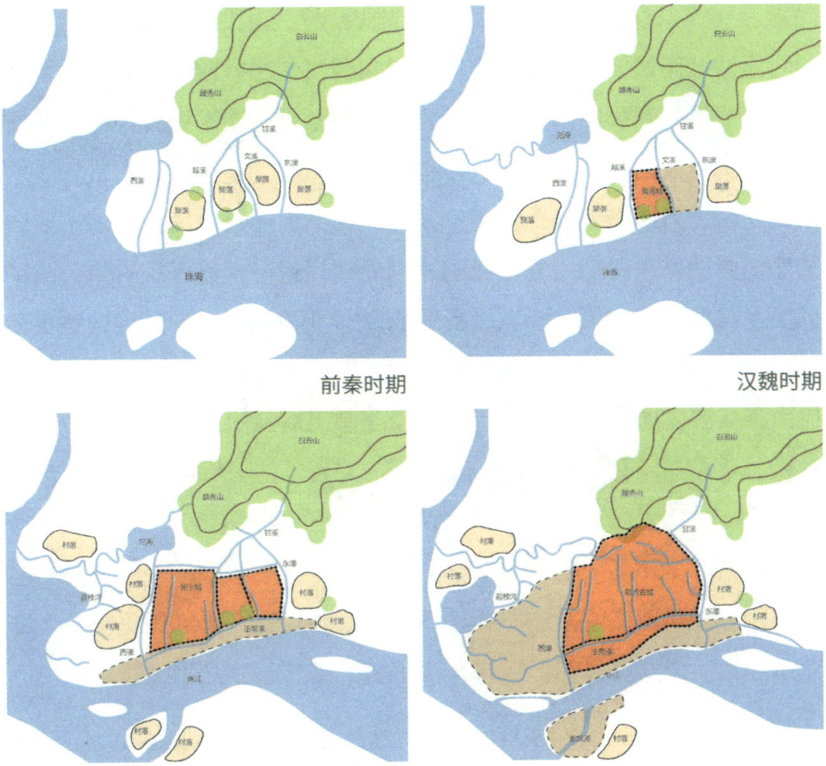

前秦时期　汉魏时期

唐宋时期　明清时期

图 4-3-10　广州古城形态与水系分布演变

为广州古城内外水系建立交流互通的媒介，加强了广州古城与以水为主的自然环境的相互融合。

2. 逐水扩张

广州古城自越城建城以来，一直处于扩张的状态，城市多次突破城墙边界，向临近水系延伸。这不仅是由于城市水系变迁带来的陆地增加和广州城市地位变化带来的营城思想演化，更是广州古城外贸经济发展的重要体现。

岭南的百越部族自古有逐水而居的历史传统，因此生产、生活用地都逐水扩张。如图 4-3-11 所示，广州从原始聚落演变为城市，首先就是城廓东扩临近甘溪，以获得充足的水源支持（箭头①所示）。随着番禺港的对外交流联系增加，番禺城西侧港口迅速发展，唐代西澳沿岸设立蕃坊供番汉杂处，形成商贸居住区，宋西城就是在此基础

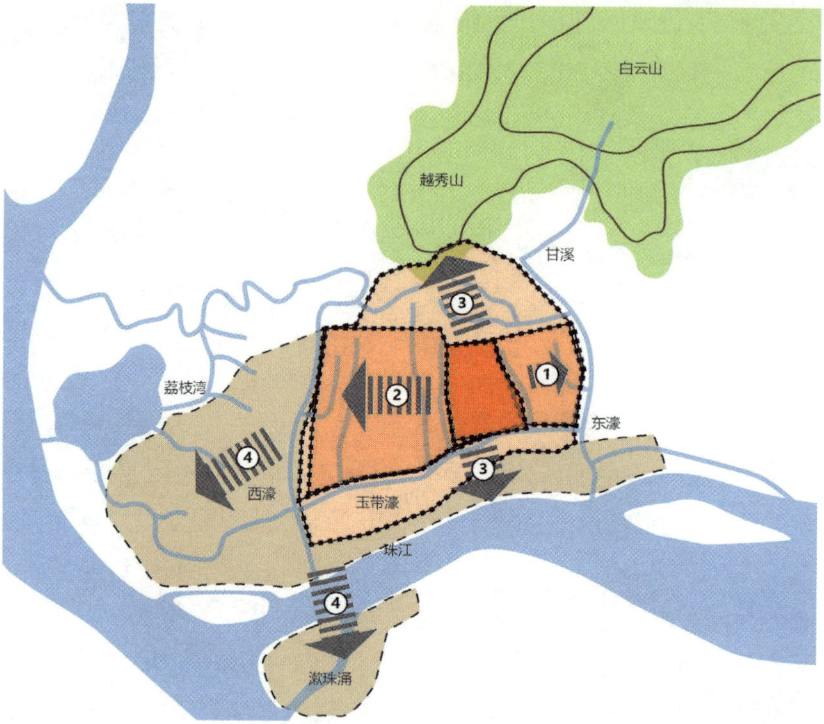

图 4-3-11 广州古城的扩张趋势示意图

上建设的。其时广州城由于水路交通和港口贸易的发展迅速向西扩张（箭头②所示）。明代，广州城廓受制于东西城濠而向南北方向发展，珠江已淤出大片沙坦地作为港口商业，官府为保护商业的有序进行和稳定发展，加筑新城和雁翅城（箭头③所示）。城市用地的限制并不能阻碍商贸的进行，港市外贸的繁荣打破了传统固守的城廓形制，尤其是十三行的兴盛使得西关和河南沿江一带得到高效的商业开发，新兴的住宅区在其临近商肆的腹地处应运而生。虽然无城墙包裹，但其发展程度与城内并无差异，城市继续向西南方向扩张（箭头④所示）。

广州古城是千年商都，自汉代起就在城外珠江沿岸开设港口，对内与中原进行货运联系，对外则与外国进行外贸交易（图 4-3-12）。港口容易形成商肆市集，而广州古城的里市制度松散，里坊居住区呈现较强的趋利性。此处的“利”多为便利之意。因此周边商业区逐渐与居住区结合形成市坊区，水系与商市区彼此交织，其内形制相对松散，水道走向蜿蜒，建筑形态丰富，构成元素多元，广州古城的扩张

图 4-3-12　清代广州古城远观

就是逐步将城外商业区和市坊区揽入城内，因此广州古城的水系景观风貌愈加多样化。城市的经济布局要求与生产、生活相适应，甘溪为山泉凝结、水源有限，加之东部多为岗地，没有水系支持，发展受到制约。珠江是广州古城对外联系的基础，古城西南部多系珠江支水，可见广州古城逐步向西南方向扩张的过程就是通过逐渐扩大城区范围以临近珠江的逐水过程，体现了城市水系对城市扩张形势和城区功能布局的重要影响。

（本节作者：蔡宜君）

四、广州古水系与人文景观

古百越地多水临海，与中原内陆地理环境上的不同，在地域文化和经济上形成了显著差异。古岭南先民称南蛮，《越绝书》称越："水行而山处，以船为车，以楫为马，往若飘风，去则难从。"[1] 南越部族主要以水稻为食，渔猎为生，船航为业，水与人类的生产生活息息相关，水是南越先民的重要经济来源。

水中作业水患虫害难以避免，因缺乏对水的科学认识，水神崇拜兴起。西汉南越王墓中出土的"船纹铜提桶"，上刻有羽人船纹样，船前后及船下还有水鸟鱼龟等动物，似在祭祀神灵。古南越族喜信鬼神，生产方式单一、生产工具落后，文饰图样相较于中原的复杂动植物样式多为简单几何花纹，都为与水相关的朴素的文化信仰。[2]

广州在前秦时期曾为楚国属地，因此也受到一定楚文化的浸染。楚文化追求"好修"，即外在品相与内在人格的共同修养，强调美育对人修为的作用，即物象属性与人品质的共通作用。[3] 水作为岭南先民的生活基础，自然被赋予了与人共通的品格特征，存有教化、欣赏的文化意义。

广州古水系景观是指广州古城和周边建成地区（西关、东关和河南等）内与水系相关的城市人文景观，涉及城市自然或人工水系空间内的景观构筑、滨水建筑、街区形态、整体城市风貌等，即包括了生态、生活、生产等多个方面。自秦将任嚣、赵佗建城以来（公元前 214 年）至清代末期第一次鸦片战争（1840 年），广州古水系的变迁相对较为

[1] 佚名．越绝书 [M]．上海：商务印书馆，1937.
[2] 顾作义，林琼．珠江文化的历史发展轨迹 [J]．暨南学报（哲学社会科学），1995（04）.
[3] 陆琦．岭南建筑园林与中国传统审美思想 [J]．华南理工大学学报（社会科学版），2006（03）.

稳定，发展规律和影响因素具有一致性，不存在过度的人工干预水系的行为，而景观营建思想及手法主要还是受中国传统文化的影响。

但清代后期，特别是第一次鸦片战争以后，西方列强强制性地打开中国关口，资本主义城建思想开始大规模地影响广州城市形态和景观要素的发展变化，城内水系水网大量湮灭而填埋成道路，古代的水系景观逐渐灭失。

（一）汉魏时期：广州城水系景观的起源

汉魏时期，汉越文化并存，港市经济起步，不仅南越先民大多以水为业，逐水而居，集中生活临水之地，而且水路交通的便利也使得城市公共建筑大多集中于水系旁侧，形成经济性和文化性的水系景观。其时，珠海汹涌，潮汐泛滥，因此番禺城内水系景观多依靠流经台地的天然河道以获得景观依靠。从图 4-4-1 可以看出，其时城市发展尚处于起步阶段，景观分布较为分散，古城主要被包裹于主要的甘溪水之内，皇城与主要生活区的城市景观被水所环绕；寺观等宗教建筑因水而生，主要分布于西澳和古兰湖沿岸。

1. 傍水点缀：亭台构筑

广州城为珠海、越秀山和白云山所环绕，城周的“三山两湖”为著名的自然景点。

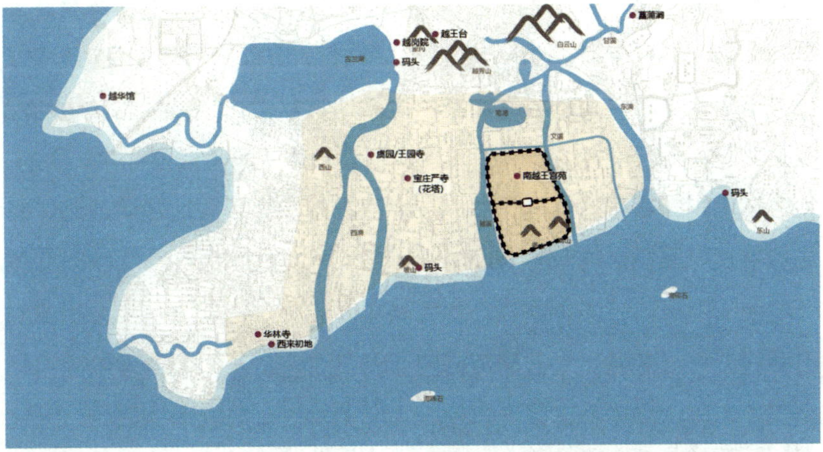

图 4-4-1　汉魏时期主要水系景观分布图

兰湖：其名最早见于晋《南越志》："番禺北有兰芝湖，并注南海。"[1] 水面宽广，波光粼粼，一直到象冈山底，其一带山水相依，古木森森。象冈山上建有越王台，为南越国赵佗所建，在其上兰湖景象一览无余。

甘溪：名士对"天人合一"的山川追求，推动了广州城郊自然景观的开发。广州城北有菖蒲涧，位于白云山南麓，为甘溪发源处，林木葱葱，溪水潺潺，山光水色，风景怡人。其时出游主体为文人雅士或僧人方士等，民众少有参与。[2] 当时先民的活动范围、掌握技术和观念意识有限，围绕这些山水之景也少有大型的景观工程建设，只有少量的构筑物沿水岸分布，如观景的亭、台作为点缀和观景之用。

2. 邻水而居：御苑王府

南越国宫城位于文溪和越溪之间的番禺高地上，为南越王赵佗日常居住及处理政务之所，确定了其后两千年广州城的政治、文化中心位置。南越国宫署主要由宫殿区和御苑区两大部分组成，御苑位于宫殿的东部，为"右宫左苑"，仿照秦汉长安城的布局形式。[3] 其建造理念集当时美学文化之大成，应为番禺城中最富丽堂皇的部分。

南越国御苑位于南越国宫城内，是以蕃池和曲渠为主体的人工水系园林景观。御苑中的水主要从自甘溪发流的文溪引入水池内，再通过暗渠接入水渠，经多处蜿蜒后过水闸注入越溪而出珠海，因得流水不腐，可看作是宫城内甘溪水系的人工延伸，可谓："曲渠之水天上来，流入珠江不复回"。[4] 曲流石渠及蕃池为南越国御苑中的主体景观，有着丰富的水景形态，波澜曲折，动静结合，展现出不同视景和声景；还有搭配水生的岭南动植物和滨水干栏建筑宫殿，兼具生态和生活等多重功能，为王室提供了良好的景观空间和休闲场所（图 4−4−2）。

在南越国宫苑的外沿仍然存在小范围的次等级居址建筑遗迹。经考古发现，南越国时期宫城的西北侧为一片湿地[5]，是低洼的甘溪

[1] 骆伟.《南越志》辑录 [J]. 广东史志，2000（03）.
[2] 丁建铭. 岭南公共园林的历史渊流与嬗变研究 [D]. 华南理工大学，2014.
[3] 南越国宫署仿秦汉长安宫城布局，都是宫与苑的结合：西汉长安的未央宫，苑在前宫西侧，即左宫右苑；而建章宫的苑则在宫的后侧，即前宫后苑.
[4] 郑力鹏，郭祥. 秦汉南越国御苑遗址的初步研究 [J]. 中国园林，2002（01）.
[5] 广州市文物考古研究所编. 羊城考古发现与研究 [M]. 北京：文物出版社，2005.

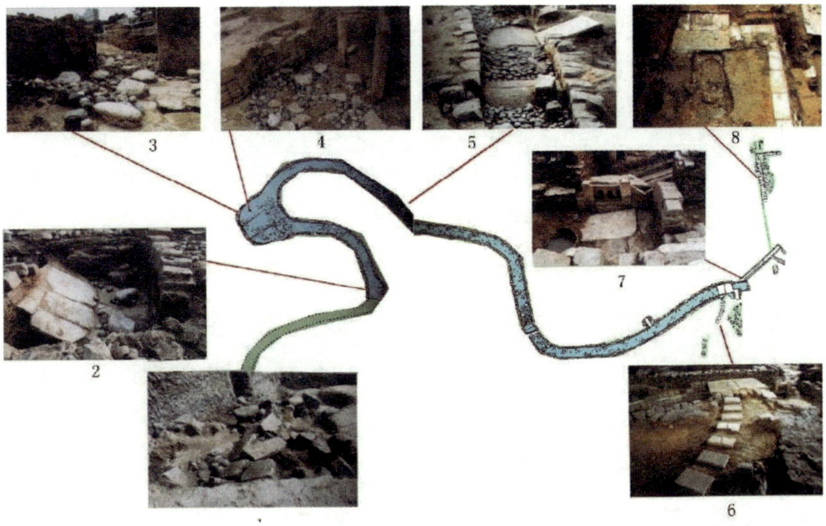

图 4-4-2 曲流石渠遗迹图

谷地，即晋代菊湖所在，其区域内水井都是南越国时期较好的砖井，水质优良，说明当时这里应分布有高官贵族的衙署或府邸建筑，为番禺城的王府宅园区，既有便捷交通，又可坐拥大片湿地景观。宫苑区的依水建设既是生活用水的需求，也是景观亲水性的体现。

3. 循水开寺：王园寺、宝庄严寺和越岗院

广州番禺港为汉“海丝之路”的东方起点之一，是南海沿岸的重要交通枢纽。魏晋时期由海路来华的异域僧人多搭乘商船，因此他们最先在广州登陆。[1] 高僧菩提达摩自天竺国东渡来华于广州西来初地登岸，建西来庵（今华林寺）传教佛法，其后再溯水路北上金陵、洛阳弘扬禅宗，广州可谓佛教始传地之一。

魏晋南北朝统治者崇信佛教，不仅请外国高僧来华传教，还派僧徒远航印度进修，广州依港遂成佛教传播的枢纽。“其最重要之表现，则一为番禺制旨王园寺即今光孝寺之创立，一为梵僧至番禺及广东各地者之日众。”[2]

其时番禺受“舍宅为寺”的中原社会风气的影响，寺院大多为分布在城郊且临近水道的王府宅园改建，方便僧人直接坐船经西澳上岸，

[1] 徐强．魏晋南北朝广东佛教的传播与分布［D］．广州：暨南大学，2009.
[2] 罗香林．唐代广州光孝寺与中印交通之关系［M］．中国学社，1960.

有充足水源、便利交通和自然景观。东晋制旨王园寺（今光孝寺）是历史记载的岭南第一座佛寺[1]，前身为虞苑，即虞翻居住、著书、传学之苑囿，种有诃林。（图 4–4–3）

南朝，番禺建宝庄严寺（今六榕寺）和须弥宝塔（今花塔）以迎接和珍藏从海外求得的佛骨舍利。王园寺和宝庄严寺是佛教经海路传入中国的重要文化标志，在宋代以后更是发展为广州的主要佛教园林，与港口商贸发展带来的海洋文化密不可分。（图 4–4–4）

道教在秦汉时已传入岭南，其“自然无为”的教义促使寺观建筑与自然山水关系密切。相传方士安期生于白云山修炼并得道成仙，因此建菖蒲观。东晋太守鲍靓修学道教并建越岗院（明迁至今三元宫），既有越秀山河象冈的山林隐蔽，四周榕棉深锁，又有北溪津的碧水绕山而行，从山门前横过，可通兰湖、珠海联系三江，得水气运达，可谓：“地接玉山，百粤灵光高北斗；水迎珠海，千秋道气洽南溟。”（山门对联）

（二）唐宋时期：广州城水系景观的发展

唐宋时期，广州城文化日趋多元，以中原文化为主导，丰富多样的外邦宗教文化是当时海洋文化的主要体现，文化性的水系景观欣欣

图 4–4–3　今光孝寺大雄宝殿

图 4–4–4　今六榕寺花塔

[1] 陈泽泓 . 岭南建筑志 [M] . 广州：广东人民出版社，1999.

向荣。广州在海港的兴盛和航线的拓展下逐步成为世界性的商业都会，民众依水建港，因港成市，逐水而居，城市水系成为城区风貌的主要依托。同时，唐宋于城郊因借自然水景开辟苑囿，发挥了重要的景观生态功能。从图 4-4-5 可见，随着唐宋时期经济的逐步繁荣，广州古城也在不断发展扩大，与城市水系形成有机整体，城市景观主要依赖水系而形成，因此大多倾向于沿河道湖泊呈现出连片连线的水域空间分布形态。其中，城西的水域类型相较城东而言更为丰富多样，不仅水道纵横，支水流漫，为树枝网状结构，而且丰富了生活区景观风貌，还有滩涂、湖泊等湿地，形成了具有岭南特色的沙洲基塘渔农业景观。

1. 因水辟苑：荔湾、西湖和甘溪

荔湾泮塘：广州西关一带水道纵横，沙洲交错，自西汉时起便是种植荔枝之地，古称荔枝洲。到了唐代，其地荔枝成林，溪水弯弯，便改称荔枝湾，辟为荔园。荔枝湾与漱珠涌、兰湖相互贯通，有“小秦淮”的美称；由于多池塘、洼地，又称泮塘。南汉时期，荔湾、泮塘一带凭借唐代荔园遗存的水乡风光被辟为西园宫苑，主要有芳华苑、华林苑、昌华苑和显德苑，其内的苑囿与大多水边沙洲结合，并布置观赏用的花卉林木。[1]

图 4-4-5　唐宋时期主要水系景观分布图

[1] 陆琦，郑洁. 广州古园林札记 [J]. 南方建筑，2001（04）.

甘溪蒲涧：甘溪在唐时得到进一步开发，《南海百咏》记载："唐会昌间，节度卢公遂疏导其源以济舟楫。更饰广厦为踏青避暑之胜地。"[1] 说明甘溪一带已成为广州重要的郊游胜地。到了南汉，甘溪、菖蒲涧一带被辟为甘泉苑，幅员辽阔，推测城北白云山东南麓至象冈一带的甘溪流域皆为其宫苑范围，内依靠甘溪、菊湖和兰湖建有甘泉宫、流杯池、芳春园等，为夏日的避暑圣地。

药洲西湖：南汉国在其宫城西侧，引越溪开凿西湖，扩建南宫宫苑，沿湖建亭台馆舍，且岛上栽植红药，故称药洲。西湖，为越溪入江处放大的天然水面，泉水从池底涌流而出，又称仙湖。明代以后，西湖因上流水源减少而逐渐湮灭。

宋代大部分宫苑被毁，但水景和花林犹存，被开发为公共性的游览风景区，如药洲西湖被揽入城内改为环碧园。公共园林多是凭借水系和前代名园遗存而开发形成的景观，其与临近水系紧密结合，顺应水系的自然流向和分布，既有滨水的开放空间和前朝遗留的花卉林木，也有游人和船舶休憩的地方。方信孺作《刘王花坞》赞颂："绿阴到处小舟藏，浅水飘红五里香"。

2. 临水建庙：南海神庙和怀圣寺

南海神庙：唐宋时期，中原向岭南输入了南海神、北帝等具有强烈国家政权象征符号的祭祀文化。帝王祭祀四海是王朝国家礼制的部分，隋唐重新建立大一统帝国，因此在近海处建祠祭祀以彰显官方对四海的合法皇权控制，在广州扶胥镇兴建南海神庙，既是祭祀南海神的庙宇，也是外国商船入华的门户标志。[2] 宋代，城西加建南海西庙，以加强对南海内港的控制。南宋时出现南海神诞庙会，南海神信仰从官方性的国家祭祀仪式向民俗性的祀神娱乐节庆演变，南海神成为官民同祭的本地水神（图 4-4-6）。

怀圣寺：唐代扶胥港开埠，随着海外贸易的扩张和海丝之路的发展，广州与欧亚各国的文化交流也日渐频繁，伊斯兰教、景教（即基督教）等经海路传入。其时，在广州经商和居住的阿拉伯和波斯商人

[1] 方信孺 . 南海百咏［M］. 广州：广东人民出版社，2010.
[2] 傅轶，黄少辉 . 南海海神信仰文化研究——以南海神和妈祖为例 [J]. 海洋开发与管理，2009(11).

占大多数，他们在西澳沿岸的侨民聚居区建造了一座清真寺以传播伊斯兰教，即怀圣寺。怀圣寺内有怀圣塔，又名番塔、光塔，具有典型的伊斯兰建筑文化符号，这里不仅是阿拉伯人祈愿礼拜的地方，而且是他们进行宗教活动的场所。每逢节日，怀圣寺都会举行祷告宣讲活动。[1] 怀圣寺外专设光塔码头，推测其一带应为阿拉伯侨民的居住贸易区（图 4–4–7）。

3. 沿水成市：东西二城和南城

西澳与蕃坊区：宗教寺院在西澳的分布促使外国商人、传教士和侨民在此处居住贸易，唐代设置“蕃坊”管理，官府允许外国侨民保持各自的宗教信仰与生活习俗，为番汉杂居的街市景观。唐代以后，随着外贸的繁荣，南濠成为水上商业街，在重要的寺院处设有内港码头，市坊自南濠逐渐向四周扩散。西澳在宋代改为河渠，宋西城街道沿水而设，呈辐射状，形成“以水为邻”的方格状街巷布局，成为重要的邻水坊区。

东澳与府院区：东澳在唐宋是广州与中原的重要物资水运通道，尤其是文溪一线处于子城东侧，为主要交通动脉，多个官署机构和水马驿站都临近东澳设置。其中东澳码头为盐船集中地，盐仓、米仓等设于此处，有多个兵营驻扎，因此东城多为高级官员的府邸院落或书院机构。宋东城街道为丁字形，即中部与子城主干贯通的联系东西二

图 4–4–6　南海神庙老照片

图 4–4–7　怀圣寺光塔老照片

[1] 王瑜 . 外来建筑文化在岭南的传播及其影响研究［D］. 华南理工大学，2012.

门的东西向大街，和直通南门的南北向道路，与子城街道布局相似。

玉带濠与南城商业区：唐宋珠江岸线逐渐向南淤积，各河道的出江口处逐渐有港口船舶集聚，成为对外贸易最集中的地方，成为沿江码头商业区。南宋时是依靠南城墙开凿玉带濠连通东西二濠，沿珠江和玉带濠的走向形成沿江的东西向长街，即濠畔街。玉带濠一带由于商贾集聚而富裕繁华，沿岸市肆已经具有相当规模。

（三）明清时期：广州城水系景观的稳定

明清时期，城内河渠改道或淤塞，因此前代遗留的水系景观虽已不临近水系，但其与城市水系有内在联系，多具有历史文化性。广州作为通商口岸，贸易蓬勃发展，不仅西方文化景观开始在城市港口出现，而且行商群体崛起，私人园林建设兴起。市民文化的发展使得政治环境相对宽松的城郊地区出现多条水坊商肆街，自下而上的街区景观建设日渐兴盛，带动了周边沿水居住区的开发。如图 4-4-8 所示，明清广州城内水系逐渐缩退，原有水系景观历经多年城市变迁已逐渐与现有水系脱离，部分更是逐渐湮灭，但其明清时期的遗留水系景观

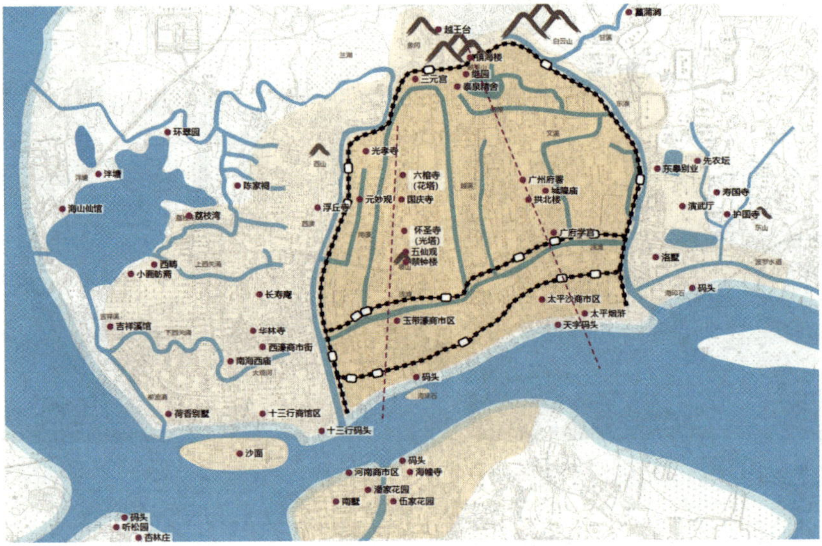

图 4-4-8　明清时期主要水系景观分布图

在水的本源上是相通的，大多与白云、越秀二山呼应，顺应城市风水之理。相较于城内水系景观的衰败，广州古城外的水系景观则逐渐兴旺，并根据不同的水系特征，呈现出不同类型的水系景观，如园林、街市等。

1. 镇水塔楼：崇楼和风水塔等

明清时期风水理论得到广泛应用，成为城市、建筑定址选型的标准，明清广州古城就是在此基础上拓展完善的。其中，三大崇楼，即镇海楼、拱北楼和禁钟楼，[1] 虽然不是依靠水系建设，但是由于其占据城市高点，且本身体量雄伟，可以在城楼上将江水尽收眼底，与珠江形成呼应，因此是水系景观中的一种特殊形式（图 4–4–9、图 4–4–10）。学宫、寺庙等依城渠而建，不仅与取水、排污方便有关，还与前朝的水网交通形成的功能布局密切相关，也与城市水系的发展有着内在联系，同时，广州城市水系为文脉，也通财气，因此其选址布局讲究水气的运达。风水塔沿珠江而立，分别为莲花塔、琶洲塔和赤岗塔，作为镇水塔，既是风水布局的需要，也是中外来往船舶的“海航表望”，为广州城的重要城市地标。[2]

2. 依水成肆：十八甫和十三行

明代在西关沿海港口设十三行为对外贸易区，大观河一带的十八甫路则是中外贸易商品的集散地，官府在此兴建“怀远驿”专供外国贡使在广州居住与贸易。清康熙设立海关制度，并在广州创建“广州十三行商”贸易制度，到乾隆时更是仅留广州一口通商，广州专门从

图 4–4–9 镇海楼

图 4–4–10 花塔

[1] 屈大均在《广东新语》中称镇海楼、拱北楼、禁钟楼和海山楼为四大崇楼，但海山楼在元代已毁，故明清时仅剩其余三座主要的楼阁形式的公共建筑.

[2] 周霞，刘管平. 风水思想影响下的明清广州城市形态［J］. 华中建筑，1999（04）.

事对外贸易的洋行由此产生，十三行迅速成为中国对外的主要贸易区，是国内外贸洋行和欧美各国商馆的集中地，并在通商中具有垄断性。明代十三行中的洋行多为中式建筑，而外国商馆则是完全按典型西方建筑样式建设，在广州珠江岸边构筑了一道独特的建筑景观。[1] 可见广州与西方的交流从未中断。明末清初，西方文明再次大举入侵广州，其中不仅包含宗教文化，更有科学技术和人文哲学等先进资本主义社会理论学说，十三行的出现便是西方文化景观在广州的一个缩影。（图 4-4-11 ～图 4-4-13）

3. 理水造园：城郊私园

明清时期广州许多私园是在唐宋遗留水景基础上的修治增拓，多位于城郊邑水傍，逐水建园。此类私园规模较大，不仅善于因借周围水乡景色，通过营造开阔、通透、灵巧的建筑氛围，以充分利用自然山光水色，借景成园；同时会利用轻巧的亭台楼阁，围合其部分水面，既间隔了内外水景空间，又做到水中有园，园中有水，私园成为水系

图 4-4-11　广州怀远驿

图 4-4-12　清代外销画中的广州十三行外国商馆

图 4-4-13　广州十三行外国商馆

[1] 王瑜 . 外来建筑文化在岭南的传播及其影响研究［D］. 华南理工大学，2012.

整体景观的有机部分，因此不同水系的自然特征也会反映到不同区域的私园景观中。

西关：西关一带为荔湾、泮塘的基塘水洲特色，素以“一湾春水绿，两岸荔枝红”的景色著称。俞洵庆在《荷廊笔记》中写道：“广州城外，滨临珠江之西多隙地，富家大族及士大夫宦成而归者，皆于是处治广囿、营别墅。”[1]可见，明清年间许多富商和文人都在西关先后建园，如明初黄哲的“听雪篷”，清代邱熙筑的“虬珠园”、富商潘仕成的“海山仙馆”和叶兆萼的“小田园”等。

东山：广州城东侧为东关，岗地较多，河涌较少，多为村落。明末清初，东关沿珠江江岸和博罗水道开辟建设，这一带以农地水塘为主，因此园林也多为池塘、陇亩、林地的田园风格形式。如陈子壮兄弟的东皋别业、洛墅、感旧园和瀚海故宅等。

城北：越秀山在明代已被纳入广州主城以内，白云山是广州城北郊的主要游览区，山上溪流潺潺，帘泉滴水，林木通幽，与平原水洲之景差别较大，别有山林野趣。越秀山南麓有明代诗人李时行的小云林，史澄的继园、倪鸿的野水闲鸥馆也后倚越秀山。[2]白云山南麓还有陈子壮的云淙别墅。

城南和河南：广州城南侧的府邸主要依靠珠江两岸的景色建设。珠江北岸有芳华苑、望春园、南园，还有太平沙。清代陈慕尹题有“太平烟浒”，建有柳堂、水明楼、烟竹楼、袖海楼、烟浒楼、岳雪楼等亭台楼阁和别馆离苑。[3]而珠江南岸漱珠涌一带聚集了许多行商园林：如伍秉鉴的万松园、潘有度的南墅、潘长耀花园和潘正炜的潘家花园等。[4]

（四）文化影响下的广州古水系景观特征

从广州古水系景观的发展演变中，可以看出水系景观的形成和发

[1] [清] 俞洵庆 . 荷廊笔记 .
[2] 陆琦 . 岭南造园与审美［M］. 北京：中国建筑工业出版社，2005.
[3] 梁明捷 . 岭南古典园林风格研究［D］. 广州：华南理工大学，2013.
[4] 曾昭奋 . 莫伯治文集［M］. 广州：广东科技出版社，2003.

展在广州古城整体空间中有着共性的分布规律，这与城市水系所承担的主要功能和城市的历史文化遗存有着重要的联系。广州古水系景观分布带有一定的文化传承性，不仅在时间上具有延续性，而且在空间分布上也具有连续性。

1. 历史河道的水系景观分布

广州古城的历史文化与城市水系关系密切，众多历史文化遗存沿城市历史河道水滨留存，城市水系景观蕴含着城市发展的脉络，承载着城市的文化历史风貌，其主要沿城市内最为重要的历史河道分布。广州古城最为重要的两条历史河道分别为甘溪和西澳，甘溪是广州古城的生命线，为广州古城提供淡水水源；西澳则是广州古城城市内部水网中对外交往最主要的水路载体。

广州古城中轴线主要沿甘溪下游的古越溪、文溪展开，为越秀山—镇海楼—广州府衙（南越国宫署）—拱北楼（即今北京路一线）—海山楼，这与甘溪水源供给的功能、城市山水文化的选址理念和广州古城稳定的城市演变密切相关。城市中轴线周边还有学宫、城隍庙和中央的地方机构等，加强了文化中轴线的影响力。城西还有一条宗教文化轴线，有坡山五仙观、怀圣寺和光塔、六榕寺和花塔、光孝寺等重要寺观园林，其依靠古西澳展开，为宗教传播、商贸运输在广州的主要水路途径。古西澳连接珠江，沿线分布众多的贸易港口，有着重要的对外交流作用，因此这一带聚集了许多不同宗教的重要寺观，是当时民众的公共活动中心。

2. 珠江沿岸的水系景观分布

景观在经济贸易的发展下，往往也具有趋利性。水的流通促进了水路的畅捷，随之而来的是货物运输、贸易发展和财富积累，因此趋利性在水系景观中更为凸显，此处的“利”多为便利之意。城市的经济布局要求与生产、生活相适应，沿水商肆街区或傍水居住区都是水系景观的经济性体现。珠江是广州古城商业贸易的重要通道，是广州古城的经济命脉，商业性的水系景观大多沿珠江分布。

岭南原为古百越部族，先民逐水而居，以水为业，广州古城因袭传统，民众生活生产多趋水进行。沿江港口水运带动了商肆的发展，形成沿珠江东西向展开的商街，如宋代的濠畔街和清代的太平沙及十三行，都是广州古城重要的商业娱乐街。江河流淌、船舶往来、人潮涌动，呈现出动态的水系景观景象，独具时代特色。在内河接驳珠江，依靠内码头和水马驿站，沿城市支水上的走向延伸形成商市型的水街，并垂直与水街形成商市居住区，如漱珠涌和大观河，其市井气息浓郁，沿水有戏台、过桥、寺庙、酒楼等丰富的水系景观空间。城市整体布局需要根据水系的水运功能进行调整，不同水运功能区域会表现出不同的商市风貌，承载不同的城市水系景观。

3. 市郊湿地的水系景观分布

广州古城的众多湖泊湿地都分布于市郊地区，如兰湖、菊湖、荔枝湾等，它们对于城市整体和水系景观个体而言都有滋养生命、调节气候的自然生态作用。这些广阔的水域与越秀山、白云山等紧密结合，有着丰富的地域性动植物，是城市优美的自然山水景观，成为广州古城水系景观中的重要审美对象。因此，这些湿地多形成苑囿园林或公共游览区，分布于于城北山林和西关湿地等市郊地区。

广州古城的公共园林最早可以追溯至魏晋时期的白云山菖蒲涧，甘溪一线可谓是广州古城的生命线，下游菊湖是以水利功能为主的人工湖泊。南汉不仅在菖蒲涧辟甘泉苑，还引用文溪，在兴王府西侧开凿西湖，并溯越溪而上建有黄鹂港、明月峡和玉液池等以拟造自然山池景观，宋后更被辟为城内公共园林——环碧园，然而其在明代随着上游甘溪的截流而湮灭。除了甘溪一带，西关的荔湾泮塘河涌弯弯，遍植红荔，渔舟唱答，一派自然水乡风光，因此唐代起便有荔园，南汉时其水傍辟多个离宫苑囿，统称西苑地，直至明清，富商和文人先后再次造园，更是注重水域对人居环境的生态影响。

（本节作者：蔡宜君）

五

岭南城乡造园与理景

一、园林美学的自然观

“自然”还是“规则”，一直都是世界园林发展的两大主题。18世纪之前，东方园林的自然主题和西方园林的规则主题基本是二元分立的。直到英国自然风致园的出现，才使“自然”之美在西方世界也彰显魅力。以往的园林史研究通常关注“自然式”和“规则式”园林的比较研究。但对于“自然”观念本身的认识却比较模糊，如古罗马著名的政治家和演说家西塞罗仅将自然分为原始的第一自然和经过人类耕作的第二自然，而后世的西方人还将人工营造的风景混称为第三自然，并认为在意大利文艺复兴时期才出现真正意义上的园林[1]。可见，文化理论界虽然对自然观的复杂内涵早有察析，但欠缺对其产生背景和本质特征的清晰梳理，更缺乏对其美学价值和实践指导意义的深刻剖视。所以，前述各种自然观分类在园林史学研究中的参考意义并不大。

要深入理解自然式园林的内涵，必须从自然观产生的不同时代、不同地域、不同文化、不同阶层的背景条件出发，建构科学的自然观分类体系，提炼出各类自然观的核心价值取向，方能把握各类自然观指导下的具有差异的园林创作风格。在此技术路线的指引下，园林发展史上存在过的自然观念分为四类：荒野的自然、乡土的自然、画意的自然和意境的自然。

（一）荒野的自然

所谓荒野的自然，其完美状态是人类未曾触碰或改造的自然。对

[1] 朱建宁．西方园林史——19世纪之前［M］．北京：中国林业出版社，2008.

此，东方人历来保持着既近且远的态度，一方面承认“天地有大美而不言”，另一方面则时刻谨记自然灾害对农耕文明可能产生的毁灭性影响，中国传统最佳风水格局中的“近水而不临水，依山而不靠山”就是最好的例证。东方美学所追求的自然绝非脱离人类控制的荒野自然，而是在人类监管之下的可为人用、可供人居的安全自然。

18 世纪以前的西方世界，理性和规则一直是美学的主旋律。受基督教“原罪”观念和柏拉图“理想主义”思想的影响，现实世界的荒野自然被看成是恐怖和罪恶的代名词，只有理想的天国才是美的化身[1]。

直到 18 世纪初，经过英国经验主义哲学温床的长期孕育，荒野自然的美学价值才被破天荒地提出。英国自然风致园先驱人物大多都表示过对“荒野自然”的热衷，并以它作为攻击几何式园林的武器。埃德蒙•博克在《论崇高和美的观念的起源》一书中，详尽论述了荒野自然的品格——“粗糙、幽暗、激烈、巨大”[2]，并认为它们所引发的惊惧情绪是崇高美的基本特质。沙夫茨伯里伯爵则指出，“自然”既不是艺术，也不是人类打破它的原始状态后依靠天才而能想出的怪念头。在他看来，粗野的岩石、长满苔藓的山洞、不规则的未经开发的石室、断流的瀑布和所有荒野具有的恐怖之美，因为代表自然而愈加迷人壮观，愈是对正式、高贵的规则化园林的嘲弄。

显然，这些观点的提出对于摆脱作为封建专制象征的“规则化园林”具有划时代的先进性和革命意义。然而，仔细反省这类“自然”观，就会发现刻意追求荒野效果的人们，在认可原始自然的完美无缺的同时，容易将“自然”与艺术或人类的参与活动完全对立起来，仿佛无论是什么地方，只要是人类未曾涉足的或人迹罕至的，就是美的。它倾向于否定现存的技术文明和艺术文明，认为要创造出美的园林，艺术家们必须模仿神圣而完美的自然，改造经过人类破坏的自然状态，回到自然最初的原始状态。实际上是主张社会的倒退，是资产阶级革命初期，启蒙主义者在思想领域中矫枉过正的表现。

[1] 郭昊羽 . 中英自然风格园林艺术比较研究［EB/OL］.www.LVHUA.com，2005-03-10.
[2] 陈志华 . 外国造园艺术［M］. 郑州：河南科学技术出版社，2001.

从这个意义上说，荒野般的园林只能是理论化、理想化的梦境，因为绝大部分人不可能隐匿荒野，完全脱离文明社会的支持和帮助。因此在造园实践中几乎没有一座真正能称为荒野园林的实例。哲学家培根虽然极力鼓吹只有自然才具有非比例能够控制的高度的美，但在进行园林设计的时候只把富有野趣的荒原作为一个局部，并设想一个30英亩的园林中仅有一块6英亩的自然荒野。诗人约瑟夫•爱迪生虽然主张要营造像荒野一般的植物自由生长的无拘无束的大花园，但是我们看到他自己的庄园中只是在住宅附近有几英亩像菜园一般混乱的花园，花坛、果园和花圃相互混杂，与荒野式的自然毫无共通之处。为何荒野般的园林未能在造园界流行起来呢？除了几千年文明积淀或多或少还存在于人们的认识深处之外，“荒野”本质上对公共社交等世俗活动的抵触，以及对于农事生产的抗拒，也导致了这类没有任何实用价值的园林，只能作为个别的片段存储在喜好探险、静思或独处的富裕绅士的地产中。

（二）乡土的自然

“乡土的自然”是反映农村经济实质的自然要素——牧场、麦田、河渠等组成的半人工化的自然景观，既不同于未经开发的荒野自然，也不同于人工味更浓几乎与自然隔绝的城市景观。在土地作为重要的生产资源的条件下，“乡土的自然”是兼顾实用性和审美性的自然。

东方传统社会虽然有鲜明的农本立场，但是在精神文化领域却缺乏对农业和乡土自然的足够尊重。农民和土地既是支撑整个封建王朝运转的经济基础，又是处于底层的受官式文化压制的弱势文化。中国发达的隐士文化虽然塑造了“杜甫草堂”“辋川别业”甚至“桃花源”等乡居生活的经典案例，但是这些理想模式的重要价值在于“幽僻”“避世”而不在于“农业”“乡土”，在于颂扬隐士淡泊名利、简朴修身的道德美，而尚未发掘茵茵草场、灿灿麦浪的视觉美，也不曾细细体味农作物生长的勃勃生机之美。可以说，东方传统园林从未把田地草场作为重要的造景要素，对乡土自然缺乏应有的重视。

在西方，古典主义文化也没有追求过乡土的自然美。直到文艺复兴时期，英国贵族豪绅们在乡间的地产大致都分为花园和林园两个部分。花园邻近住宅，采用规则式布局，造园要素和园林样式与城市中的花园并无二致；林园在花园外侧，涵盖牧场、麦田等生产要素，采用自然式布局，且因为放养牲畜而与花园有明确的围墙分界。很明确，花园只满足审美性需要而不能用于农牧林生产，林园虽有生产价值但尚不具备美学意义，被认为是不可登大雅之堂的附属品，两者无论从用途还是形态上都是二元分立的。

然而，16 世纪到 18 世纪，随着对外羊毛贸易的发展和圈地运动的深入，对地产的经济性要求逐渐侵入审美观念，影响价值判断。一方面是羊毛价格不断上涨，养羊业成为获利丰厚的事业，牧场的不断扩张甚至衍生出“羊吃人”的悲剧；另一方面是城市人口日益增多，工场手工业迅速发展，市场对谷物、肉类的需求大大增加。另外，为了制造军舰船只进行海上争霸和修复战争中损毁的建筑，林业生产急待更新。这三者的推动，致使乡村土地的潜在生产价值日益显露化，田园牧歌、草场羊群，不仅是对中世纪浪漫主义生活的缅怀，更成为资本主义农业繁荣的象征、国家经济实力强大的体现。尤其是资产阶级革命取得决定性胜利后，以国家权力保障圈地的执行，并推动农业技术革命，鼓励贵族、地主们从自身肩负的国家使命和责任出发在土地上增加农牧林生产。资产阶级天生的趋利性，使得其农村政策的核心意义集中于“保障土地的生产能力，实现地产增值”[1]。在他们的价值观中，牧场麦田的重要性当然胜过岩石洞府、断壁湍流，更胜过没有生产能力又需要高维护费用的规则式花园。

到了 18 世纪初，几个世纪以来累积的思想观念变化终于引发审美领域的迅猛革命，具有生产价值的林园终于越过干沟吞没了规则式的花园，以草坪代替了刺绣式花坛，以羊群代替了剪草机的自然风致园是对英国乡村蓬勃生产力的讴歌，是以乡土自然为美学典范的设计创作。与其同时流行的是小地产者们在自己庄园内平静、简朴、闲适和开朗的乡土生活。一生当中设计了 200 多处自然风致园，被认为深

[1] SusanLasdun.TheEnglishPark-Royal，Private & Public.NewYork:TheVendomePress，1992.

刻改变了英国国土景观的“万能布朗”，就是乡土自然美的推崇者。钱伯斯曾批评布朗的设计就是把庄园都建成了牧场，并讽刺他是缺乏艺术修养的蔬菜园艺师。的确，在布朗的作品里，直接延伸到墙根的缓坡草地、具有自然式护岸的湖面和蛇形园路——成为每次到场的程式化要素。他对牧场景观的反复摹写之所以能引领园林发展潮流几十年，正说明乡土自然之美在那个时代深入人心（图 5−1−1）。

（三）画意的自然

由于认定“荒野自然”和“乡土自然”都存在美的局限性，因此，最美的园林必须经过人的改造。正如钱伯斯所说：“自然并没有向人们提供太多可以使用的材料。土地、水体和植物作为自然界的产物，在组合和布局上原本可以千变万化，而自然本身却缺乏激动人心的变化，因此需要用艺术来补自然之不足”[1]。所以，艺术加工的目的就是凸显，一般认为钱伯斯开辟的绘画式风景造园是其变化造就新奇。在克洛德·洛兰和尼克拉斯•普桑的风景画中，人们看见了风景画之所以美，是因为画家对平淡的实景进行了取舍，甚至添加臆造。跌宕起伏的山丘连接着一望无垠的大海，广阔平坦的草场映衬着茂密深沉的树林，仿佛自然界所有美好的东西都集中在一起。另外，包含有古典暗示的穹顶建筑和柱廊因为能激起人们文化情感上的共鸣，成为画面

图 5−1−1　布朗的佩特沃斯庄园局部（版刻画）

[1] 曹林娣 . 中国园林文化［M］. 北京：中国建筑工业出版社，2005.

不可缺少的要素。这种对意大利平原理想化的描绘，深深地将一种艺术化的景观模式根植于观赏者心中，作为回报，他们要让画中的景物重新复活在自己的庄园里。

18 世纪的英国，风景画不仅导致“风景”一词被用于人们所推崇的花园和林园，它的影响还使得一项精巧的发明诞生了，那就是洛兰镜。它实际上是一个凸透镜，表面着有深色，艺术家、旅行者和鉴赏家喜欢把它带在身边，透过它看景物有别样的效果：能够从繁杂的环境中抽象出主角，减少和简化景物原有的多样的色彩和色调，得到一个画家眼中的世界，与克洛德·洛兰创作的风景画极为相似。今天，洛兰镜的替代物可能是旅行者携带的相机镜头，通过它同样可以对景物进行取舍（图 5−1−2、图 5−1−3）。

一般认为，钱伯斯开辟的绘画式风景造园时期是继布朗的牧场式风景园时期之后，英国自然风致园发展的第二个重要阶段，这一阶段中审美情趣从乡土自然美向画意自然美的转变，很大程度上是受到中国园林的影响。以中国园林为代表的东方园林，虽然造园技法追求在有限空间中展现出无限的视觉变化，但是造园思想的核心不在于形体和空间本身，而在于形态所承载的意境。东方园林对于自然的加工萃取和艺术化处理，并不以是否符合画意的视觉美为最高标准，而是要求择取的自然能与人的情感相契合，引发物我双方的共融共通，最终达到以形态美抒发道德美，以道德美提升形态美的境界。

因此，东方园林既强调画意又超越画意，其美学旨趣在意境的自

图 5−1−2　克劳德·洛兰绘制的罗马近郊风景画

图 5−1−3　亨德里克绘制、凡布缕和霍克斯摩尔设计的霍华德庄园

然。而英国自然风致园中的绘画式园林显然更注重形态空间变化的视觉美，虽然也关照人类情感，但是把园林情感的内涵归结得过于简单，并把它直接对应于某些园林要素，忽略了审美情感的产生是一个因人因时因地而异的复杂过程。最具代表性的就是钱伯斯总结的三种园林美：怡悦之美、惊怖之美和奇幻之美，这三种美仅仅是意境美中极为表浅直观的组成内容，离道德美的境界相距甚远。而且因为代表新奇恐怖而在画意园中被滥用的洞府和废墟，使得画意的基调被局限于荒凉、忧郁的罗莎情调，实际上成为画意园发展的桎梏。

不过，画意的自然相对于荒野的自然和乡土的自然而言，重新强调了艺术创作的价值，强调对人类历史的反思和尊重。不同风格的历史建筑在园林中的重现激发起人们对古代文化的崇拜和热爱，对异域文明的接纳和学习，对与其不同的文化和生存状态的好奇和热情，至少提供了古今、异域、人我文化交流的平等之所。

（四）意境的自然

意境的自然，很大程度上与抽象对象——自然本体间已发生巨大的本质性的变化，如以沙象征海，以苔象征林（图 5-1-4），以方寸

图 5-1-4　日本京都西芳寺以苔藓象征森林

容天地，园林功能和造园目的超越了前述的形态观、实用观和经济观，走向更为高深的道德教化和精神审美。

东方传统园林是追求意境自然美的代表。其中中国园林意境内涵以士文化为核心更加宏大宽泛，日本园林则以禅文化为主体更为纯粹单一，但都主张园林对自然的借鉴是“象形而不具形”，“外师造化”的同时要“内发心原”。东方传统园林不仅承认人是自然万物的一部分，受到整个自然界大规律的支配，同时也肯定自然景物具有与人相通的情感。“花儿解人意，鸟儿知人情”，这种独特的“自然的拟人化”观念即便在18世纪的英国自然风致园中也不可再现。东方哲学体系中，自然与人不是物我对立的关系，而是物中有我、我中有物，园林就成为物我作用的生成物，所以园林自然不必与现实自然一模一样，却是人们在深刻领悟自然美的基础上对自然的萃取、抽象、概括和典型化，是被人类截取出来的最能促发其情思引起情感共鸣的自然片段。

道德美是东方园林意境美的最高境界，或者说东方园林总是由善而美的。“通过广泛采用诗画艺术习用的比拟、联想等艺术手法，借自然物的生态特征而赋予其人格意义”，是阐发道德美的重要途径。山因为生草木、植万物、集飞鸟、休走兽，供养四方而被视为仁者；水因为川流不息、跳跃灵动而被视为智者；松因为抗旱耐寒、四季常青而成为品格坚毅、傲岸不朽的象征；莲因为出淤泥而不染而被赞为冰清玉洁、坚忍不拔。此外，曲流、顽石、病梅均因为象征文人在世俗逆境中坚持精神文化层面的追求而备受青睐。更有园痴“拜石为丈”“以木为友”，完全把园林自然当作有精神、会思想、可交流的“木石之人”。

英国自然风致园中虽然也有道德层面的诉求，但是从不以山水比德、草木生情，而是习惯于依靠雕塑、建筑或构筑物等人工要素的文化内涵进行表达。如作为欧洲古典文化代表的古罗马建筑往往代表民主进步、和平正义，相反，中世纪产生的哥特式建筑则常常代表野蛮蒙昧、独裁封闭。斯陀园中以仿古罗马西比勒庙宇建造的“古代道德之庙”歌颂古代先贤，以仿古罗马墓穴的英国贵族光荣之庙赞扬民族英雄，而废墟式的新道德之庙则以哥特建筑来批评现代人的道德沦丧。

这类象征手法与东方园林相比总显得直白浅显，可以说是以德比德。

然而，当道德美的重要性胜于形态美或其他的感官美时，常常会导致园林自然的非常态化，使园林自然与现实自然拉开很大的距离，即“善”超越“真”。从这个意义上讲，如果说画意的自然是对现实自然进行删剪、剔除、集中等“物理化”的处理，意境化的自然则是对现实自然的尺度、形态、组合方式、物质成分和生存状态进行全面的“化学式”的变革。如中国园林当中的石山纯石垒砌、不生草木，而自然山体大多土石共构、树木繁盛；园山形态追求瘦、皱、漏、透，而自然界常见的山体绝不可能如此陡峭壁立，也没有密度这么大的孔隙、洞穴和褶皱；园山高、宽不过几米，自然山丘的尺度可以达到它的千倍、万倍。但尽管如此，由于园山仍具备高耸的、竖向的视觉特征还是能够成为代表自然山体的符号。

在中国传统园林中，意境自然的可贵之处在于：在大幅度地改造现实自然的同时，保留了现实自然中最为本质的和必要的特质，这些特质足以成为联系现实自然与人类情感世界的纽带。更为极致的异化是日本园林发展历程——由迴游式园林的“真山水”到寺院园林的“枯山水”最终到茶庭的“无山水”，园林的精神属性逐渐超越和脱离原本依附的物质本体，园林自然为道德教化可以“在场”也可以“不在场”。为了保障整个茶道仪式不受外界干扰，幽闭的茶室几乎已经与外部的山水隔绝。可见，与上述三种自然观相比，意境的自然无疑让人类精神在自然世界得到了最高度的宣泄和阐发，但同时也可能引发一种危险：过分强调精神享受的意义，最终导致对现实自然的背离。

在现代社会，这几类历史上曾经存在的自然观不仅没有死亡，反而持续地引发景观理论界的观念反响：“生态原教旨主义者”对于荒野自然的追奉较前人可谓有过之而无不及，凡是改变自然原状的建设通通被安上“反生态”的罪名，“草皮铺不得、树木移不得、硬地用不得”，从“乡土树种的保护”到“动物迁徙路径的保存”全部都关照到了，却单单忽视了人的需求。近20年来，乡土自然也再次被提到园林美学的高度，从国内大学校园的景观规划到东南亚的高档度假村的景观设计，稻田不断成为焦点和主题，但其核心价值已经脱离了生产能力本身，转为更为深层次的地域历史文化的代言者。画意的自然在不少现代景观设计中仍然作为摹本，不过伟大的画家却不拘泥于洛兰和普桑，其中代表性的实例有按照梵高的油画《阿尔的吊桥》原样恢复的景观设计。风靡近半个世纪的极简主义园林显然在意境自然和规则造园传统之间找到了平衡点，构成主义手法的加入，以及对繁琐造园要素的删减，使得规则形式获得通往意境建构的桥梁。这一类园林也成为既与现代摩天楼形态匹配，又能让高强度的上班族缓释压力的场所。

（本节作者：潘莹　施瑛）

二、州府园林特点启示

岭南地区现存的惠州西湖、潮州西湖、雷州西湖、端州（肇庆）星湖、邕州（南宁）南湖、桂州（桂林）西湖和榕杉湖等都是基于城市山水格局营造的大型山水园林。此类风景园林的营造历史悠久，可以追溯到东晋时期（317—420），与古代岭南城市发展同步进行。

我国古代大型山水园林的研究开展得比较早，周维权、汪菊渊、张家骥、陈植等，在其专著中均有涉及。然而对于这一研究对象的明确定义，学术界目前仍未有权威的定论，主要的提法有山水园林、邑郊园林和公共园林等。山水园林的提法比较早，体现的是对此类园林在尺度上的认识，尤以魏晋“山水园”广为人知；邑郊园林的提法则是明确指出了此类园林与古代城市的关系，此类提法在研究上比较单薄，在中国知网中以篇名检索，尚无一篇；公共园林的提法在近年来讨论甚多，虽然公共园林是一个现代概念，但是毫无疑问，此类风景园林最大的特点即是它的公共性。

尽管对于此类风景园林今人还尚未有公认的定义，但是它们很早就进入了古代学者考据研究的视域。清代编纂的《四库全书》中收录了大量记叙大型山水园林的山水志，其中包括岭南地区的山水志（表5-2-1）。

这些山水志的编撰体例和所在州府地方志的体例有相似之处，并且内容上也有所借鉴，这实际上为我们打开了一个研究视角，即研究此类风景园林的发展和特点，要和所在州府的发展紧密结合起来。

表 5-2-1　岭南山水志一览表

序号	书目	年代	作者	主要内容
1	《七星岩志》十六卷（浙江汪启淑家藏本）	清	韩作栋	在明代王泮《定山石室志》的基础上重新修订，主要记述了端州七星岩的历史和风景特点
2	《罗浮山志》十二卷	清	陶敬益	在黎惟敬旧《罗浮山志》的基础上修编，绘有《罗浮山图经》《名峰图》《岩洞志》
3	《罗浮山志会编》二十二卷（两淮马裕家藏本）	清	宋广业	此志在《罗浮山志》的基础上重新修订，最为全面
4	《罗浮外史》	清	钱以垲	钱以垲东莞为官时根据旧志所记
5	《惠阳山水纪胜》四卷（浙江汪启淑家藏本）	清	吴赛	分别记载了罗浮山和惠州西湖，各分上下两卷
6	《西樵志》六卷（浙江汪启淑家藏本	清	马符录	在罗国器未完成的基础上编辑而成，以人物文章记叙为主，考证较少
7	《广州游览小志》一卷（山东巡抚采进本）	清	王士祯	记述了作者在广州游览九处名胜的经过
8	《潮州西湖山志》	民国	饶锷	考据了潮州西湖诸多方面的内容
9	《惠州西湖志》	民国	张友仁	汇集历代惠州西诸多方面的内容

（一）古代州府园林概念的缘起

20 世纪 70 年代末期，刘管平教授在对惠州西湖进行一番调研后，在 1981 年 3 月的《南方建筑》上发表了《惠州西湖的历史形成及园林特色》一文（图 5-2-1），提出了惠州西湖的 7 个特点：①旷貌幽深的自然素质；②反映当地史实的特定含义；③充满民间浓厚的生活气息；④因外而内的筑园处理；⑤丰富多样的园林建筑项目；⑥不拘一格的园林布局；⑦简朴清雅的建筑风格 [1]。此文发表后，刘管平逐渐萌生了“岭南州府园林”这个学术概念。

1992 年，肖毅强在刘管平的指导下完成了《岭南园林发展研究》的硕士论文，文中提出了岭南州府园林的第一个学术定义：“傍州府之地，依凭岭南独具之瑰丽山水，经历代州府仕人修凿经营，文人骚客营构题咏，贬官谪客留迹遗贤，同时为民众提供水利生产、交通生活之利，略带“公园”性质，官民共享的风光胜地，不妨称之为岭南州府园林。以便把这类半由天然，半因人巧的园林分别于一般的自然山水名胜” [2]。

[1] 刘管平．惠州西湖的形成及其园林特色［J］．南方建筑，1981（01）．
[2] 肖毅强．岭南园林发展研究［D］．广州：华南理工大学，1992.

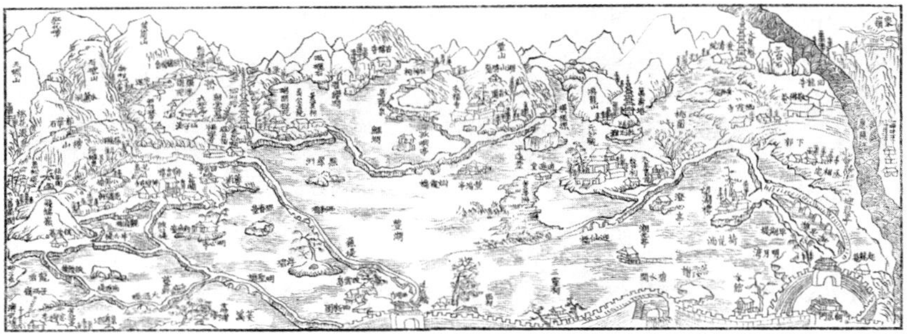

图 5-2-1　惠州西湖全景

1999 年陈泽泓所著的《岭南建筑志》中亦提及，“在岭南开发较早的一些州、府，利用城市近郊的自然风景开辟园林风景，如端州星湖、惠州西湖、潮州西湖、雷州罗湖等。这些公共园林是文人官吏在风景区修建亭阁楼榭，自然山水一经点缀而形成园林整体之美。这些地方有山林泉流、育鱼丰田、蓄田植藕、利于排涝灌溉，又以禅寺祠堂、诗社书院、精舍幽园、贤坟祖墓、亭台楼阁、桥廊轩榭装点湖山，成为民众乐于游憩之处”[1]。

2000 年召开的中国文物学会传统建筑园林委员会第十三届学术研讨会上，刘管平和孟丹把岭南州府园林的概念扩展至江南一带，认为杭州西湖等江南地区一类因兴修水利而形成的公共园林，可以在州府园林概念的统合之下。[2] 2009 年风景园林 60 年岭南园林论坛上，刘管平做了关于《岭南园林的特征》的报告，继续提出应该将惠州西湖、潮州西湖、雷州西湖、肇庆星湖等州府园林作为岭南园林发展史的一个构成部分[3]。

2012 年，孟兆祯院士指导梁仕然博士论文《广东惠州西湖风景名胜区理法研究》中，对惠州西湖的空间布局和景观组织进行了梳理。2014 年，谢纯副教授指导卢青青硕士论文《潮州西湖造园历史与特色研究》，把潮州西湖置于潮州城发展的大历史格局中进行研究，将潮州西湖由唐自民国的发展历史逐一整理，系统总结了各个历史时期潮

[1] 陈泽泓 . 岭南建筑志［M］. 广州：广东人民出版社，1999.
[2] 刘管平 . 我国三大传统景园之比较［A］. 中国文物学会传统建筑园林委员会 . 中国文物学会传统建筑园林委员会第十三届学术研讨会会议文件（二）. 中国文物学会传统建筑园林委员会，2000.
[3] 刘管平 . 岭南园林的特征［J］. 广东园林，2009.

州西湖的造园特色（图 5–2–2）。

陆琦教授在《广东园林》上先后发表了《惠州西湖》（陆琦，2011）、《雷州西湖》（陆琦，2011）、《潮州西湖》（陆琦，2012）三篇介绍性的文章。在 2012 年出版的《岭南造园与审美（第二版）》中，陆琦认为，惠州西湖和潮州西湖的营造反映了岭南园林中“钟情于自然山水，享乐于自然环境”的造园理念，并指出了二者同州府城市的关系，“在过去岭南城市的布局和建设中，潮州西湖和惠州西湖同样体现了山水环境的格局” [1]。

（二）古代与州府城市建设相结合的造园实践

唐宋时期兴起的风水形胜学说，引起了古代文人官员的广泛关注。城市近郊的山水形胜关系关乎城市命脉，通过一系列系统的营造和管

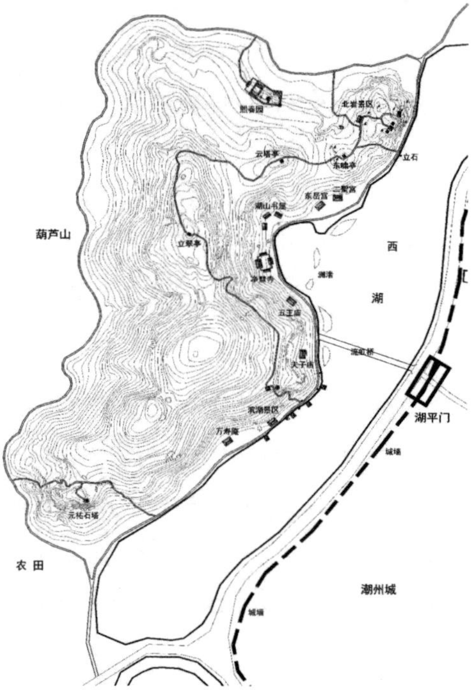

图 5–2–2　宋代潮州西湖园林概貌图

[1] 陆琦. 岭南造园与审美（第三版）［M］. 北京：中国建筑工业出版社，2012.

治，来协调“山—水—林—城—田”之间的空间关系，依照古代城市风水形胜的要求，不断改造使其接近理想状态，形成了传统环境观念里的山水模式，是古代理想的“城市—环境”营造范式。惠州西湖素有“半城湖色半城山”的说法，自宋代就基本形成了湖山相映，洲岛镶嵌，旷墺幽深的景观格局。由于惠州西湖北接东江，西与群山相连，东部、南部与惠城接壤，整个湖区实际上介于“山—水—城”之间，所以宋代惠州城又有“左瞰丰湖右瞰江，三山出没水中央”之说。

英文“Landscape”一词，从构词的角度，可以理解为地上（land）的风景（scape），这是一个极具内涵和外延的名词。当代风景园林学科（Landscape Architecture）的理论建设，大量吸收了建筑、城市规划、园林、环境、生态、林学、地学、社会、艺术、生命等多学科领域中关于空间建构的手段和方法[1]，已经将研究视域放在地表上一系列自然和人工所共同形成的空间上。因此，“岭南州府园林”中的“园林”并不是指“花园（Garden）”，而是指古代岭南州府城市周边所形成的一个被特别定义的“风景园林（Landscape）”区域。

凭借我国古代岭南州府城市近郊的自然山水，依托城市水利建设，利用自然山体筑堤蓄水成湖，洲岛相连；以历史演进的营建方式，修桥建亭，营造多样的亭台楼阁等风景建筑，修筑寺观、祠堂、书院等功能建筑；从而赋予这个区域多样化的使用功能，形成在古代具有一定城市配套功能的风景园林空间，统称为岭南州府园林（Lingnan Classical Municipal Landscape）。统称州府园林，反映了地方州府（城市）的存在是其产生的直接原因，而通过州府（城市）当局对其空间进行营造和管治，使其呈现出一系列古典意义的“公共性”和“生态性”特征。

（三）古代州府城市建设产生的古典公共园林

岭南州府园林起源于古代岭南的城市建设，比如桂林的榕

[1] 刘滨谊．景观学学科发展战略研究［J］．风景园林，2005（02）．

湖、杉湖就是由宋代的城濠演化而来。现存于桂林鹦鹉山南麓石崖的南宋《静江府修筑城池图》（图5-2-3）中，详细描绘了当时静江府城与周边山水环境的情况，并在修城记中列明了包括用于城濠疏浚的开支用度，如“李制使任内创筑新城……修浚新旧濠河一千八百八十九丈”，其中城濠疏浚的开支中钱款的用度共有“军夫匠三拾五万四千四百三十六工；石三十二万八千块；木三十一万四千八百条；砖一千一佰五万四千片；石灰一千四百四十万斤；钱三十六万二千七百贯有奇，内：二十五万贯系准朝廷科降，十一万二千七百贯有奇，经漕府支”[1]。这些开支，既有来自中央财政（朝廷）的转移支付，也有来自职能部门（漕府）的财政拨款，地方上亦有相应人力、物力的投入，这说明了州府园林的起源和古代州府城市公共投入之间的密切联系。

唐宋时期大量文人经过科举考试成为官员，无论是州府行政官员，还是谪贬的文人官员，都是带有“功名”的官宦。他们在州府园林的营造中带来了相应的行政资源，在财政上的投入成为州府园林营造的

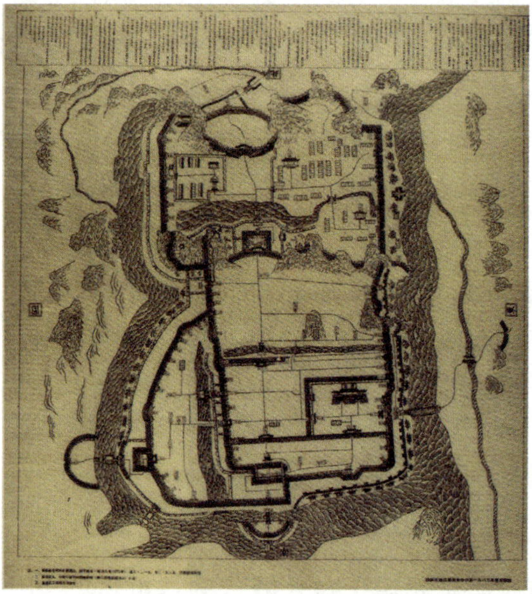

图5-2-3　南宋静江府城池图

[1] 张益桂．南宋《静江府城池图》简述［J］．广西地方志，2001（01）．

一个重要支撑，如林光世疏浚潮州西湖，“兴工于是年二月，浚河筑堤计五百三十余丈，费公帑缗钱二千三百四十五贯”[1]。

在管理上，地方州府也有着严格的要求，如元丰六年（1083）的潮州西湖山上即有勒石告示，“一不得狼藉损坏屋宇坛墙；一不得四畔掘打山石，及作坟穴焚化尸首；一不得放纵牛马践踏道路”[2]。同时，强化监管，历代都有修缮的记录，“湖关于惠，岂徒山光水色供人选胜已哉！……自今以往，水灾时有，或潦啮而甃弛，尚赖后人葺而完之”[3]。

无论是营造还是管理，州府当局都深度地介入了州府园林的建设。公共介入的根本原因在于，这个空间区域是古代保障州府城市运行的重要生态调蓄区域。

（四）古代州府城市运行的生态调蓄功能保障

州府园林中的湖泊兼具城市旱涝水利调蓄，农业生产的水源地，保障城市饮用水等功能，发挥着保障古代城市运行的生态调蓄功能。如始建于宋代的雷州西湖，“在城西一里，即西湖，源发英灵诸冈，宋绍兴间，郡守何庾筑堤潴水，建东西二闸，引水灌田，闸上建惠济桥”[4]，直到清代，雷州西湖还对雷州城的日常运行发挥着基础作用（图5-2-4）。

古代州府城市的农业生产活动需要这个调蓄功能来给予保障，如农业灌溉和依托水体进行的农（渔）业生产等。端州星湖在宋代就有“四时吞吐西江水”[5]一说，周而复始地同西江水、端州城交换物质，吐故纳新，保障城市的排水和四周农业灌溉。潮州西湖“通三利溪，灌西关外北厢陈桥、八家尾、仙子围、七圣庙、新埔、南厢、马围等七乡田一千九百五十余亩”，成为潮州府辖海阳县农业灌溉的主要水

[1]［明］解缙，等．永乐大典·六模湖［G］．国家图书馆藏本，卷2263.
[2] 饶锷．潮州西湖山志［M］．台北：文海出版社，1924.
[3] 张友仁．惠州西湖志［M］．广州：广东高等教育出版社，1989.
[4]［清］郝玉麟．雍正广东通志．
[5]［清］翁方纲．粤东金石略补注［M］．广州：广东人民出版社，2012.

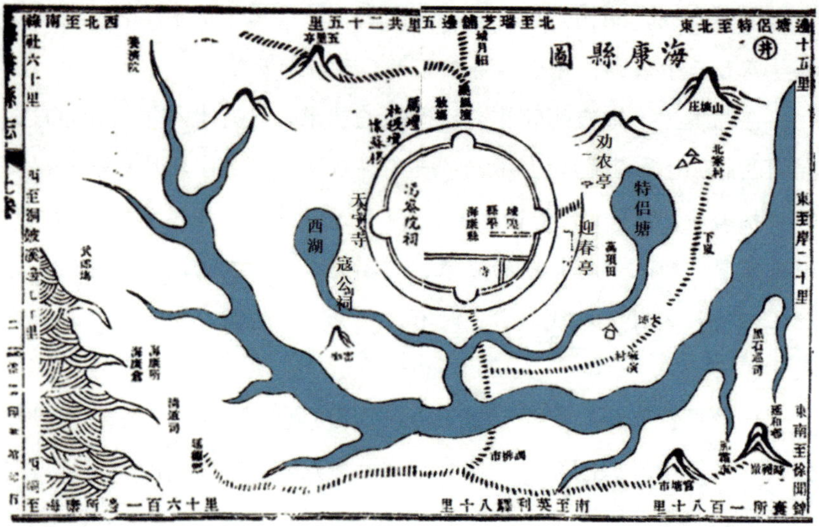

图 5-2-4　清代雷州西湖与雷州城

源之一，尤其在干旱季节，西湖的作用就显得尤为重要了[1]。对于古代州府中这种具有生产功能的风景园林，刘管平以惠州西湖为例，认为“完全就是（古代）政府有组织地为百姓造福的一个园林范例”[2]。

在古代，惠州西湖是一个朴素的生态城市防洪系统，关于其阻泄江水的方式，据康熙二十七年的《惠州府志》记载，“自北泄者，经拱北堤，与东江之水会；自南泄者，经南堤，与西枝江之水会；而中则由盘水关穿城入百官池，经公卿桥湍泻钟楼堤，达于西江”。同时，古代惠州城内的积水、废水，通过其排水渠沟系统，以城内鹅湖为主干道，在钟楼关设闸，“涸则张其闸，涨则泄其潦”，再向惠州西湖排放。[3]

比较明代惠州府、肇庆府、雷州府的城池与湖区的尺度关系（图5-2-5），可以看出湖区的面积往往是城池面积的数倍，通过这个湖区和城池进行生态物质交换，成为古代技术条件下朴素的生态调蓄手段。

依靠这个生态调蓄功能，州府园林广泛服务于古代州府城市的生产、生活，产生了极大的经济效益和社会效益，是州府城市不可忽视的生态屏障。清光绪六年（1880），云南道监察御史邓承修上书光绪

[1] 卢青青. 潮州西湖造园历史与特色研究［D］. 广州：华南理工大学，2015.
[2] 广东园林编辑部. 刘管平教授［J］. 广东园林，2017，39（03）.
[3] 吴庆洲. 惠州西湖与城市水利［J］. 人民珠江，1989（04）.

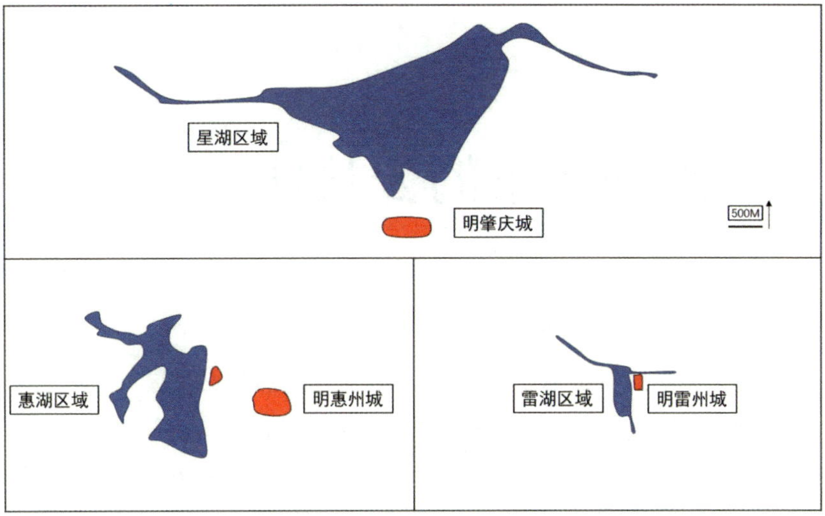

图 5-2-5 明惠州府、肇庆府、雷州府城址与湖区尺度比较

帝和慈禧太后，奏请朝廷对惠州西湖进行疏浚和管理。邓承修在奏章中陈述，“臣恐一二十年后，全湖湮塞，尽变为田，不独郡城失险，即粤省亦坏其东藩”。于是，惠州府设濬湖局管理惠州西湖的濬湖事宜，丘逢甲有诗，“留得濬湖遗疏在，花洲合祀邓鸿胪”，讲的就是邓承修奏疏濬湖之事。

岭南州府园林的形成发展与所在州府城市息息相关，这就使得岭南州府园林呈现出岭南城市日常的生活状态，“惠州西湖另具一格，用‘丰湖渔唱’‘半径归樵’‘鹤峰返照’‘黄塘晚钟’去体现浓厚的民间气息和深刻的社会含义”[1]，这也反映了一种务实的岭南文化。薛侃认为，“矧湖山之胜，众人得之娱其意，幽人得之知其德，达人得之惠其政”，湖山胜景众人共建共得，也揭示了这些依托州府城市建设而形成的湖山胜景，成为古代“政府官员对地方治理政治、文化、经济的综合性载体”[2]，也作为我们统筹认识古代城市发展和风景园林营造相互联系的一个研究视角。

（本节作者：林广臻）

[1] 刘管平．关于风景名胜区和公园的规划设计问题——全国园林绿化学术会议，广东全省风景区规划会议综述［J］．广东园林，1981（01）．

[2] 毛华松．城市文明演变下的宋代公共园林研究［D］．重庆：重庆大学，2015.

三、近郊风景的公共性

谈起中国古典园林，往往对应的是皇家园林和私家园林，而对于古代以自然山水为本底进行营造的风景园林，其归类还一直处于开放讨论之中。此类园林的营造历史悠久，古代学者亦热衷于对其进行研究考据，编撰了大量的山水志，与岭南相关的见表5-2-1。

这些山水风景多在岭南主要的州府城市近郊，集中于唐宋时期生成，其山水志和所在州府城市的地方志在体例上亦有相似之处。刘管平先生将其归纳为岭南州府园林，指出“公共性”是此类园林的重要特征之一[1]。这些古代岭南城市近郊的风景园林，“傍州府之地，依凭岭南独具之瑰丽山水，经历代州府仕人修凿经营，文人骚客营构题咏，贬官谪客留迹遗贤，同时为民众提供水利生产、交通生活之利，略带‘公园’性质”[2]。

然而，关于“古典公共园林”的概念，学术界目前比较审慎。王劲韬认为：“中国古代园林从来就不乏公共性特征。那种过于强调中国古典园林的封闭、小众化特征……因而不适宜现代城市的观点，至少是片面的”[3]。毛华松指出：“在中国，对这类向民众开放的公共园林的认知经历了前期的无视，20世纪90年代研究的兴起和当前研究深入的过程”[4]。这样审慎的态度背后，有着深刻的理论原因。

中国古代并没有现代（西方）意义上的“公共”的概念，今天所探讨的“公共园林”无疑是一个现代性概念。所以，对于“古代公共园林”

[1] 广东园林编辑部．刘管平教授［J］．广东园林，2017，39（03）．
[2] 肖毅强．岭南园林发展研究［D］．广州：华南理工大学，1992.
[3] 王劲韬．中国古代园林的公共性特征及其对城市生活的影响：以宋代园林为例［J］．中国园林，2011.
[4] 毛华松．论中国古代公园的形成：兼论宋代城市公园发展［J］．中国园林，2014，30（01）．

的认识，首先要厘清的即是“公共—公共性”这组概念。

（一）公共园林和园林的概念解读

公共（public）一词，实质上是与私人（private）一词相对应的政治哲学概念。理论上对公共的定义较多，大体来看，对于公共这个概念的理论认识，可以简化为两类原则，一类着眼于公共与私人两个概念之间的关系，另一类着眼于公共本身所表现的形式特征，即公共性（publicity）[1]。对应来看，公共园林和园林的公共性存在概念差异，“公共园林”具有“公共性”特征，然而具有“公共性”特征的园林则未必是“公共园林”。

首先，西方古典公共概念同现代意义的公共概念存在一定差别，今天所广泛存在的公共园林是随现代社会的发展而产生的。其次，中国古代既没有西方古典意义上的“公共”概念，也没有现代意义上的“公共”概念。“普天之下，莫非王土，率土之滨，莫非王臣”，没有任何“公共”所包含的众人之事，能够脱离皇权及其授权而存在。由于皇权是“受命于天”，从某种意义上来说，皇室及其官僚机构都是一种“公共”存在。因此，如何去定义中国古代的“公共园林”就存在着适用性的问题。如果用中国古典的“公共”来定义“古典公共园林”，则会出现一件有趣的事情，皇家园林其实是一种“古典公共园林”，这显然不符合常识。如果在中国古典园林中直接嵌入“公共园林”这个现代性概念，这在逻辑上就无法自洽。

任何事物的产生和发展都是一个运动的过程，“一切发展，不管其内容如何，都可以看作是一系列不同的发展阶段，它们以一个否定另一个的方式彼此联系着……任何领域的发展不可能不否定自己从前的存在形式”[2]。园林营造是一类实践，因此对于园林理论的认识，必须首先考察园林的实践。从具体的实践来看，如果说我国古代没有此类供公众使用的风景园林空间，这是不符合事实的。从“公共”这

[1] 任剑涛．公共与公共性：一个概念辨析［J］．马克思主义与现实，2011（06）．
[2] 马克思，恩格斯．马克思恩格斯选集：第1卷［M］．北京：人民出版社，1972.

个概念本身出发（相对于“私人”），这种风景园林的营造，往往是由州府城市当局作为主体来完成，州府当局就成为代表州民的“公共机构”。从目的上看，营造此类风景园林是为了州民的“公共”利益（for the public good），其营造中的“公”就是相对于“私”而存在，从而保证了足够的政治正当性（political legitimacy）来施行管治（governance）。从实际的使用（usage）上看，此类风景园林的使用对象就是州府城市的州民，也是公共开放的。

因此，探讨古代岭南州府城市近郊风景的公共性，需要从管治和使用大体两个方面来进行讨论。一方面，作为“公共机构”的州府城市当局的事实治理行为，及其投入公共资源的支持程度，可以视为其公共性特征的一个表现。另一方面，从纯粹的风景园林空间的使用功能来探讨，对使用人群的开放程度可以视作公共性特征的另一个表现。

（二）州府城市管治下的空间区域

古代州府城市近郊的山水风景，被古人认为是城市“风水局”的组成部分，“风水局”中一系列诸如“明堂”“水口”等风水环境要素的保护和建设，成为关系城市发展命脉的大事。“山水相得，如方圆之中规矩；山水相济，如堂室之有门户”[1]。在古人眼中，山水其实是城市发展的门户，把城市置于周围的山水环境来观察，由此形成的“风水局”其实对应着一个朴素“城市—环境”系统（图5-3-1）。

岭南地区地貌多为丘陵，地理环境多山水，因此城市建设更要强调与自然山水的有机结合。惠州西湖、潮州西湖、雷州西湖、端州（肇庆）星湖、邕州（南宁）南湖、桂州（桂林）西湖、榕湖、杉湖等都是古代岭南城市建设中衍生出来的风景园林空间。此类风景尺度恢宏、湖山城相伴，对其开山架桥、筑堤修路、营亭建楼影响巨大，若没有古代州府当局的介入，此类风景的营建显然无法进行。

古代岭南州府城市近郊风景尺度宏大，对其进行营建并非易事。

[1]［北魏］管辂．图解管氏地理指蒙（下册）［M］．北京：华龄出版社，2009.

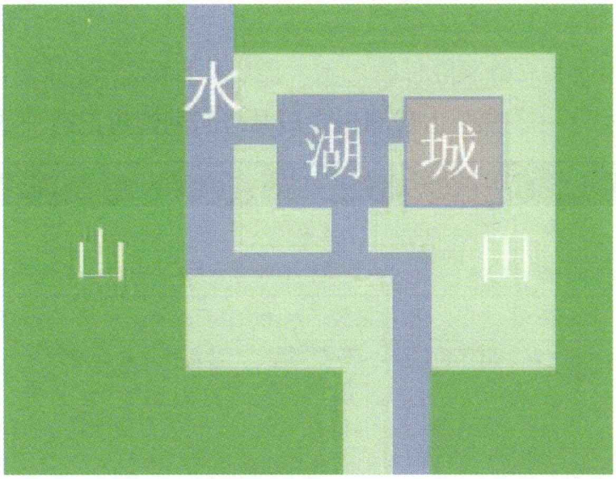

图 5-3-1 古代城市山、水、湖、城、田的空间构型

营造之人在宏观上，必须有对山水城的空间格局的基本认识；在中观上，需要有调动或者协调州府一地资源的能力；在微观上，需要有具体的、可操作的知识储备。因此，这就决定在岭南州府城市近郊风景进行营建的行为并非一般居民可以进行。事实上，这些营建活动往往是由古代具有功名的官宦人士来主导的，如包拯之于端州星湖七星岩，元结之于连州海阳湖，陈偁、苏轼之于惠州西湖，林嘌之于潮州西湖等。

唐元和十年（815），柳宗元被贬为柳州刺史，带领百姓在柳州城外西北的柳江畔，“手种黄甘二百株”。柳州城三面临江，在江畔植树，可以固定水土，防止水患，有利于柳州居民的生产生活。同时，植柳之后，这些江畔之地又成为柳州人瞻仰怀古的消闲之地。对于柳宗元的这项“政绩”，韩愈十分赞赏，后世柳州人亦建柳公祠和柑香亭来纪念。

柳宗元因为参与城市近郊风景建设而被后人传颂，这样的事迹在古代岭南城市近郊风景的营建中不断发生。陈偁修建惠州西湖，宋代惠州西湖畔建有陈公祠祭祀；雷州人在雷州西湖建有苏公祠、寇公祠；端州城外建有包公祠；琼州府学前水建有五公祠等。后人通过立祠的方式将城市近郊山水营建作为古代官员政绩的重要组成部分，肯定官员在一地之作为，成为一种不断迭代强化的正向激励。以潮州西湖为例，根据不完全统计，自唐代开始，潮州官员们就持续地对潮州西湖进行营造（表 5-3-1）。官员们参与营造建设，也确证了此类风景园林是处于州府当局的实际控制之下，是与私人截然不同的公共之事。

表 5-3-1　部分古代潮州官员参与西湖营建记载一览表

序号	时期	姓名	风景营造	出处
1	唐	李皋	营造李公亭	舆地纪胜
2	唐	李宿	营造观稼亭	潮州府志
3	宋	王汉	建城濬湖，西湖山立石刻诗	海阳县志
4	宋	鲍粹	重建李公亭，加建乘风亭、待月亭，留有诗作	永乐大典
5	宋	谢昺	建熙春园，内有渐入佳境亭、醉客方归庵等	潮州西湖山志
6	宋	黄定	访蒙泉遗址题诗刻石其上	潮州府志
7	宋	林嘌	重辟西湖，建放生亭、湖平亭、倒景亭等，撰《重辟西湖》诗	潮州西湖山志
8	宋	林会	在西湖山石上题字：雁塔、平湖、蒙泉	潮州西湖山志
9	宋	林光世	重浚西湖，恢复了园林风貌，更是与生产相结合，作有《浚湖铭》	潮州府志
10	明	徐一唯	和郡人唐伯元旧址重建寿安寺，游历西湖山题诗南岩石壁	潮州府志
11	明	曾化龙	湖山重辟南岩记	潮州西湖山石刻
12	明	任可容	建尊经阁、养贤堂，主持筑南堤至龙溪都许陇涵	潮州西湖山石刻
13	清	林杭学	疏通了北滚，创建修葺了西湖山的多处祠庙	潮州府志
14	清	许龙章	应山僧“慧照”请求，重修西湖山多座寺庙	潮州府志
15	清	范同知	重辟西湖山南岩	潮州西湖山石刻

古代城市营造时常在城外取土烧砖，城池修建完成后由于地势低洼，进而成为湖，这样的情况在惠州西湖、雷州西湖、桂林西湖、榕杉湖中都有所体现，如惠州西湖最早为郎官湖，“即鹅湖，筑城所凿池”[1]，说明郎官湖是建惠州城时遗留的。这些遗留的湖泊往往又会转化为城市水利建设的一部分，在水利建设的基础上来营造一系列风景建筑。这些建设行为，都需要公众和财政上的支持。

绍圣元年（1094）苏轼谪惠州，为助天庆观道士邓守安、栖禅寺僧希固修惠州西湖东新桥、西新桥，苏轼捐赠了御赐的犀带，此外还积极募捐，动员弟媳妇史氏把当年入宫得到的赏赐黄金数千捐出来。

[1]［民国］张友仁．惠州西湖志［M］．广州：广东人民出版社，2016.

他在《西新桥》中写道："'探囊赖故侯，宝钱出金闺'，自注云：'子由之妇史，顷入内，得赐黄金钱数千，助施'。[1]"赞美了弟媳史氏的善举。西新桥落成之际，惠州"父老喜云集，箪壶无空携。三日饮不散，杀尽村西鸡。"反映了古代公众积极参与建设的一个侧面。

南宋开庆元年（1259），林光世疏浚潮州西湖（图5-3-2），"浚河筑堤计五百三十余丈，费公帑缗钱二千三百四十五贯"，由于西湖南边"田属豪户三十八家，未易得掷节"，于是筹措资金征用民田，"计缗钱三千三百八十一贯足，田种若干"[2]。所谓公帑即财政，说明林光世针对潮州西湖的营建行为是一种公共行为，使得因营建潮州西湖而产生的针对西湖南边豪户的民田征用，有了政治上的正当性。正如中国台湾建筑学者夏铸九指出的，"公共性界定的关键不在于什么永恒的品质，而在于其政治的特质……因此，公共性其实就是政治"[3]。

绍兴二十六年（1156），雷州知军事何庾率领州民对雷州西湖进行整治，扩大了西湖的水面"如筑堤储水，建东西二桥，名曰惠济桥，下置闸，西闸引水由西山坡坎灌白沙田，东闸引水南流至通济桥，转与特侣塘水合渠东洋田，二闸以时启闭"[4]。据清康熙《海康县志》中的《海康县图》所示（图5-2-4），清代雷州西湖对雷州城的日常

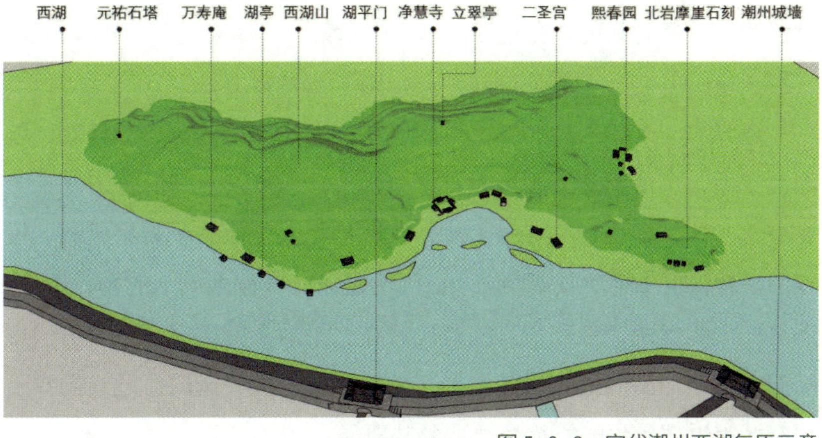

图5-3-2　宋代潮州西湖复原示意

[1] 张友仁. 惠州西湖志［M］. 广州：广东人民出版社，2016.
[2]［明］解缙. 永乐大典［G］. 国家图书馆馆藏本：卷2263，六模，西湖.
[3] 夏铸九. 公共空间［M］. 台北：艺术家出版社，1994.
[4]［清］吴盛藻. 康熙雷州府志［G］. 广东地方志藏本：卷7，名宦志.

运行仍发挥着基础作用。公众参与和财政投入意味着这样一种营建行为并非私人行为，代表着公共利益，从而赋予了州府足够的政治正当性，来保证对于空间的管治权，说明了这些古代岭南州府城市近郊风景在事实上受到了州府当局的管治。

我国古代的法律体系有着自身的特点，诸如皇帝的圣旨、上谕都是其法律体系的一部分，“中国古代与‘法律’相关的概念有‘法’‘律’‘刑’‘令’‘典’等”[1]。在古代岭南州府城市近郊风景的管治实践中，州府当局往往通过明确的告示申明，违反告示即等于触犯法律。北宋元丰六年（1083），潮州西湖山上即有勒石告示，“一不得狼藉损坏屋宇坛墙，一不得四畔掘打山石及作坟穴焚化尸首，一不得放纵牛马践踏道路”[2]。根据《宋刑统》的规定，伪造官文书是一种入刑的重罪，因此这种告示的兴立，实际表明了“刻碑者往往是新的行政‘话语权’的拥有者”[3]。

明代肇庆府为两广总督府驻地，星湖在城外北面，府人称之为沥湖，湖中的七星岩在唐代就有人游玩行至。古代岭南州府城市近郊风景中的湖田，有着大量的农业生产行为，一方面形成渔歌唱晚和观稼生长的农业景观，同时也为州府城市提供了必需的农业产品。为了对七星岩沥湖中农业生产和岩石山体进行保护，万历二十七年（1599），时任两广总督的戴凤岐在星湖七星岩中示禁，“泽梁无禁，岩石勿伐”（图 5-3-3），并由副使李开芳书，刻于七星岩上。

道光二十九年（1849），惠州府整治惠州西湖的一部分鹅湖，整治完成后，严令鹅湖周围居民，“邻池之民，毋涸水源，决石岸；毋弃秽于池”，强调：“有一于此，罚无贷”，并建立了督察机制，授权由“钟楼道士率坊役督察之”。无论是宋代潮州西湖上的勒石告示，还是作为明代两广最高长官的戴凤岐在七星岩上的题字，以及清代惠州府对惠州西湖的督查机制，都充分说明了古代岭南的行政当局对于州府城市近郊风景的管治是一项公共事务。

[1] 朱勇．中国法制史［M］．北京：法律出版社，2016.
[2] 饶锷．潮州西湖山志［M］．台北：文海出版社，1924.
[3] 李雪梅．行政授权：宋代法规之公文样态：基于碑刻史料的研究［J］．苏州大学学报：法学版，2017，4（01）．

图 5-3-3 戴凤岐题“泽梁无禁，岩石勿伐”石刻

（三）服务于州府官民的风景园林

南宋潮州太守林嘌建设潮州西湖，提出了“山与水相接，民与守相忘”的观点，折射出“与民同乐”的政治理想。古代城市近郊的风景园林，在使用上公共开放、服务州民，苏东坡就赞誉惠州西湖以“淡妆”取胜，充满民间气息的园林性格。从现今留存大量关于官民游览的碑石题刻、文章诗词中可以看出，此类近郊风景成为州府官民共享的风景“客厅”。

绍圣四年（1097）5月，大文豪苏轼由惠州再贬儋州，途经雷州，与苏辙在湖中泛舟夜游。雷州西湖原称罗湖，经苏轼游览后，雷州人为了纪念苏轼，改称西湖。古代雷州府的居民，有在夏夜出游雷州西湖，一同观赏花燕的传统。“雷州西湖，每夜有紫燕数万巢荷花中，州人呼曰花燕。予为谣曰：燕燕燕，飞入荷花寻不见。荷花落尽燕无依，归去犹衔花一片。明年花发莫东西，还向荷花深处栖。人间不似荷花好，莫使空梁有燕泥”[1]。现存桂林的摩崖题刻中，记载了古代大量的公众游览活动，简单择取两例如下。“经略安抚使莆阳蔡戡定夫，提防刑狱公事延平廖环季硕，转运判官长沙吴猎德夫，嘉泰三年（1203）重九日同游”[2]。“嘉定壬申六月下澣，括苍管湛携家登千山观，泛西湖”[3]。此类题记在其他州府都大量存在，直接说明了古代此类风景游览的盛况和开放。

岭南州府城市近郊风景的发展与当地民间生活息息相关，反映了务实的岭南文化。陈偁知惠州时，惠州西湖“鱼鳖蒲莲之利，悉归于民，奏免课钱”，惠及惠州百姓，“五十余万民感其惠，建祠祀焉”[4]。惠州西湖中的荔浦、桃源、渔樵、舟楫，呈现的是一片“湖之丰、渔之乐”的生产性景观，也反映了一种基于世俗生产、生活的风景特点。“惠州西湖别具一格，用‘丰湖渔唱’‘半径归樵’‘鹤峰返照’‘黄塘晚钟’去体现浓厚的民间气息和深刻的社会含义”[5]。苏东坡侍妾王朝云在苏东坡谪惠之间病逝，葬于惠州西湖，在朝云之墓上建六如亭，取金刚经六如佛偈“如梦，如幻，如泡，如影，如露，如电”之意。到清代，朝云墓已经成为惠州府居民的一个游览点。“朝云墓，在惠州府北门外三里许，至今郡人春日游赏者，多至其处”[6]。名人之墓转化为游览之点，在潮州、桂林等其他地区亦有所见。

无论是农业生产、城市水利、寺庙祠观、游赏玩乐，抑或是往生墓园，都同城市的世俗生活息息相关，具有服务州民的功能，也是反映其公共性特征的一个写照。

古代岭南城市近郊风景山水明丽，儒、道、释诸家多元文化都在此间包容共生。儒家在这些山水之间设立书院、州学，如宋庆历元年

[1] [清] 屈大均 . 广东新语 [G] . 国家图书馆馆藏本：卷 20，禽语 .
[2] [清] 汪森 . 粤西丛载校注（上） [M] . 南宁：广西民族出版社，2007.
[3] 同上 .
[4] [清] 郝玉麟 . 广东通志 [G] . 广东地方志藏本：卷 37.
[5] 刘管平 . 关于风景名胜区和公园的规划设计问题：全国园林绿化学术会议，广东全省风景区规划会议综述 [J] . 广东园林，1981（01）.
[6] [清] 吴绮 . 岭南风物记 [G] . 国家图书馆馆藏本 .

（1041）之前，潮州西湖便建有夫子庙；元祐四年（1089），又在西湖立州学；咸淳八年（1272），在雷州西湖设浚元书院。这些书院，往往还是祭祀先贤的场所，如苏轼、韩愈、包拯、柳宗元、周敦颐和罗从彦等。与儒家一样，道家也在古代岭南城市近郊修建道观，如潮州西湖的威惠庙；端州星湖七星岩的石峒古庙、玉皇殿、三仙观等；桂林自唐代起兴建的紫极宫、元山观、五岳观等。

古代岭南州府城市近郊风景中也修建了大量佛寺，大都与禅宗有关，如潮州西湖的净慧寺、元祐石塔；惠州西湖的栖霞寺、准堤阁、泗州塔；雷州西湖的天宁禅寺；端州星湖七星岩旁的梅庵等。这种儒、释、道相互依托的宗教文化环境，亦吸引了州府城市内的信男善女的香火气息，对岭南州府城市近郊风景园林的空间开放，起到了重要的引导作用。

关于我国古典园林的“公共性”问题，学术界一直审慎探讨。谈论公共，实际上不能回避的就是政治，从此类园林所表现的公共性特征来看，可以认为其是我国古代“政府官员对地方治理政治、文化、经济的综合性载体”[1]。从具体的园林营造实践来看，州府城市当局这一“公共机构”是实施具体管治，推动其营造建设的主体。从营建和管理实践来看，古代岭南州府的地方官员们扮演了极其重要的角色。从实际使用的情况来看，这些近郊的风景虽然置身于州府当局的管治之下，但是其空间的使用呈现十分明显的世俗特征，是一个供古代州府居民共享的公共开放空间。

对于古代中国而言，只要着眼于“公共—私人”的对应关系，从管治和使用两个角度来具体分析其在营建目的、营造主体和使用群体中的“公共性”特征，就可以十分明晰地判别我国“古典公共园林”的历史存在。而从其历史语境来看，亦不妨称之为“公家园林”，以区分现代意义的公共园林和西方古典公共园林，这对于明确我国“古典公共园林”这一概念，具有一定意义。

（本节作者：林广臻）

[1] 毛华松．城市文明演变下的宋代公共园林研究［D］．重庆：重庆大学，2015.

四、唐宋园林石景形态

叠置山石是我国古典园林营造技法之一，千姿百态的石景，在古典园林的空间构成中起到了十分重要的作用。然而考察我国古典园林史，其中对于早期的园林石景的形态和审美特征并没有十分清晰的结论。现今尚存的绝大多数古典园林中的石景都是明清时期的，以清后期居多，且形态与自然山石也存在着极大的差异。艺术固然可以从纯粹自然中抽离出来，但总会有一个清晰的演进脉络，因此研究唐宋时期园林石景的形态特征可以进一步完善园林石景形态演化的脉络，对园林史研究具有一定意义。

绘于五代十国时期的《韩熙载夜宴图》描述了南唐（937—975）权贵韩熙载在家中大宴宾客的场景。图卷中，韩熙载的屋宇中并无石景，但其屏风、卧屏、床榻等家具的细节都是山水图景（图 5−4−1）。现存传世的《韩熙载夜宴图》是宋代的摹本，画中的山水细节反复出现，却并未出现宋代山水画作中常见的园林石景形态。实际上，这种现象并非孤例，在宋代之前的绘画、漆器、铜镜、玉石等现存文物中，就很少出现十分明晰的园林石景形态。唐代李思训是山水画的宗师，在其所作的山水画中，没有出现如后世山水画中纯粹的石景形态，如《京畿瑞雪图》（图 5−4−2）。而唐末孙位的《高逸图》（图 5−4−3）中一共有 2 块石头，一块明显是太湖石，另一块形态接近英石。唐宋之际园林石景在绘画中的变化，也从某种意义上说明了园林石景的营造变化。英石的产地，根据南宋《云林石谱》的记载，在“英州含光真阳县之间石产”，距离广州不过百余公里，水路可达。广州在南汉（917—971）时是其政治中心所在，宫苑营造行为十分普遍，药洲就形成于这个时期。从现存的中国古典园林遗迹来看，药洲石景是为数不多的早期园林石景实例。

（一）南汉国宫苑营造的置石遗存

药州原是南汉时利用广州城外一处低洼濠池扩建的宫苑，由于在湖中岛修炼丹药，故称之为药州，现存遗迹约 2000m^2，是岭南现存最早的古代园林地面遗迹（图 5-4-4）。南汉被宋灭后，药洲也就由宫苑变为公共游览场所，“宋初为西园，建亭台其上，为游览之所”。宋代洪适在《晋禺调笑》一作中对民众游览的盛大景象进行了描述：“画桥彩舫列歌亭，长与邦人作寒食。寒食，人如织。藉草临流罗饮席。阳春有脚森双戟。和气欢声洋溢。洲边药灶成陈迹。九曜摩挲奇石”。

洪适词中所提到的“九曜石”，现存 8 块（图 5-4-5）。宋代书法名家米芾曾作诗《九曜石》：“碧海出蜃阁，青空起夏云。瑰齐□怪石，

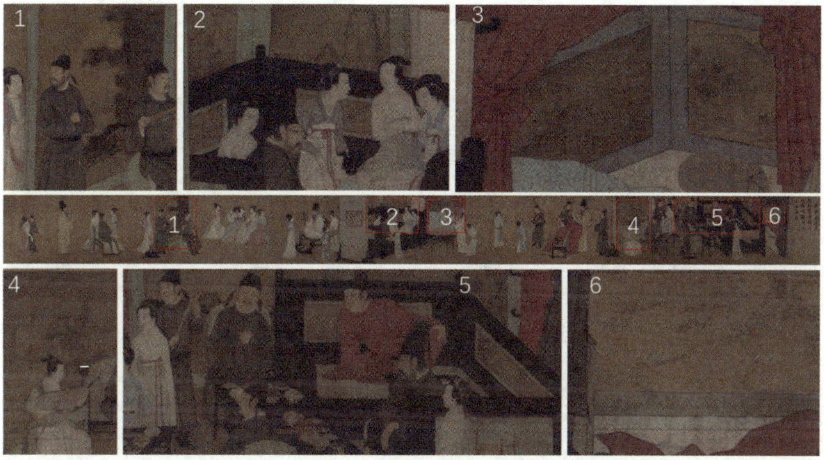

图 5-4-1　五代南唐顾闳中《韩熙载夜宴图》中的山水细节

图 5-4-2　唐代李思训《京畿瑞雪图》

图 5-4-3　唐代孙位《高逸图》（局部）

图 5-4-4　南汉时期药洲九曜石遗存

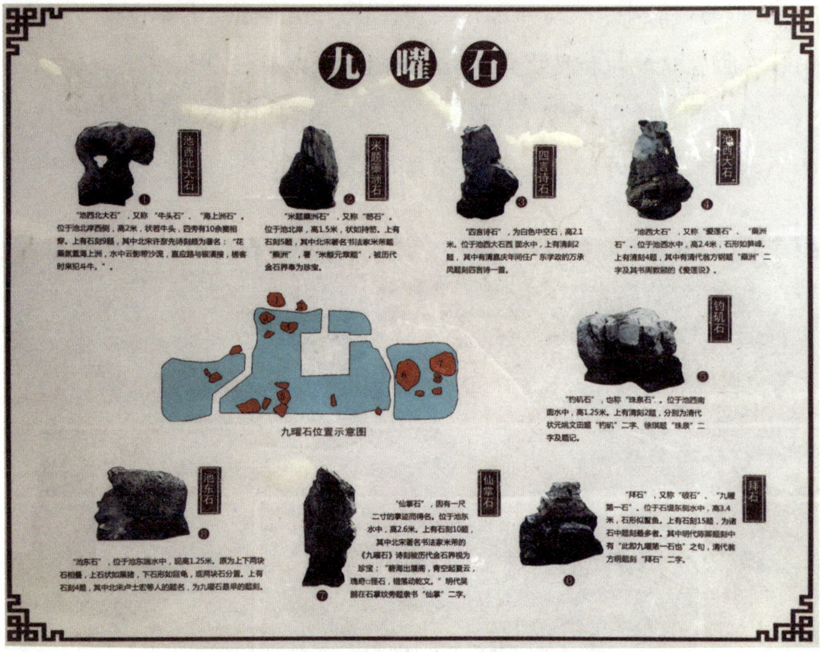

图 5-4-5　九曜石遗存图

错落动乾文”[1]。清代屈大均在《广东新语》中对九曜石的形态进行了详细描述：“石凡九，高八九尺或丈余，嵌岩崷兀，翠润玲珑，望之若崩云，既堕复屹，上多宋人铭刻。”近年来，随着岭南文化的不断发展，对药洲石刻研究的不断深入，其题刻和碑石都被陆续整理出来，九曜石作为南汉时期的历史遗存已经成为定论。

[1] 高旭红．药洲石刻［M］．广州：广东人民出版社，2016.

关于九曜石，史料有两种可能性来源的记载。一种说法是九曜石源于江浙一带。南宋《萍州可谈》中记载：“刘鋹好治宫室，欲购怪石，乃令国中以石赎罪。富人犯法者，航海于二浙买石输之。今城西故苑药洲有九石，皆高数丈，号‘九曜石’。”但是从形态上看，现存8石同江浙一带的太湖石、灵璧石都差距甚远，因此，这种说法也多被人质疑。另一种说法是九曜石源于岭南一带。刘鋹是刘龑之孙，根据《十国春秋》的记载，南汉主刘龑于乾亨八年（924）营造宫苑，所以南汉营造宫苑当从刘龑开始。英州在唐代原属于广州府，南汉在乾亨二年（918）开国后改广州府为兴王府，又于乾亨四年（920）从兴王府中析置英州。析置英州的目的未有记载，但是从叠加英石产地为英州和刘龑立国后营造宫苑的时间线索来看，强化英石的采集可能是其中一个原因。

南汉之后，成书于北宋元丰年间（约1080）的《元丰九域志》中记载的广南东路38市镇中就有含光，含光即浛洸。而根据《宋会要辑稿·食货四》中的记载，浛洸所在英州的商税从宋初到熙宁十年（1077）间有了爆发性的绝对增长，绝对额仅次于广府，增幅高达427%，而同期周边州府并未录得如此增长（图5–4–6）。商税是针对商品流通收取的税收，如此大的商税增幅只有三种可能：一是大量的商品过境，二是大量的商品被生产转运外出，三是两者皆有。由于张九龄修通梅关古道，且唐代中后期全国性政治中心东移（长安—洛阳），岭南的交通驿道转向粤北南雄州的粤赣通道，因此英州商税的增幅从商品过境中所得的可能性比较小，更可能是生产商品转运出外而得。英州山多田少，农业环境恶劣，因此英石开采是可能性较大的商品生产。由于《高逸图》中的英石绘制于唐末时期，英石很可能在宋代之前就得到了一定开发（特别是南汉所在的五代十国时期），并且在宋代进一步扩大生产。不过这还需要更进一步研究。

药洲又称石洲，说明南汉国在宫苑园林营造中大量采用了观赏石。由于太湖相距甚远，且此时为南唐所割据，又需要走海路，小规模运输的可能性有，但是大规模运输的可能性不大。从南汉王宫遗址考古现场所留存的园林石块形态来看（图5–4–7），太湖石和英石都有。

也有学者黄宽之认为，药洲九曜石来自刘氏故地封川[1]。无论何种判断，药洲的石头在岭南本地开采的可能性远大于运自太湖，也间接说明了岭南当地在南汉或者早于南汉时期就有了采石和石景营构的可能。

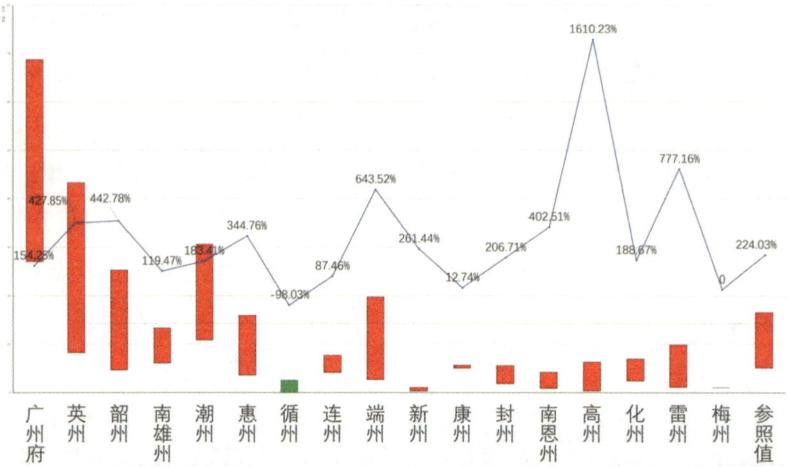

图 5-4-6　北宋熙宁十年南粤各州商税增减图

图 5-4-7　南汉王宫遗址考古现场所留存的园林石块

[1] 黄文宽.广州九曜石考［J］.岭南文史，1983（01）.

（二）南北方园林营造的石景差异

周维权先生在《中国古典园林史》中指出，据宋代《洛阳名园记》中的19座名园的描写，“所记诸园都没有谈到用石堆叠假山的情况”，有两个可能，一是此时佳石往往从南方运来，成本过高；二是中原地区佳石不易得而采取了因地制宜的堆土山策略[1]。19座名园都没有叠石山，说明在北方是一种很普遍的现象。《洛阳名园记》成书于绍圣二年（1095），比照同期的《营造法式》中的记录，这个时期的北方地区更可能较多地使用堆土山的做法。

成书于北宋崇宁二年（1103）的《营造法式》中，介绍了多种山石的做法、用料和标准，但是均归于泥作，因此有研究者认为，这说明此时的石景形态可能比较复杂，处于土石山景和置石景并存的状况，并进一步指出，宋代是石景风格转化的一个关键时期，“从叠土山到叠石山的风格转化，由土到石，由置到叠”[2]。

南宋诗人刘克庄在游览药洲之后，认为这些都是“怪怪奇奇石，谁能辨丑妍”，并把药洲和艮岳相比，“役民如犬马，国破作降俘。往往湖中石，宣和艮岳无”，认为这些劳民伤财的园林营造导致了南汉灭亡，并借此隐喻北宋兵败辽金。刘克庄此诗暗示了艮岳和药洲九曜石的石景之间存在某种联系。曾昭璇先生认为，药洲的花石景是北宋“艮岳”营造的更早形态，“此园是以花、石、湖、洲布局为主，主景为湖面及沙洲的布局，而小景即为花、石。这是江南园林特色。后来北宋引上北方，成为宋“花石纲”的制度，可见南汉园林对后世的影响”[3]。从时间线来看，始于南汉的九曜石，早于北宋艮岳花石纲，是我国较早开始以石为景的园林营造活动。

直至宋代，绘画中才开始出现较多的石景形态，并且多出现在南宋。这些石景形态以置石景为主，石头的形状选择多取自太湖石的形态。宋代画家苏汉臣创作的大量婴戏主题的绘画中，以置石景为主的

[1] 周维权．中国古典园林史［M］．北京：清华大学出版社，2008.
[2] 鲍沁星．杭州自南宋以来的园林传统理法研究［D］．北京：北京林业大学，2012.
[3] 曾昭璇．南汉兴王府的土木工程［C］．中国古都学会．中国古都研究（第七辑）——中国古都学会第七届年会论文集．太原：山西人民出版社，1989.

形态在其画作中普遍出现，如绍兴二年（1132）《秋庭戏婴图》（图5-4-8），还有《长春百子图卷》的局部，从时间线索上看，都在艮岳营造之后。传为宋赵伯驹（1120—1182）的《汉宫春晓图》（图5-4-9）是一幅为数不多能同时描绘自然山、堆山和孤置石的图卷。此图虽然名为《汉宫春晓图》，但是赵伯驹所画其实反映的是当时宋代的建筑和园林。此图中的孤置石明显为太湖石，形态粗犷，尺度极大，和后世明清时期园林的叠石形态有所差异。

在南方出现以石为景的园林营造方法，也应该与自然环境条件有关。地理上，南方尤其是岭南本就多石，柳宗元有“楚之南，少人而多石”的感叹。作为四大名石的英石就产于岭南，而太湖石则产于江南。气候上，唐代到宋代是中国历史上第三个小冰期，整体上气候变冷，北旱南涝的极端天气增加，又加之南方夏季亦常有台风暴雨。若在园林应用之中大规模应用土石山的做法，一方面土石山易被冲刷，即使有也未必能保留下来；另一方面，日常维护起来也不容易。

（三）宫苑园林早期石景形态特征

明代之前的宫苑园林多在朝代更替的战乱中被毁损，清中期后又不断有营建，早期的痕迹其实已经难以寻觅，使得药洲的石景成为唐宋时期园林石景形态特征的一个关键证据和早期实例（很有可能是仅

图5-4-8　宋代苏汉臣《秋庭戏婴图》

图5-4-9　宋代赵伯驹《汉宫春晓图》

存的孤例）。据清代李调元《南越笔记》中记载，“其（药洲）一曰西湖，亦曰仙湖，在古瓮城西，伪南汉刘龚之所凿也。其水北接文溪，东连沙澳，与药洲为一。长百余丈，岁久淤塞。”这说明药洲的湖面长度在 300 ~ 450m，大致符合现在广州教育路药洲一段的长度。南汉主刘氏追求升仙长生不老，治理国家的大事也交由术师，在宫苑内湖洲上炼丹而追求长生不老，这也是药洲名字的来由。药洲内以石代山，通过置石营造出仙境的意象，具有审美意境上的提升作用。

结合绘画、铜器、漆器中的石景演进和历史文献中的相关线索，我国古典园林中的石景形态应该是在宋代逐渐明晰。在故宫博物院所藏的宋代《梧桐庭院图》（图 5–4–10）和国家博物馆所藏宋代蹴鞠铜纹镜（图 5–4–11）的画面中，庭院里均孤置一块太湖石。可以研判，此时的石景形态应该是以孤置石景为主，同时，亦不排除在宋代就已经出现了叠石景的可能。从绘画的描绘看，早期置石景以孤置和堆置为主，石块以自然形态为主，尺度都比较大，形态上普遍比较粗犷，这和江南园林中现存的叠石假山形态有着较大的差异。

药洲九曜石的形态极其粗犷，不加装饰，与后世的叠山石比较起来，景致上差了许多，石景以置为主。从郭正祥的诗中，亦可以看出，药洲的石头特点就是大（“森龙虬”）。且南宋《云林石谱》中记载了象州（广西来宾市）太守为了得英石，“费万金载归，古亦然耳”，

图 5–4–10　宋代《梧桐庭院图》

图 5–4–11　宋代蹴鞠铜纹镜

能如此耗费的石头，不太可能是容易获取的小石头，而是要凭借极大人力、物力的大石头；从《宋史纪事本末》中的相关记载来看，花石纲的石头也十分庞大。

比较早于宋治平三年（1066）的药洲九曜石和明嘉靖九年（1530）的《东园图》（图5–4–12）、清乾隆三年（1738）的《月曼清游图》（图5–4–13）中的石景差异，形态的细部呈现出一个不断发展深入的特点。作为唐宋时期较早的石景布设，药洲的石景较后世的更为硕大、粗犷，形态不加雕饰，自然质朴。药州九曜石较为自然粗犷的形态特征的形成原因可能有以下几点。

（1）人的认识是渐进的，在没有参照之前，凭空想象一个堆叠石景的形态是比较困难的，最初的参照对象是自然山和堆土山，和自然粗犷的大石头在形态上是比较接近的。从认识论的角度来看，置石的出现实际标志着拟态自然山的堆土山被进一步抽象出来（图5–4–14）。

（2）叠石工艺的成熟需要经过一个不断迭代发展的过程，在早期堆叠石技法不成熟且形态还在不断探索的状态下，大石头更容易根据需要不断地塑形，反复调整。

（3）石灰岩的莫氏硬度在4～5之间，对石灰岩进行精细化加工，就要求工具的硬度要大于石灰岩的硬度。唐代使用的工具主要为生铁锻制，生铁的莫氏硬度大致在4～5之间，并不能满足加工需求。根据沈括《梦溪笔谈》中记载，约在北宋时才开始大规模地冶炼纯钢。

图5–4–12　明代文徵明《东园图》（局部）

图5–4–13　清代陈枚《月曼清游图》（局部）

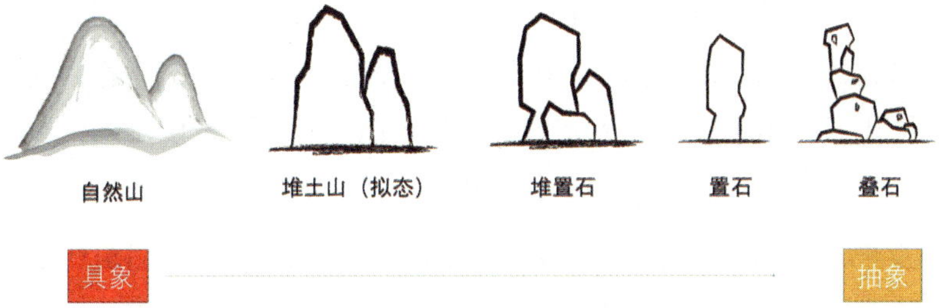

图 5-4-14　石景由具象向抽象转化的认识进程

纯钢的硬度大于石灰岩，但多用于兵器制造。明代《天工开物》中有在斧、凿等工具中嵌钢的做法，说明此时在工具中嵌钢的做法已经较为普及，才有大规模的精细加工石灰岩的可能。这是明代后期大量叠石营造的一个技术基础。

（4）唐宋时期已经出现了可以载货 200 ～ 600t 的船舶，石灰岩的密度约为 2.4×10^3kg/m，故药洲体块最大的仙掌石质量为 20 ～ 30t，因此，通过水运作为运送大石头的方式是不成问题的，这也符合南方地区水网密布的地形特点。

（四）以石为景的园林风格与转换

按照中国古典园林史的传统观点，普遍认为在西汉时就有了叠置山石的具体事迹，其引例主要指，东晋葛洪所著《西京杂记》中所记载的西汉富民袁广汉筑园之事，但是此事详细品味还是比较微妙。“茂陵富民袁广汉，藏镪巨万，家僮八九百人。于北邙山下筑园，东西四里，南北五里，激流水注其中。构石为山，高十余丈，连延数里。养白鹦鹉、紫鸳鸯、牦牛、青兕，奇兽珍禽，委积其间。积沙为洲屿，激水为波潮，其中江鸥海鹤孕雏产鷇，延漫林池；奇树异草，靡不具植。屋皆徘徊连属，重阁修廊，行之移晷不能徧也。广汉后有罪诛，没入为官园，鸟兽草木，皆移植上林苑中”。

《西京杂记》成书时间无考证，现存刻本皆为明刻，所记之事多为孤例，孤证不证，因此真假难辨。同时，在古代文献中出现夸大记叙亦是十分常见之事。若袁广汉其事真有，所言“构石”之事也显然不同于后世的“构石”。首先，这个“**构石**”尺度太大，从文意上看，“**构石为山**”的“**山**”和北邙山的“**山**”应该表达一样的意思，这是有土的山，是用石头来作为基础营造的土山。其次，袁氏显然是向苑囿学习，这座园实质上是一个大型的苑囿，从园内禽类需要树杈栖息这一点来看，亦支持这座山应该是土山。秦汉时期的宫殿建筑还是夯土高台，城池建设砖石都少用，就这个建造方式而言，夯土筑台的建设方式和这个构石为山的建设方式应该是相似的。

狩猎活动是古人获得高营养蛋白质食物的重要来源，而鸟兽也对人类生存形成一定威胁，因此动物崇拜在人类文化发展中十分常见。我国古代（秦汉）的青铜器造型多以鸟兽为主题，以山为主题的青铜器造型只有博山炉一种。博山炉是汉代广泛使用的一种熏炉，顶盖做成山的形状，来象征作为海上仙山的“**博山**”。

海上仙山的基本构型是汉代太液池“**一池三山**”的认知原型，这同博山炉中的认识是一脉相承的，只不过太液池是刻石为鱼龙、奇禽、异兽。而从1968年在河北省满城县陵山西汉中山靖王刘胜墓出土的错金博山炉来看，其炉盖镂雕成山形，人和虎、豹、猴、野猪等动物置身其间，这同《西京杂记》中袁广汉筑园之山是一个模式。因此不难判断，早期（汉代）园林中的山是有具体功能的，这同现存古典园林中的叠石为山是两个不同的概念。

最后需要指出的是，此时从技术上来说，在平民层面，实际还不具备大规模对石头进行精细化堆叠加工的工具和设备，秦汉时期一直有限制民众使用金属制品的传统。秦汉时期的青铜器中的鸟兽图样，墓葬中殉葬的鸟兽，包括太液池中的刻石鸟兽，实际上都在指向秦汉时期园林营造更多是一种豢养珍禽走兽性质的苑囿。这个时期对于山水的关注，实质是对珍禽走兽生存环境的一种移情。

以石代山并不是一次简单的尺度缩放，而是在认识上（或者说审美上）一次质的飞跃，是一次具象转向抽象的认识过程。这个转化过程，把山从纯粹的自然中抽离出来，进行二次艺术加工，是一次山水理论的颠覆和提升。这个演化的历史进程是渐进而漫长的，始于南汉的药洲九曜石的遗存是目前一个标志性实证。

从绘画和文献记载来看，唐代的园林营造中的假山，北方多为堆土山，南方多石，这在唐代谪贬岭南文人的诗文中都有记叙。因此在南方园林营建中，以石为景亦是一种因地制宜的营造策略。可以初步研判唐宋时期园林石景形态，伴随着唐宋之际的政治（长安—洛阳—临安）、经济（黄河—长江）中心的逐渐南移，逐渐由适应北方自然气候的堆土山转变为以适应南方自然气候条件的置石景为主。

北宋末年的艮岳营造可能是这个过程中的一个关键节点，一是其营造的过程中开采了大量的石头；二是在最高统治者层面开创了一种置石作景的方法，产生了一定的示范效应。南宋之后，由于建都临安，地处南方，毗邻太湖石的主产地，因此大量的太湖石被开采并运用在园林营造中，于是绘画作品中也有了这种石景形态的反映。

结合唐宋时期的绘画、铜器等文物遗存，能初步确定唐宋时期是古典园林石景由堆山向置石转化的关键节点。南宋时大量的绘画作品中置石景的出现，一定程度说明了置石景是宋代园林营造中主要的石景形态。广州南汉药洲遗址现存的九曜石，是目前有迹可循最早的置石景遗存，虽然其置石方式较后世而言十分简易，但其形态自然粗犷，对研究我国唐宋时期的园林石景形态特征具有实证意义。

（本节作者：林广臻）

五、明清士人园林特征

“士”群体在中国古代传统社会中的作用极为显著。“士”阶层从战国时期开始诞生，经历了两汉之儒生、魏晋之士族，直至唐、宋、明、清由科举入仕的文人官僚，时代与社会面貌虽然使其形成了不同的特点，但是士人阶层的基本特征却保持了可观的连续性。[1] 士人的概念在学术界尚无统一定论，常因参照系的不同导致士人范围的相异。狭义上的士，文献上“无位而文者”可以概括，即士大夫之外的基层士人群体；而广义上的士，既包含基层士人也包括官僚士大夫阶层的整体意义上的知识群体[2]。士人阶层营建的私家园林应为“士人园林”，这个士人即在中央或地方担任官职的阶层的“仕”。同时具有文人或商人的社会行为与文化素养的儒生士人群体，为广义上的士人概念。明清理学为官方哲学与意识形态为主导的士人群体的群体性格对寻找与探索明清岭南士人园林的理景艺术特征极其重要。

（一）明清士人群体特征解析

中国古代文化博大精深，思想史上的儒、墨、佛、法、道诸家具有不同的理想人格模式和人生价值取向。理想人格的建构主要是融合儒释道理论的儒家学说新思想的延续。儒家坚持“圣人”或“君子”的理想人格范式，其特征为“内圣外王”，奉行“格物、致知、诚意、正心、修身、齐家、治国、平天下”的道德塑造途径，最后达到“仁爱”“济世”“中庸”“注重气节操守”等精神与情怀，这些理想人

[1] 阎步克．士大夫政治演生史稿［M］．北京：北京大学出版社，2015.
[2] 刘晓东．论明代士人的“异业治生”［J］．史学月刊，2007（8）.

格的内涵与塑造方式也随着儒家内部的变革而延续下来。

宋元时期岭南地区乡村社会佛、道与巫的蛊惑力量充斥在人们的日常生活中。后来随着国家中央集权的强大、当地经济日益发展和长时期的文化累积，一大批士人（表 5−5−1）于明代中后期逐渐投身到国家正统与儒家理念新秩序的地方文化建构上来。如明代正德、嘉靖年间，云谷、大科、石泉、四峰四书院的成立，致使广东西樵山地区成为岭南思想文化活动中心，进而形成了南海士大夫集团及其文化社会辐射核心，而此时期岭南地区在国内外的贸易较为发达，形成了该士大夫集团发展进步的物质基础，以至于其在明中后期实现了学术上的全国性影响。

表 5−5−1　明中晚期广东士人略表

姓名	籍贯	科举功名	生活年代	历任官职	品级	资料来源
梁储	广东顺德	成化十四年进士	1453—1527	吏部尚书、太子太师、华盖殿大学士	正一品	《明史》卷190
湛若水	广东增城	弘治十八年进士	1466—1560	南京国子监祭酒、礼部侍郎、南京礼吏兵三部尚书	从一品	《明史》卷283
伦文叙	广东南海	弘治十二年状元	1467—1513	翰林院修撰、经筵讲官、翰林侍讲	正六品	光绪《广州府志》卷115
伦以谅	广东南海	正德十六年进士	弘治、正德、嘉靖年间	庶吉士、山西道御史、吏部主事	正六品	光绪《广州府志》卷115
伦以训	广东南海	正德十二年进士	1497—1540	翰林院编修、经筵讲官、南京国子监祭酒	从四品	光绪《广州府志》卷115
伦以诜	广东南海	嘉靖十七年进士	正德、嘉靖年间	礼部主事、南京兵部侍郎	正五品	光绪《广州府志》卷115
黄佐	广东香山	正德十六年进士	1490—1566	翰林院侍读，南京国子监祭酒	从四品	《明史》卷287
方献夫	广东南海	弘治十八年进士	1485—1544	吏部左侍郎、吏部尚书、太子太保	正一品	《明史》卷197
霍韬	广东南海	正德九年进士	1487—1540	吏部左侍郎、吏部尚书、太子太保	正一品	《明史》卷197
冼桂奇	广东南海	嘉靖十四年进士	正德至嘉靖三十三年	工部主事、南京刑部主事	正六品	道光《南海县志》卷36

明清士人群体特征主要体现为以下几点。

1. 家国情怀，内圣外王

明清理学对中国传统社会的影响直接导致了家国同构体的成熟。中国传统社会的基本结构和文化大传统在汉代确立，这种基本结构是三层次的“家国”一体化，士人在基层社会有了广阔的政治、经济、文化活动空间。这一变化直接促使士人阶层理想人格的独立。明代广东西樵山四大书院的成立及其学术思想的传播表达了“家国一体，内圣外王”的理想诉求。

2. 经世致用，义利均分

市民阶层出现以后，士大夫商人化倾向较以往更加明显，功利论此起彼伏，社会上出现了肯定私利、义利统一的新价值观，这与传统的重义轻利的价值观有着极大的不同，明显表现出功利主义特征[1]。晚明政治和社会的多重压力导致了该时期士人文化诉求和人格精神的逐渐丧失与变质，这种转变促进了士人阶层对生存的理解和对生活实态的转变[2]。这就促使岭南士人群体也会呈现出重商、务实、开放的生活方式以及一定程度的平民风范与社会特征。

3. 世俗市井，享乐寻闲

西方文化冲击了中国传统农业与手工业经营与运作模式，致使中西方文化融合，重商思想逐渐变成明清时期岭南士人的常识理性，这一改变进一步体现在学风、思想与生活的世俗市井、享乐寻闲的世俗化色彩。岭南地区海内外商业贸易较其他地区发达，文化构成复杂，清末面临着西方文化的冲击，其造园手法与风格展现出极为明显的世俗化倾向，这种世俗化是以封建文化为参照系，表现出士人对封建社会等级秩序、对官方主导意识形态的反叛，呈现出世俗市井、享乐寻闲的生活实态特征。

（二）明清士人园林分期特性

明代至清前期的岭南地区士人园林尚能保持天人合一的宇宙观和虽由人作、宛自天开的自然观。清代以前岭南大部分地区的园林风格与江南园林或闽台园林没有太大区别，只有个别商业发达的城市如广州、佛山、江门、潮州等其西洋或世俗化风格更为突出。此时期的园林案例为黄宅书斋庭园、樟林西塘、碧琳琅馆、洛墅等。

---

[1] 刘晓东，赵毅．晚明士人社会交往的失范及其评述［J］．东北师大学报，2005（05）．
[2] 赵园．关于“士风”［J］．中国文化研究，2005（02）．

晚晴时期随着鸦片战争后社会性质的改变，西方廉价质美的商品直接冲击了中国传统农业与手工业经营与运作模式，导致岭南士人阶层重农抑商思想的完全倾覆，士人园林中世俗化的市井装饰风格更为突出。此时期的园林案例如潘家园宅、伍家园宅及广东四大名园，其中也堪为过渡期的园林案例，而民国成立后的园林性质及其世俗化也显得更加显著。

明清时期岭南地区的士人园林数量较多，据记载，岭南潮州府于明末清初既存30余处园林，多数为士人园林。如被誉为“开粤中一代风雅”的“明初南园五子”黄哲，其位于广州荔枝湾附近的私园听雪蓬属于“近江南之风韵”的岭南地域园林。黄哲“乙卯（洪武八年）四月，朝廷取回山东，治在郡诖误，竟置于法”[1]。其“文”才突出，著作诗集较多，如《南园前五先生诗》《雪篷集》等。黄哲的私园听雪篷建于明洪武六年，南回广州思忆北下雪景，“天下奇音妙韵出自然者，莫过此也”，故以园名。

随着当代社会发展与城镇的建设，岭南地区园林留存下来的很少。夏昌世与莫伯治在20世纪五六十年代的岭南园林普查工作中找到很多园林，除了四大名园保存较好并得以修复之外，明清的飞园、馥荫园、邱园、小蓬莱、清风园等现已不存。对照其1963年《岭南庭园》部分园林一览表，通过文献整理，得出以下明清时期岭南部分士人园林一览表（表5–5–2）。

表5–5–2 岭南部分士人园林案例一览表

园名	所在地	建造年代	园主	官职职务	园内景物
听雪篷	广州荔枝湾	明洪武六年（1373）	黄哲	岭南“五先生”，翰林侍制	听雪篷
晚景园	城西西门外带河涌边	明代	黄衷	进士、湖州知府、广西参政督粮、云南巡抚	石虹湖、白百堤、石桥、浩然堂、天全所、青泛轩、素华轩、鸥席草堂、后乐榭
小云林	广州城北越秀山南麓	明嘉靖二十七年（1548）	李时行	南京兵部车驾司主事，南园后五子之一	湛虚亭、招鹤亭、驭风亭、水云居、元同轩、青霞精舍、影月楼、月波桥、钓月台

[1] 广州市地方志编纂委员会，《广州市地方志 - 人物志》［M］. 广州：广州出版社，1993.

续表

园名	所在地	建造年代	园主	官职职务	园内景物
洛墅	广州城东大东门外		陈子壮	万历四十七年进士，崇祯间累迁礼部右侍郎	池十余亩，塘三口，“此花身”画舫
东皋别业	广州城东大东门外	明崇祯四年（1631）	陈子履	御史	挹清堂、金粟馆、浸月台、浴鹤池、花坞、竹篱茅舍、梅岛、鹤径亭、元览小冈、怀新轩、戏鳞金鱼池、稻田、菜地、荔枝林，和春庵
鹤园	佛山	明代	冼灏通	佛山忠义乡乡长	浴鹤池、洗心亭、光霁楼、马廊、鸣鹤楼、荣养堂、广居堂、自然池、无极墩、望樵阁
东林	佛山	明代	冼效	知州	佛山八景之一“东林拥翠”，试马堤、射圃、集雅堂、湖心榭
清晖园	顺德大良镇	清嘉庆道光年间	龙应时家族	乾隆甲子科举人，辛未科进士	船厅、碧溪草堂、澄漪亭、六角亭、惜阴书屋、竹苑、斗洞、狮山、八角池、笔生花馆、归寄庐、小蓬瀛、红蕖书屋、凤来峰、读云轩、沐英涧、留芬阁
继园	广州城北越秀山南麓	清光绪四年（1878）	史澄	道光二十年进士，书院掌教，史志编纂	祖祠明德堂、退思轩（读书处）、经纬楼（藏书处）、养翎馆、枕棉阁、佳士亭、香雪亭、得月台、荷花塘、寒菜畦、蔬笱堂。取孟子“为可继也”
碧琳琅馆	广州城北越秀山	不可考	方功惠	广东监道知事，官至潮州知府	《碧琳琅馆珍藏书目》
磊园	广州城西十八甫	清乾隆年间	颜亮洲 颜石瑛	十三行行商泰和行	园内 18 境：桃花小筑、遥集楼、静观楼、留云山馆、倚虹小阁、酣梦庐、自在航、海棠居、碧荷湾、临沂书屋；颜嵩年《越台杂记》后为伍崇曜所得
环翠园	荔枝湾南岸澳口涌边	清光绪末年	蔡廷蕙	云南大理知县	30 余亩，宗祠私宅花园；西式船厅；望云草堂；玻璃厅（意大利风格）
海山仙馆	广州荔枝湾	清道光十年（1830）	潘仕成	道光十二年中副榜贡生、两广盐运使浙江盐运使，十三行行商	占地 $12hm^2$，南湖北陆，凌霄山馆、文海楼、赵华池馆、贮韵楼、雪阁、眉轩、小玲珑室、东西两塔以及水上音乐台

续表

园名	所在地	建造年代	园主	官职职务	园内景物
南雪巢	广州	—	潘有为	清代举人、十三行行商	《南雪巢诗钞》：有村野之致；珠江南岸，漱珠桥，背依万松山
粤雅堂	后倚乌龙岗前临珠江	—	伍崇曜	举人，十三行行商怡和行主人，布政使	—
听松园	未考	清道光年间	张维屏	道光二年进士	松涧竹廊、烟雨楼、定春道、柳浪亭、海天阁、松心草堂、东塘月桥、闻稻香处、东临蓬馆、万绿堆、观鱼榭、莳花埂、听松庐、院中堂、南雪楼、双芙溆、逐读我书斋
余荫山房	番禺南村镇	清同治六年（1866）	邬彬	清代举人，签分刑部堂主事，为七品员外郎	深柳堂、临池别馆、玲珑水榭、卧袍庐、孔雀亭、来薰亭
可园	东莞博夏村	清道光三十年（1850）	张敬修	广西按察使	可堂、邀山阁、绿绮楼、环碧廊、擘红小榭、可轩、双清室、曲池、湛明桥、滋树台、假山涵月、问花小院、壶中天、可楼、雏月池馆、博溪鱼隐、观鱼簃
梁园	佛山	清嘉庆道光年间	梁蔼如家族	内阁中书、儒林郎、奉直大夫、商人（梁蔼如）	十二石斋、群星草堂、秋爽轩、笠亭、日盛书屋
人境庐	梅州市东山周溪	清光绪十年（1884）	黄遵宪	1876年中举人，历充师日参赞、旧金山总领事、驻英参赞	花圃、假山、鱼池、五步楼、十步阁、息亭、七字廊、无壁楼、卧虹榭和藏书阁
春桂园	普宁县洪阳镇	—	方氏	普宁清代总兵	不可考
梅溪陈家花园	珠海市前山镇	清光绪年间（1891—1896）	陈芳	夏威夷国会议员，中国驻夏威夷第一任领事	花厅、莲塘、石船舫，建筑取胜

（三）明清士人园林理景艺术

中国古代士人的多元角色成就了其特殊地位，也成就了其复杂的精神世界，而古代文化艺术体系的丰富为岭南士人提供了一个独享精神自由的新天地。明清时期岭南地区海风昌盛，商业发达，西方文化斥入，士人群体表现出对封建社会等级秩序和官方主导意识形态的反叛，士人思想的流露在造园活动中也得以体现，主要表现为以下特征。

1. 空间融透、庭庭印和

“空间融透、庭庭印和”是岭南传统园林空间布局理景的较好诠释，也印证了岭南文风潜移默化的影响。“庭庭印和”指的是庭与庭在造园中相结合做到“构园得体”，其最终归宿是“和而不同”，也在一定程度上暗合造园应“道器并重，有法无式”，在造园中应满足实际功用、空间层次与审美意趣等多重需求。

可园（图 5−5−1）中部庭院为一较大的平庭，但造园者为了满足实际功用的同时塑造多层次的空间，在可堂与葡萄林室中间置一拜月台，拜月台与葡萄林室之间又置一座“假山涵月”的假山，此方形唯一平面变为三层空间，即由假山塑造了前后两大空间，又在可堂与假山之间置一四面通透的拜月台。园主与审美者居于可堂之中可透过拜月台观赏假山美景，又可仰望星空，品赏月景。不仅如此，此方形平庭营造前后虽然在空间等物质层面保持分割，却意旨暗合。月是中国传统艺术文化审美的一大对象，赏月往往意味着思乡与团圆，但不仅如此，颐和园澄怀阁对联，“水木清华平分澈润，坐揽风月高处胜寒”，

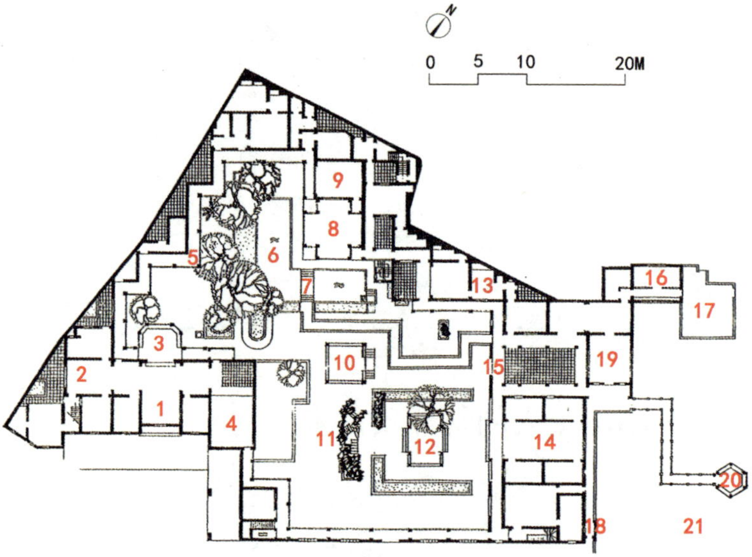

1—门厅；2—草草草堂；3—擘红小榭；4—葡萄林室；5—环廊；6—曲池；7—湛明桥；8—亚字厅；9—邀山阁；10—滋树台；11—假山涵月；12—拜月台；13—绿绮楼；14—可堂；15—壶中天；16—观鱼簃；17—钓鱼台；18—博溪鱼隐；19—船厅；20—可亭；21—可湖

图 5−5−1a　东莞可园平面图

或者可以品悟一二。可园之中、可堂之上、涵月之山、拜月之台，园主通过月文化景观表达了虽沉于世俗但仍想保持内心恬淡，静察体悟以求生命本真的传统士人心理。

2. 掇山置石、余情丘壑

山水骨架是古今造园理景的必须手法，中国古代早期即形成了山水审美文化观。山水审美本于一体，掇山置石是中国传统园林营造园林地形、塑造空间的第一步。《园冶》有云，“园中掇山，非士大夫好事者不为也”，暗示掇山置石为士人园林必不可少的园冶妙法，其精髓则为“深意画图、余情丘壑”，“有真为假、做假成真”[1]。岭南士人对石“介于石，不终日”坚硬贞洁的品性的赞美是山石人格化写意的表现方式。

江南园林叠山较多，孤赏石相对叠山佳品数量较少，以其为园名的庭园实例更少，如苏州环秀山庄则以叠山著称，且江南园林山石的世俗化特征没有岭南地区鲜明，岭南地区置石相对叠山多，是故“独石成峰、异石成景”为岭南士人园林叠山置石的普遍特征。建于明代的潮州黄氏庭园（图 5–5–2），又称猴洞，占地约 900m²，为书斋庭园，

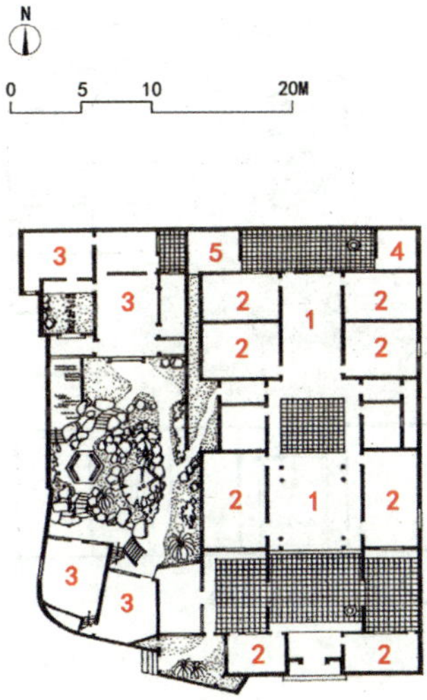

1—厅；2—房；3—书斋；4—厨房；5—杂物；6—猴洞假山

图 5–5–2 潮州黄氏庭园平面图

[1] [明] 计成 . 园冶 [M] . 北京：中华书局，2011.

生活建筑的兴建必须满足园主的生活起居、工作待客等需求，园主在生活空间一侧择地四分之一兴建“山水庭”，南北皆为书斋，中间为一山水景观。佛山梁园（图 5–5–3）的置石佳例确实呈现出“独石成峰、片山多致”的情感意蕴，而“异石成景”是如何体现的呢？清晖园（图 5–5–4）内八表来香亭周边石景较多，且多为几块峰石组合成景，可分为近景、中景、远景。远景为芭蕉等组成的植物景观，中景为带有岭南特色装饰的半墙云墙，近景则为由顺德英石和笋石组成的石景。细观石景可以找到自然山林、悬崖峭壁、千峰竞秀的审美意旨。

3. 规则水形、内隐自然

水为园林命脉，有水则此景可活，是故中国造园专著各个章节都涉及水景的营造，“先究源头，疏源之去由，察水之来历”[1]。明

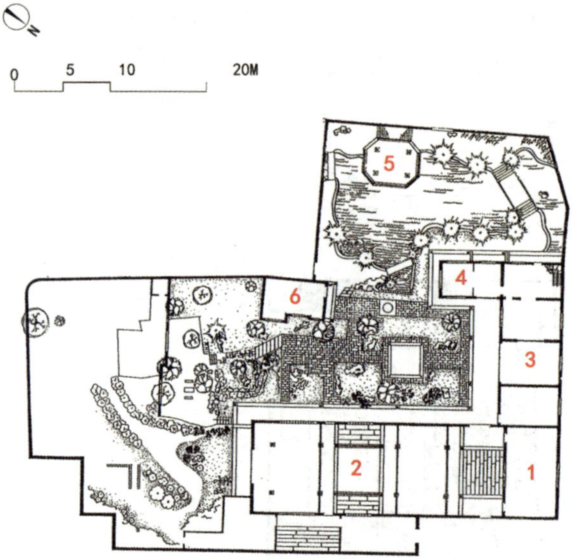

1—客堂；2—群星草堂；3—秋爽轩；4—船厅；5—笠亭；6—日盛书屋

图 5–5–3　佛山梁园群星草堂平面图

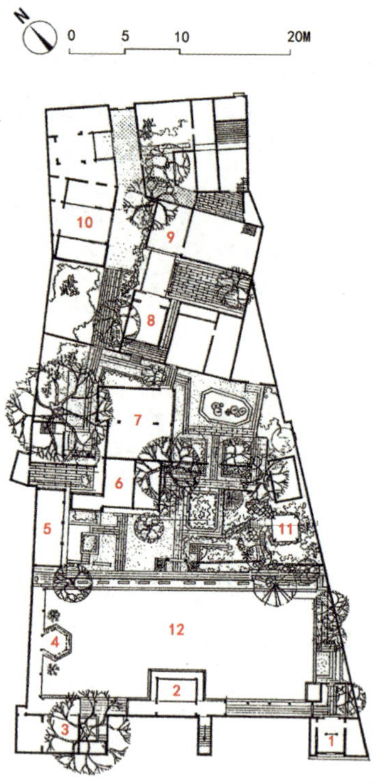

1—门厅；2—澄漪亭；3—碧溪草堂；4—六角亭；5—船厅；6—惜阴书屋；7—真砚斋；8—归寄庐；9—小蓬瀛；10—笔生花馆；11—花亭；12—水池

图 5–5–4　顺德清晖园平面图

[1] 计成. 园冶 [M] 北京：中华书局，2011.

清岭南存在较多借用自然水面造园的实例，水面曲折有致，暗合中国传统园林山水观。佛山梁园群星草堂（图 5-5-3）、潮阳樟林西塘（图 5-5-5）等皆为曲水佳例。群星草堂水面形态结合孤峰片石，与樟林西塘、潮阳西园（图 5-5-6）的假山水池一样，构成了岭南园林“山水庭”的布局形态。岭南地区仍有较多士人园林水面呈现规则式的布局形式，这与江南园林不尽相同，为岭南私人园林独居特色的地方。诸多研究人员认为岭南园林的水体布局既有造园审美的一面，也存在务实性的一面。造园审美如风水聚气使园活络、营造空间、养鱼玩乐等，务实性的一面即为了适应亚热带潮热气候的现状，而于庭园之南置水体，水体的存在原因大致如此。

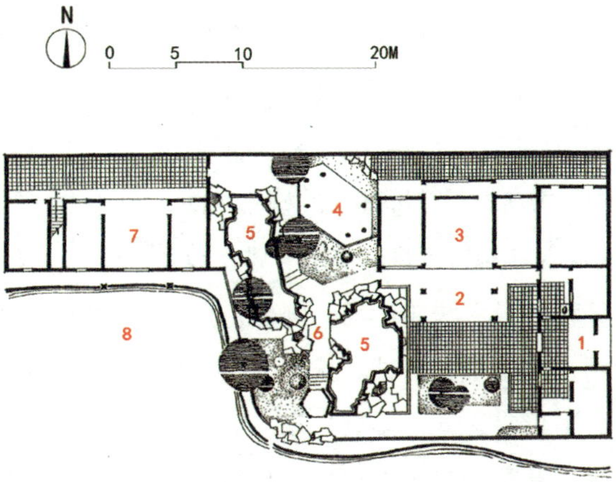

1—门厅；2—拜亭；3—宅居；4—扁亭；5—池；6—假山；7—书斋；8—外河

图 5-5-5　潮阳樟林西塘平面图

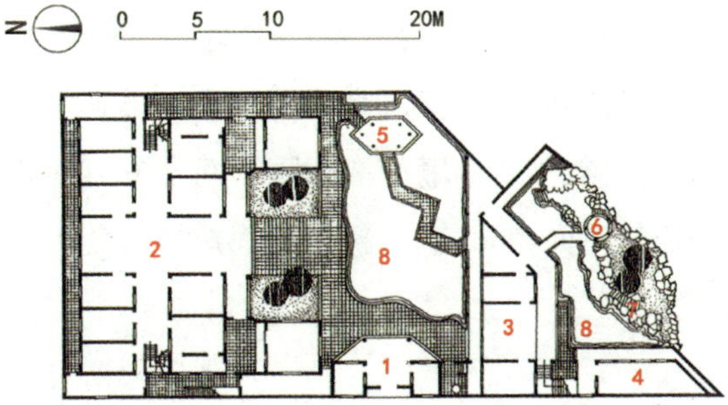

1—门厅；2—宅居；3—书斋；4—书斋客厅；5—六角亭；6—凉亭；7—山石；8—曲水

图 5-5-6　潮阳西园平面图

对于规则形水形的存在原因，当今学者从建筑布局与西风影响来分析：因岭南庭园多依建筑布局，形成连房广厦的布局方式，水体为了适应平面变化则多为规则式；因西方造园多采用改造自然的规则式，岭南特别是广府地区受西洋影响较为深远故采取规则式。岭南理水的规则式与西方规则式的本质区别是什么呢？中国传统园林叠山理水在初创期多受神话与自然崇拜的影响，到了魏晋时期则慢慢出现了较玄妙的山水审美与山水诗、山水画，进而潜移默化地影响了“虽有人作，宛自天开”的理水审美观。明清时期虽然造园陷入程式化的套路且规模日益变小，特别是岭南园林世俗化很明显，但对自然的追求与模拟丝毫不减“自然而然”的意味。岭南规则形水池的演变发展适应了当地的气候环境与建筑形态，未尝不可理解为一种哲学层面上的“自然”。正如《园冶》所说“构园得体”“随宜合用”，东莞可园的水池为锯齿形，命名为“曲池”，也是取曲水自然之意。

4. 园景因借、情景合一

借景是中国古典园林造园理景的核心手法，《园冶》中说“夫借景，林园之最要者也”“构园无格，借景有因，切要四时，何关八宅”[1]。计成提出了四种借景手法如远借、邻借、仰借、俯借、应时而借，这些方式也运用于岭南士人园林。从岭南园林与周边景物环境的空间关系来看还可分为近赏之景、徘徊之景、远眺之景和借声之景等手法，而对景和框景也都是岭南士人园林最常用的理景之法。如“未荒黄菊径，权作赤松乡”的东莞可园，入门这一对联充分表达了园林选址、景观与意境等多重内涵（图 5-5-7）。可园邀山阁（图 5-5-8）高 17.5m，取“邀山川入阁”之意，在明清时期占据周边制高点。邀山阁四面开敞，可眺望四周之景，为当地一景。徘徊之景理解为园林空间和层次较多可徘徊观赏，顺德清晖园中间部分可为此类，船厅、惜阴书屋、真研斋与对面庭园花亭、狮子山等景物组合在一起，幽深曲折，适合徘徊赏景。

[1] 计成 . 园冶 [M] 北京：中华书局，2011.

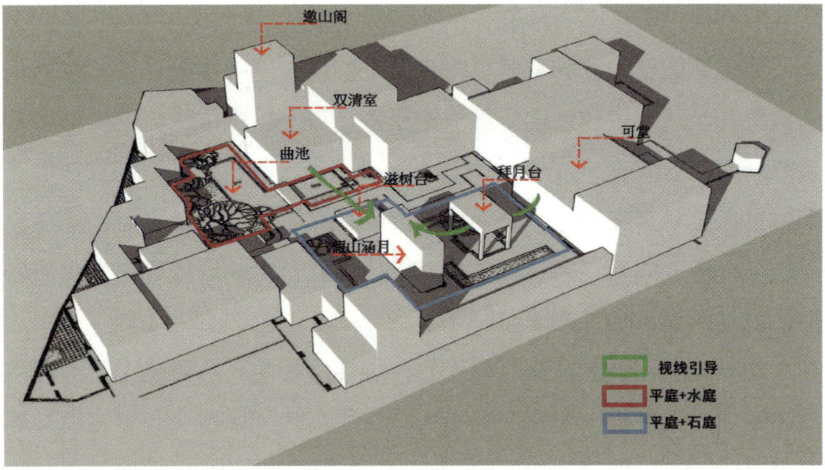

图 5-5-7 可园空间配置分析

图 5-5-8 可园邀山阁

5. 纳福世俗、中西合璧

园主造园往往意味着其世俗化的开始，“中国传统社会的世俗化所消解的是对准宗教性的、集政治权威与道德权威于一身的政治教条与意识形态的消解”[1]。岭南士人园林，因士人常识理性的独特性，园林世俗化常常在布局、建筑、装饰、植物、山石或者形态、颜色、材质等诸多方面表现为功能优先、中西合璧、市井通俗等诸多世俗化特征。（图 5-5-9、图 5-5-10）

园林建筑理景较江南园林而言，装饰性较强，色彩艳丽，常运用故事戏曲、瓜果鱼虫等抒发园主祈愿安和富贵、仕途文艺步步高升等愿景[2]。建筑装饰分为功能性装饰和象征性装饰，兼顾普罗大众的民俗化需求，在建筑的各大构件如门、窗、墙、壁、梁柱、天花、屏风照壁等诸多方面，其手法如砖雕、木雕、石雕、彩塑、灰塑、泥塑、

图 5-5-9　清晖园建筑装饰

[1] 陶东风．社会转型与当代知识分子［M］．上海：上海三联书店，1990.
[2] 刘国维，韦晓娟．岭南传统私家园林的“写意”手法与士人情怀［J］．广东园林，2015（04）.

图 5-5-10 清晖园建筑花墙

嵌瓷塑等。世俗化的体现不仅仅是装饰做法的迥异，还有表达含义的平民化，即除了传统士人解读的经典语义还有本土语汇、西洋语汇的综合运用。岭南士人园林因为庭园区与生活区联系紧密，势必会受其影响，常以岭南特有的植物瓜果花木为表现形态，如因叶形似“业”而寓意事业成功的芭蕉，因闽南语系“旺来”谐音而寓意兴旺的凤梨等。余荫山房深柳堂、临池别馆与清晖园归寄庐、小蓬瀛等景物，以及园林中用来划分空间或起到装饰作用的花台对民俗图景蝙蝠寿桃图案的多次使用，八仙题材的运用等可以证明岭南士人园林具有明显的世俗化倾向。十三行行商潘氏的海山仙馆更是如此。园主潘仕成的行商角色亦官亦商，属于岭南独有的士人类型，海山仙馆建设又处于古、近代社会（封建社会与半殖民地半封建社会）的转型期，因此风格中西兼具。以上案例皆体现了岭南士人园林世俗市井、享乐寻闲的士人诉求。

中国正统文化对岭南士人园林之影响一直占据主导地位。岭南园林案例如画舫斋与濠濮间的存在可以体现出某种境界或意境，这是人格观、宇宙观与园林审美的完美契合，皆能体现出传统文化之正统。

士人园林作为一种受制于封建皇权的士人生活及雅集所表现出的是士人阶层相对独立的意志、道德、人格、情感与审美需求，而儒、道、佛三家融合则以儒家为主、佛道兼之的思想发展模式发挥至关重要的作用，这是岭南士人理想人格建构的物质表现。

岭南地区园林，凭借其自身的自然地理与气候优势形成了岭南园林的热带与亚热带特色，但往往或因为岭南文化独特性的熏陶导致具有一定的西方与海洋风格，或因为地理位置与气候因素导致园林山石营造的分异与植物配置的乡土。明清时期岭南地区的士人园林呈现出“空间融透、庭庭印和”“掇山置石、余情丘壑”“规则水形、内隐自然”“园景因借、情景合一”和“纳福世俗、中西合璧”的理景艺术特征，可见岭南士人园林是中国古代宝贵的园林文化遗产。

（本节作者：刘国维）

六 传统聚落之演化发展

一、潮汕村落近现代演化

清中期以后，因对外经济发展等多方面的原因，岭南地区乡村的经济形态和社会形态发生了迅猛的变革，也带动着其聚落空间形态经历了快速的演化。由于岭南村落的近现代演化历程在全国有着“先行者”的意义，对其历史经验和历史规律进行研究和总结，将为其自身和国内其他地区村落的未来发展道路提供指导和参考。

潮汕位于岭南地区之东南沿海，地域文化性格鲜明，潮汕乡村演化研究是岭南乡村演化研究的重要组成部分。在近现代演化进程中，潮汕乡村聚落普遍相对完整地保存了多个发展时段中形成的建设片区，聚落空间体现为历时性历史痕迹的共时并存，为研究带来了便利，而历史学、人类学领域对部分村落样本的长期观察则为我们提供了更明晰的历史线索。

溪口村和新和村分别位于潮州市潮安区归湖镇和汕头市潮阳区和平镇。前者隶属韩江流域，后者隶属练江流域；前者近山，后者临海；前者为单姓村，后者为多姓村；基础条件存在较大的差异性，却更有利于相互参照从而归纳潮汕聚落演化的共性规律。它们既保留有已形成的传统村落布局，又带有现代潮汕社会经济发展带来的变更痕迹。并且两村都有人文学者进行过系统的社会人类学调研[1]，拥有宝贵的历史数据。因此，将它们作为研究潮汕聚落近现代演变的对象，应具有一定的代表性和借鉴意义。以下以时间线为线索对溪口村和新

[1] 丹尼尔·哈里森·葛学溥．华南的乡村生活：广东溪口村的家族主义社会学研究［M］．周大鸣，译．北京：知识产权出版社，2012.
周大鸣．溪口村的变迁：《华南的乡村生活 > 追踪研究》［M］．北京：社会科学文献出版社，2006.
杨正军，王建新．粤东侨乡——汕头新和村社会经济变迁［M］．广州：广东人民出版社，2008.

和村的演化发展进行分段研究：1949 年以前为其自给自足的原型时期，1949—1978 年为其单一经济的解构时期，1979 年至 20 世纪 90 年代初为其自上而下的家族企业萌芽的重构期，20 世纪 90 年代初至今为其市场无序扩张的增长期。

（一）原型：自给自足的传统聚落

以葛学溥调查溪口村的时间（1919）为起点，千年来的封建主义制度即将走到尽头。无论是对于来自中原故土的移民来说，还是对于远古南越土著来说，潮汕地区已然是一个自成一体的亚民系区域。在这里，家族主义业已根深蒂固，聚落也在历代变迁中安居成形。

1919 年的溪口村（又名凤凰村）明显沿凤凰溪呈带状分布，以一条与溪流方向基本平行的南北向街道为主要交通要道，贯穿村落并通往外部；另外，在村落偏北区域有两条较短的东西向街道，垂直于凤凰溪，从村落内部通往西边的凤凰溪渡口。

聚落主要分为居住区和集市区。居住区在村落北部，建筑大多紧贴三条村落交通干道两侧分布，北部较密集，南部渐稀疏。建筑规模不一，整个村落的空间重心明显落在北部由三条交通干道和水池围合成的区域中。在这个围合空间里，坐落着村落最古老的戴氏祖厅，坐西朝东，面向水池。除此之外，另有两座半公共的祠堂，为戴氏宗族下的房支所有。1920—1930 年，又在戴氏祖厅的北边建立了专属于戴氏长房的腾懋公祠。市场则在村落南侧沿南北向干道两侧夹道而立（图 6−1−1）。

1949 年前的新和村老寨位于练江与支流之间的河洲上，聚落外围有石砌寨墙围合，并在东南西北方向各设有寨门。寨内以一条南北向的主街将聚落分为东西两部分，主街两侧为民居单位首尾相连形成的纵向巷道，界面连续，更接近梳式布局。与溪口村相比，新和聚落布局较为均质而密集，居住单元规模相对均衡，基本都是三合院、四合院式的小单元（图 6−1−2、图 6−1−3）。

新和村是一个多姓村落，但各姓人口不均匀，其中以马、孔、林、

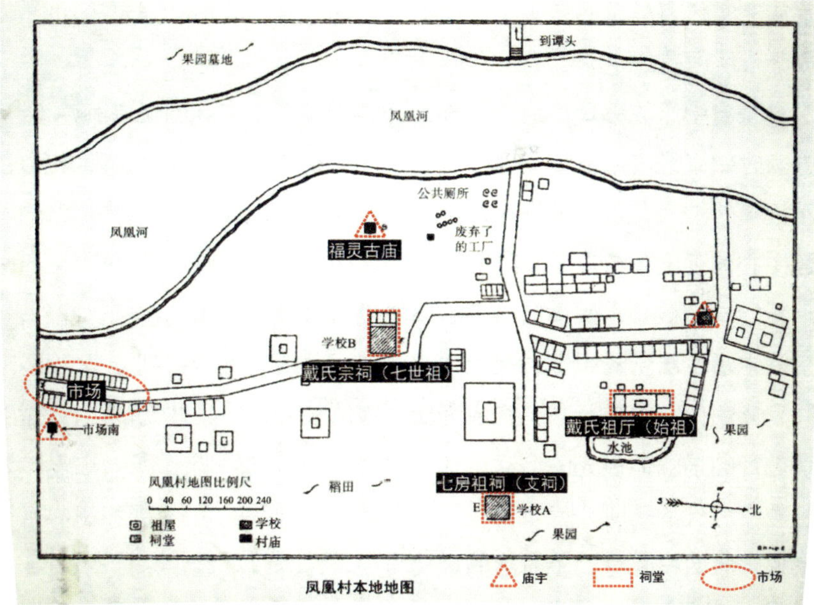

图 6-1-1　溪口村传统形态

图 6-1-2　新和村老寨形态　图 6-1-3　巷道两侧民居首尾相连，界面连续

陈、许为主，这五个宗族均在村内建有祠堂。各姓人口基本分区居住，但并无明确界限。传统聚落中存在以下 4 种重要空间核心。

祠堂。潮汕传统聚落保留有浓厚的宗族主义思想。在所有社会活动中，宗族的祖先崇拜活动最为重要，其发生的场所——祠堂，作为宗族的实体表征，涵盖了祖先活动之外的教育、政治、娱乐等功能，成为传统村落的中心。

来自中原的移民保留着聚族而居的古制，小家庭围绕宗祠建设，分家时如果经济条件许可时，就会与旧居相连地建立新房。随着居住区规模的扩大，近亲总是相对集中地住在一起。传统聚落最初以祖祠为中心体现出单核性质。随着家族的繁衍和分裂，原本的核心将分化出新的次级核心，如溪口村中后期建设的戴氏宗祠和七房祠，在村落空间中增生出新的组团。祖祠中的部分公共活动也转移到支祠中由不同家族团体组织进行，支祠成为新一级的核心。在具体功能上，在祖厅进行的是缅怀祖先的活动，支祠则是子孙祈求风调雨顺、庆祝丰收和教育后代的场所，代表了权势和利益，与现世的关系更密切。总的来说，原始核心左右了村落的最初布局，作为统一整个宗族的源头，显现出比后来的新核心高一级的控制力。因此，在宗族空间上，村落具有多层梯级分布的空间特征。

而多姓合居的新和村老寨，由于几大姓的人口和势力差异不大，相应地在村落中形成较均质的空间分布。每个姓氏相对集中地居住在一个片区，但形态上没有明确的分界，整个村落以几个祠堂所在的片区形成多个重心区。但每个宗族没有足够的向次级分化的空间，因此多层梯级性状不明显。

此外，家族主义基础上形成的等级秩序也体现在单个家庭居住空间的分配上，如在四合院式的院落（四点金）民居中，纵向以上为尊，横向则以左为尊。

市场。由经济因素决定的市场亦是村落的一个重要空间。从本质上看，人多地少条件下的精耕细作农业经济必然伴随的家庭手工业等兼业对市场空间存在需求，但这种需求可以在临近的集市得到满足，不是传统村落都具备的条件。溪口村原村落范围内是没有集市空间的，到清道光年间，原镇内仙洋圩因偏隅逐渐冷落，位于韩江河道旁的市场需求上升，溪口村受到村南面 1870 年建的大沟市的直接竞争刺激，于 1876 年在独立于村域范围的位置建立了专门的葫芦圩（现老市街）并逐渐兴旺，成为连接村内外的一个交流空间。而新和村老寨中没有独立的集市区，但主街两侧的房屋具有商铺的功能，朝向主街开店，因此集市空间是融合在居住区中的。

庙宇。潮汕民间信仰有泛神论的特点，村落内部供奉的神灵常常不止一种，而每种神灵都覆盖不同的一个“祭祀圈”。以主要的伯公庙为例，有时由村落内的单一姓氏建立，有时由同村的或相邻几个自然村的几个姓氏共同建立，因此，基于信仰的“祭祀”圈与基于宗族共同祭祀祖先形成的“圈”可能重合，也可能前者包含后者。

善堂。善堂是潮汕地区村落常见的一种慈善机构，由民间自发组成，也以先贤为崇祀对象。如新和村的报德堂崇祀大峰祖师，始创于北宋，清末民初传遍潮汕地区，而报德堂则成为为整个潮汕地区善堂的总堂。

综上，传统聚落中的空间主要具有两个特征：①多元场的重叠。传统村落中存在宗族、宗教、政治、经济等多元中心，以各个中心为圆心形成的场互相重叠或交错，形成了传统村落中多元重叠的空间特征。这是聚落价值认同多元化的反映。②多层梯级分化：空间的多层梯级主要由宗族的分化引起，多姓村落的宗族分化不充分，空间的梯级就不明显。信仰空间（祭祀圈）也有一定的分层性质。

信仰、经济以及前段所述的宗族——聚落中的这多种核心形成了不同性质不同范围的“场”，虽然这些“场”在平时并不显性地体现出来，但是在举办活动时则被“激活”。每个场的活动成员是有限定的：每个祠堂、每座庙宇的活动由聚落中哪些家庭和成员参与都有明确的规定（表 6−1−1）；集市的人员有流动性，但是在一个乡镇范围内，哪些村落主要参与哪些集市也是基本固定的。每个场的活动时间各有不同，如专属于某一祠堂或庙宇的节日和集市开市的日期。每个场的活动范围亦有限定，如某条祠堂庙宇的游神活动路线是按不同团体之间的约定严格划定不可逾越的，通过不同的成员，不同的活动时间和不同的活动范围，“场”就显性地体现出来了。各类“场”所驾驭的空间互相包容、互相提串，形成多元功能混合一体的聚落，这是传统聚落区别于按功能分区的现代聚落的主要特征之一（图 6−1−4、图 6−1−5）。

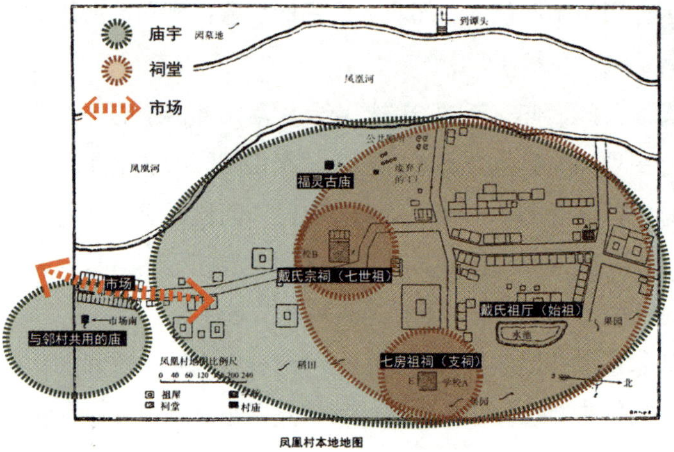

图 6-1-4　溪口村多元空间

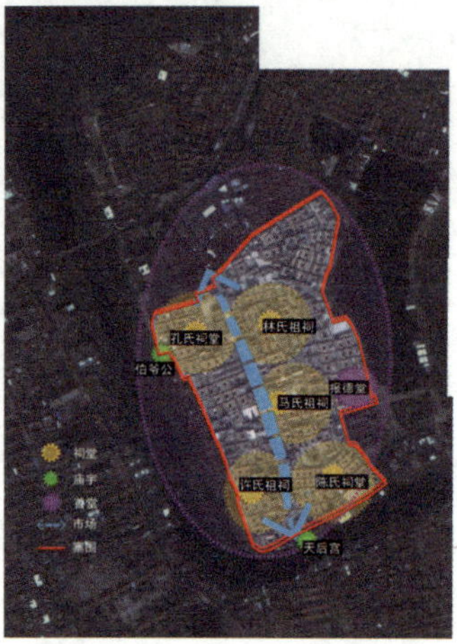

图 6-1-5　新和村老寨多元空间

表 6-1-1　凤凰村戴氏春秋二祭规定

祠堂	日期	参加成员
戴氏祖厅（始祖）	择日	60 岁以上
戴氏宗祠（七世祖）	择日	60 岁以上
腾懋公祠（大房）	择日	15 岁以上
七房祖祠（七房）	择日	15 岁以上

（二）解构：经济单一的核心消亡

1949 年之后的许多政治运动加上 20 世纪 60 年代的自然灾害，给农村生产带来较大冲击。土改后，新和村人多地少，经济在和平镇最落后，共有土地 3000 多亩，平地仅占 1700 亩，其余为山地，人口共 5000 多，人均平地不足五分。而溪口村所在的归湖镇同样经历了人均耕地下降的过程，在人口持续上升的同时，耕地在 1951—1960 年明显下降，此后基本维持不变，到 1978 年，归湖镇的人均耕地仅为 1949 年的一半弱（图 6-1-6、图 6-1-7）。与此同时，果林业和副业生产受当时政策的影响，许多果树被毁，到 1975 年濒于消失。而镇办工业刚刚开始起步就举步维艰，往往在经济困难时期就难以维持而停办了。

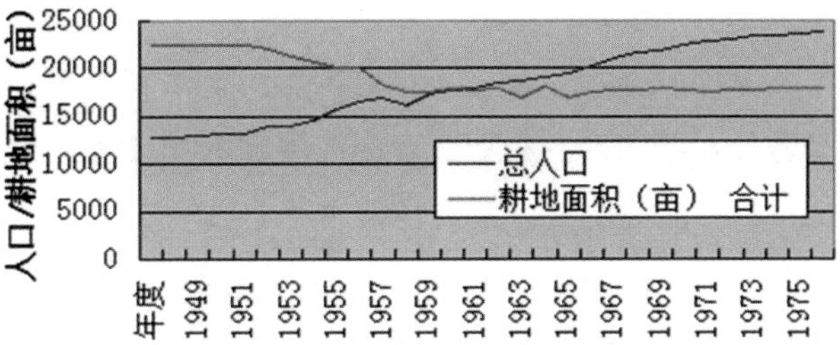

图 6-1-6 归湖镇 1949—1978 年人口和耕地情况

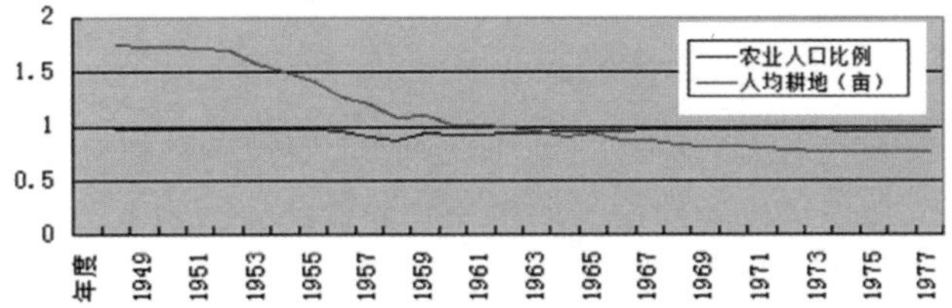

图 6-1-7 归湖镇 1949—1978 年人均耕地情况

在这种经济停滞徘徊的大背景下，农村普遍没有能力进行乡村建设。

从两个村落建筑的建造时期看，中华人民共和国成立后新建的房屋普遍都在 1978 年之后。溪口村和新和村的聚落整体形态在这一阶段几乎没有改变。但形态虽然没有改变，格局却变了。

行政区划重划分和土地资源重分配：自然村与周边的邻村被划为同一个行政单位，加上土改中宗族族产被没收和重分配，宗族的经济基础被摧毁。溪口村、新和村都有位于村落外围的土地被划分到邻村。原来自然村中“宗族－村落”相对应的统一性和完整性格局已经被打破。

现代公路交通建设：大跃进时期大兴公路建设，以位于葫芦市的镇区为中心辐射开的几条主要对外交通公路（归潮线、归文线、归凤线）都是在这个时期开始建设并完成的。随着公路交通的发展，水运开始衰落，葫芦市逐渐失去建立在水运基础上的区位优势，市集开始沿公路建设，归湖镇开始了其自身的城镇化过程。同时，这些公路的建设也占用了溪口村部分耕地（图 6-1-8）。

镇区的吞并：随着归湖镇区的城镇化发展，溪口村逐渐被镇区吞并土地。首先是葫芦市作为乡址、社址被纳入归湖市镇范围，与溪口村分离开来。1956 年建设归湖大堤后，溪口村部分耕地被占，而村落则被完全隔离在大堤之外。新葫芦市在大堤溃堤后搬迁到堤内沿公路建设，堤外的老市街被遗置衰落。1974 年，归湖在葫芦新市北侧建公社社址，成为后来的镇政府所在地。这是一个城乡分化的显性过程，溪口村被归湖大堤隔离开，逐渐落后于城镇的发展（图 6–1–9）。

这一时期，原有的祠堂和庙宇等公共建筑外观未有过多改变，但内部的功能角色却被完全重置。

祠堂在此时成为集体财产，先后成为合作社、公社、大队、管理区办事处等政治机构的驻地。新机构的建立伴随着旧有组织——宗族的衰落。祠堂中与祭祀相关的物品悉数被毁。1952—1953 年，归湖镇群众自发毁厅龛、击神像，全区有 13 个乡把祠堂改为乡政府办公址和小学。文化大革命时期，这类建筑又遭遇二轮重创，连建筑上的雕饰、塑像也都被摧毁，而这些内容往往正是宗族主义价值中孝义等概念的反映。这就从物质形态上摧毁了宗族主义巩固和传承的载体。而以祠堂为主要场所的宗族活动的取缔和族谱的烧毁，则从源头上断绝了宗族主义的根据。一些祠堂成为仓库和政治机构办事点，另一些则被分隔给多户人家居住。祠堂不再承担除了祭祀之外的教育、娱乐等多元功能，即便作为社址或队址，但没有围绕这里进行新的建设或集体性活动，并没有形成新的聚合力场。同样，庙宇中与祭拜相关的物品、

图 6–1–8　归湖镇在 1958—1959 年建设的几条主要公路

图 6–1–9　溪口村 1949—1978 年建设情况

装饰也都被销毁一空，大量墓碑、石人、石马、旗杆石被撬去，石亭、匾额也被拆去多处。庙宇多被弃置不用，或改为仓库。随着宗教信仰活动被限制，信仰圈也被打破了。

此外，市场不再属于村落宗族所有，不再由个体经营，后期转变为供销社，对村落的农产品统一销购。因此，失去了自由贸易的市场也同时失去了对无论是外界或是本村人员的吸引力，也丢失了作为村落与外界交流场所的角色。

自此，村落中原有的多样化价值重心消失了，由各个核心形成的有聚合性和层级性的空间秩序也消亡了。以革命和战斗式生产为主的村落生活，也失去了对商业、教育、娱乐、信仰等多样化类型生活的需求。在表象上仅仅是置换了聚落中原有公用建筑的功能，在实质上却打破了潮汕乡村聚落原有的完整性（以宗族对应村落）、多样性（空间重心多元重叠）和层级性（空间存在等级位序）。

建造活动停滞了，人口却不断增长，居住形态必然随之改变。在生产资料归集体所有、经济能力低下的时期，分家只能在现有的居住空间内实行。虽然分家时对空间的划分仍然依循等级制度，如以左为尊的空间优先分配给长子。但分家后由于两个家庭的相互独立，这些空间被等而用之。而一些地主或富农的大宅被没收后分隔给几户人家，在这些非同出一门（虽然仍可能是同族）的家庭所占有的空间之间就更不存在等级了。如新和村在这一阶段的普遍情况是几家人住在一起，如同住一个“五间过”，或“一家人住下山虎的一半”，每个家庭往往只有一个房间，一个房间里放两三张床，甚至有一家 10 口同居一室的情况。在这种一个家庭共同居住的单间内，更遑论空间的等级分布。

在居住空间紧缺的巨大压力下，原来家庭内部的空间等级崩解了，原有的此轻彼重的不均衡力场被大密度的人口挤掉，呈现出细密均分的性状。

（三）重构：自上而下家族企业萌芽

新和村的发展现象在潮汕地区韩江入海口以西南的沿海平原村落

中十分多见，是这一地区的普遍现象，即在旧有的村落区域之外，以横平竖直的棋盘式布局划定宅基地并建造样式统一的民居。新和村该时段的建设片区称为“省南新村”，1983 年由村委会统一规划，位于练江支流西岸与老寨隔江相望。形制和朝向均统一的民居被排列在由数十道互相垂直的纵横向通道划分成的棋盘式方格网上，纵向通道宽于横向通道（图 6–1–10 ~ 图 6–1–12）。聚落的秩序性十分强烈，同时又呈现出无等级、无差别的均质性状。这一阶段对应的经济发展阶段，正是改革开放之后，落实了土地联产承包责任制，农民的农业生产积极性提高，产量明显提高的农业恢复发展时期。同时，在土地的相关政策上对土地的审批制度进行改革，村委会拥有部分土地的使用审批权，这是能够由村委会进行统一规划建设的一大前提。

改革开放后，归湖镇经济有所恢复，1986 年的人均收入为 406.2 元，是改革开放前（1978 年）的 5 倍多。但溪口村位于归湖大堤之外，韩江洪患未除，仍旧不能安定生产。1976 年，溪口村干部决心带动村民自力更生，修筑外堤，因此，从 1976 年到 1985 年外堤基本完成这一时期内，全村主要的人力和物力都投放在溪口外堤的建设中。1989 年，溪口自筑的外堤通过防洪能力检测，在溪口村的申请下，原来将溪口村隔离在外的归湖大堤溪口堤段被拆除，土方则被用于建设与归湖市镇主要大街平行的居住街道。自此，溪口村几百年来的忧患才真正解决，滞后于其他地区的住房建设也开始逐渐兴起。建设时间集中在改革开放初家庭始有积蓄的时期及家庭联产承包责任制已实行了 5 年、大部分家庭都已有了更多积蓄的时期（1988—1992）。该时期的建设

图 6–1–10　省南新村纵巷

图 6–1–11　省南新村横巷

图 6–1–12　省南新村民居——下山虎加前院

主要集中在原归湖大堤拆除后临近归湖镇的地块、沿县道的公路两侧地块以及村落中点式的拆建、扩建。建设的模式已经从以宗祠为中心向外径向辐射转为沿交通道路的线性延展，公路交通成为聚落建设的新引力（图 6–1–13）。

这一时期的新建片区一般都没有配套公共建筑的建设。但对旧有祠堂、庙宇的修建和在其中活动的恢复反映出这一时期宗族和信仰某种程度上的复兴。

溪口村在这一时期重修了福灵古庙和戴氏祖厅。古庙和祠堂中的祭拜活动都恢复了，腾懋公祠在很长一段时期内也同时作为小学使用，后来则作为村里老人组的活动休闲场地（图 6–1–14）。在新和村中，宗族活动复兴后，人们仍然回到老寨的祠堂进行祭拜（图 6–1–15）。在宗教信仰方面，由于新住宅区的建立，原来以姓氏为基础的居住格局逐渐被打破，单姓伯公庙逐渐减少，而以地缘关系为基础的多姓共祭的伯公庙开始形成，如省南新村伯公庙、和平桥下伯公庙。一般庙宇建设在新片区的一角，而不在棋盘格内。

这种宗族和信仰的复兴，从政策条件上说，是因为乡村实行选举制度，由村民选举村干部，加上这段时间为了吸引在外华侨的投资，

图 6–1–13　溪口村 1978—1990 年的建设情况

图 6-1-14　一些祠堂平时作为老人组活动场地（溪口村腾懋公祠）

图 6-1-15　老寨中大部分祠堂在没有祭祖活动时大门紧闭（新和村林氏祠堂）

允许对华侨捐款重修家乡祠堂；从经济条件上说，随着家庭联产承包责任制的实行，农民生活水平提高，有能力追求除了基本物质生活之外的更多的东西；从精神根源上说，在经历了上一阶段对传统价值观的摧毁后，乡村亟须重新找到一种价值寄托，而新的信念未建立起来，唯有回到旧处去追根溯源。

但这种复兴并没有完成价值上的完全重建，因为宗族主义的经济基础和权利基础已经不复存在。溪口村的几个祠堂只有祖厅和腾懋公祠得到修复，而其他祠堂都年久失修，或用作工厂，或沦为禽圈。从扩展了的整个村庄来看，这些重新修建的公共建筑仅恢复了部分祖先和神灵崇拜活动，并没有重新成为大多数公共活动的场所，因此其凝聚力场也大大弱于以前。

这时期新建的房屋的形制大都与传统做法相同，但规模比传统的大（图 6-1-16），且装饰上少了一些家族色彩。至 1985 年年底，归湖镇住房总面积和间数均为解放初期的 3 倍，人均近 15m^2，为以前的 1.5 倍。由于空间充裕，相当一部分民居已引入现代的独立厨卫空间，居住条件大大提高。溪口村传统上因水患而多有二层楼房，因此在该时期的新建建筑也多为二层楼房。许多房屋是在原有房屋的基础上扩建的，如在原天井外院加盖，在建造材料上除了仍旧沿用传统的三合土之外也开始运用钢筋混凝土，形成砖木、土木和钢筋混凝土框架混合的结构（图 6-1-17）。

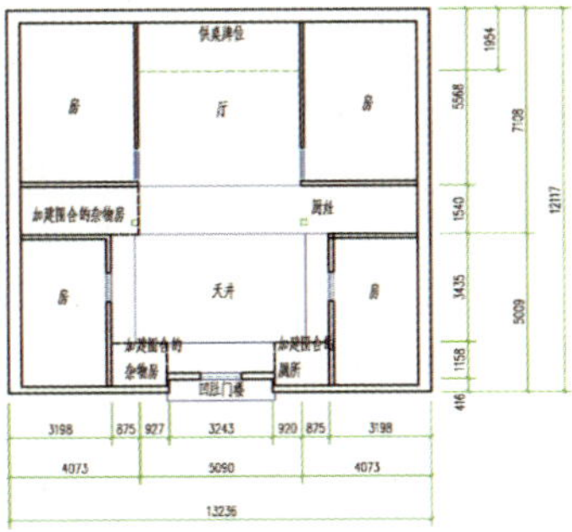

老寨下山虎平面图：陈氏祖祠西南侧（第一排）（1949年前）

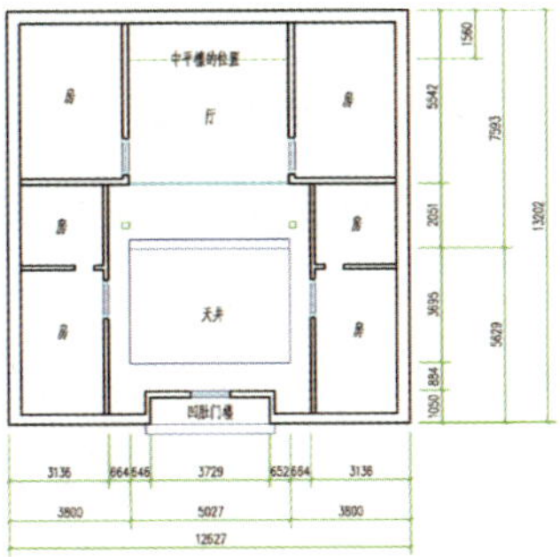

老寨后下山虎平面图：No.31（林锡池宅）（20世纪70年代）

老寨下山虎平面图：No.010（林锡池（林庆朝）宅）（20世纪90年代）

图6-1-16　潮阳区三个时期的“下山虎”民居

图6-1-17　溪口村20世纪80年代住宅

更主要的是居住形态上的变化。改革开放后经济水平恢复了，但传统大家庭合居的生活形态却没有恢复。这是因为，实行家庭联产承包责任制后，集体生产变为家庭生产，家庭离心力强；同时，在按人口规模与家庭单位相结合的宅基地分配制度中，分化为多个小家庭参与分配会比单个大家庭参与分配得到更多的土地。这两个因素结合起来，共同推动了村落中家庭的分家[1]。这反映在村落中的家庭形式以原先的主干、扩大家庭为主转变为以核心家庭为主。在新宅基地分配和新宅建设的同时，许多老人选择留在了旧片区的祖屋中生活，家庭祭祖活动也留续在老宅当中进行。

改革开放后，市镇及乡村开始兴起办厂。1984 年，溪口村本村人合资兴建溪口水果厂，却因基建范围广，投资多而未得益。从溪口村 1986 年的劳动人口结构看，农业人口比例在全镇偏低（50.2%），虽有 32% 的劳动力外出（在归湖镇中最高），但工企业就职人口只有 10%，其中在村办企业的仅有 5 人，尚不足 1%。也就是说，工业经济在溪口村经济中的构成比例仍然非常小。

而位于沿海便利区位的新和村工业起步相对迅猛。虽然首先出现的村级企业没有形成规模，但是在 1985 年诞生了第一个港商投资的“三来一补”企业后，一方面开始奠定外商在当地投资建厂的基础，另一方面也刺激了当地人学习办厂的热情并带来了经验。从 1991 年开始，陆续有个人私营工厂建立，这些早期的规模较小的个体私营企业有强烈的家族主义色彩，以整个家庭为主要的企业管理人。随着工厂的出现，第二产业在经济发展中的份额逐渐升高，逐渐超过农业并成为支柱性产业。工厂的兴起，同样也与村委掌握了部分土地使用的审批权这一制度改革息息相关。

由于这一时期的工厂普遍规模较小，同时，该阶段住房建设的增加又腾出了部分居住空间，加上潮汕地区以手工业类型的轻工业为主，因此大部分个体工企业多利用原有的居住空间作为厂房，规模稍大的则利用原有公共建筑进行改造。如溪口村就有村民自办的表带厂先后租用了村内华侨建造的一栋两层洋楼和腾懋公祠作为工地。虽然亦有少数新建的工厂，但是由于未形成集中规模，更多的工厂以功能重置的方式插入居住区内部，因此该阶段工业的兴起并未对聚落的整体形态有太明显的影响。

---

[1] 周大鸣．溪口村的变迁：《华南的乡村生活追踪研究》［M］．北京：社会科学文献出版社，2006.

（四）扩张：市场经济的无序扩张

从 1994 年开始，新和村的工业形态开始从小规模、家庭作坊式的家族主义企业向规模化发展转型。村落的行政规划力量从基础住宅建设转向工业园区建设。新和村在这一阶段形成了金带围工业区、牡丹工业区。乡村的面积迅速扩展，甚至扩展到了练江北岸，与相邻村落之间逐渐相连，模糊了各村庄的界线。传统乡村的独立性已经消亡。同时，新的商住区也在垂直正交的街道划分出的大地块中形成。沿着 324 国道、老和惠公路等主要交通要道沿街建设起来的七八层楼房属于商业性质，不靠公路的内排楼房则为 3 ～ 5 层住宅，如位于 324 国道北侧的新虹城。老寨和省南新村片区依旧保留了下来，但外圈被新建楼房所围绕，老寨中也零零散散地插建了一些楼房。在省南新村原民居群的后方，依循着原棋盘格方向建起了楼房式住宅，但格网单元比原来的民居单元地块细分了，形成高密度的方块楼房。新的商住区和省南新村、老寨并立，形成了三个不同时期建设片区独立分离并存的形态（图 6-1-18）。

溪口村在这一时期的新住宅区集中在村落东侧与慈惠路中间的地块，主要是通过减少耕地重新分配宅基地进行扩建的，到 2013 年前后又新规划了 100 多套陆续在建。新住宅区按棋盘式划出巷道，配置

图 6-1-18　新和村几个建设片区

下水道，由村民抽签分配，每户宅基地约 100m²（14m × 7.2m）。这种住宅区不再按宗族房支聚居，血缘关系削弱（图 6-1-19）。

这个时期，溪口村和新和村的重要公共建设是村落小学新校区的建设。溪口村的新建小学同时也被村委会使用。其他的公共服务设施配套大多是利用旧有的祠堂作为文化站或老年人活动中心，活动人群多是本村的老年人，反映出老一辈对祠堂建筑仍存在较多的感情纽带。而大多数祠堂除了恢复少数节日中的祭祀活动外，平日都不再是村里的中心空间。如腾懋公祠在小学迁出后出租给本村人做商店和娱乐（台球）空间，七房祠则成了养鹅的地方。

总之，村落中不再存在可以凝聚整个乡村的中心空间，也不再存在向心的、或层级的各种秩序。随着传统价值观的式微和新的市场经济单一价值观的形成，聚落的空间形态也相应地失去多元性，单一化为居住、工业和商业的简单分区。但应该看到，一些多元的价值因素并未完全消失，如宗族和宗教，其物质载体——祠堂和庙宇仍然在发挥着作用。

从居住条件看，这一时期的居住建筑从传统平房转变为钢筋混凝土结构的楼房住宅，采取完全不同于传统样式、技术和材料的建造

图 6-1-19　溪口村 2000 年至今新建设区

方式。在新和村的新虹城更是采取了完全城镇化的小区管理模式（图6-1-20、图6-1-21）。

从居住人群的人际关系看，从聚族而居到本地与外来人口混杂共居，意味着居住区中各户之间的族群纽带断开了。在新和村三个时期的居住片区中，根据居民的反映，居住在老寨时近邻的交往最多，村落中人际关系最密切熟络；金和都住宅区中人际交往最少，因为其中多有外来人口居住，人际关系以业缘关系为主；而新虹城是村委会规

图 6-1-20　溪口村近年在新分配的宅基地上建起的新楼房

图 6-1-21　新和村新虹城居住区

划统一建造的新住宅区，仍多为本村人居住，因此邻居间仍有一定程度的交往。另外，老寨原新和小学搬迁到新虹城西区的新校址后，原小学被改造成外来职工之家，配有住房、超市、停车场、文化室和活动场地，是外来工集中居住的场所，这就形成了一个新的以业缘关系为基础的居住片区。

从民居的样式看，从具有地域和传统特色到普遍化、同一化，意味着传统审美价值观受到了冲击并逐渐消亡。

在约百年的现代化进程中，溪口村与新和村的聚落空间形态发生了巨大的变化，改变了以往历史时期空间缓慢、渐进的演进方式，体现了转型社会的特点。我们对这两个村庄的演变从宏观到微观几个层级进行总结，会发现它们在演变发展过程中存在着规律上的趋同，包括：在脱离了农业作为主体的经济形态后，都一定程度地以牺牲耕地为代价，换取了聚落的工业发展和居住水平提升；聚落生长都受到现代公路交通网络牵引，呈现出与原有村庄的离心性；聚落格局都打破了宗族圈、祭祀圈的效力控制，趋向于市场经济价值观下的功能分区模式；“多层次、多梯级”的空间结构也都被“均质化、扁平化”替代；居住地的邻里结构都由“血缘主导”发展到“地缘主导”再到“业缘主导”；住居形态则都体现出在传统基础上逐渐蜕变的过渡性；等等。这些正反映了潮汕地区乡村发展过程中的共性规律。

这两个村落在近现代，尤其是改革开放后的发展轨迹又具有一定程度的差异。沿海的新和村更突出地反映了改革开放后工业发展带来的乡村剧变现象，较靠内陆山区的溪口村发展速度则显然慢于新和村，并且出现人口逐渐向集镇迁移的趋向——体现出区位影响下的“城镇化”与“边缘化”的矛盾。

通过这种比较，我们既可以看到潮汕地区乡村聚落演变进程中的共有性规律，又可以看到乡村发展中的多元趋向，这种认识将为其潮汕地区乡村自身和国内其他地区村落的未来发展道路提供指导和参考。

（本节作者：潘莹　卓晓岚　施瑛）

二、乡村景观保护与发展

乡村景观是乡村内在社会、经济结构、生产方式的表现形式，是内在的外化，对传统乡村景观的研究是对乡村中自然和文化历史价值体系的整体思考，继承历史地域的智慧与基因是当前城市化进程发展建设当中值得重点关注的问题。在快速城镇化进程中、乡村转型期间如何实现中国传统村落的文化遗产保护与传承？如何合理地利用文化遗产？景观基因概念提供了一种从自然科学的视角来审视传统聚落文化特征的新方法。借助生物学的基因概念，将其转换至传统乡村景观的研究范畴，在乡村景观变化的过程中，识别、提取、表达、利用乡村景观基因。

（一）文化景观基因概念及其研究意义

基因，众所周知，是一个生物学概念，指遗传信息的载体，通过复制的途径传递信息，但由于外部环境的影响，同样会出现基因突变的情况[1]。如果把“基因”的概念用在文化上，“文化基因”是指文化“遗传”的基本单位。《欧洲景观公约》的第一条声明：“景观”是指一个为人们所感知的区域，其性格是人类与自然要素作用和相互作用的结果[2]。

景观是一种文化建构，甚至有相当一部分的学者认为所有的景观都应看成文化景观。景观包含了既有的自然环境，但它通常又在文化

[1] 刘沛林．家园的景观与基因——传统聚落景观基因图谱的深层解读［M］．北京：商务印书馆，2014.
[2] CouncilofEurope.EuropeanLandscapeConvention［Z］.Florence，2000.

层面上被描述和分类。因此，文化景观基因可以被认为是文化“遗传”的基本单位，即代代传承、对某种文化景观的形成具有决定性的作用，是识别该种文化景观的决定因子。

文化景观具有一定的空间性和功能性，其中包含乡村文化景观。人们通过农业活动对地质、土壤、地形、植物、水文、大气等自然要素进行改造，产生了农业生态系统，这一系列过程反映的是对土地的合理利用。农民对土地很大程度上的干预，使得文化的景观在地理上得到定义，也就是乡村文化景观。

传统乡村景观被人们认为是重要文化遗产。世界范围内通过世界遗产名录的评选，优先选择出在社会的变迁过程中，通过历史空间和存量建筑的文化积累创造出和谐的整体景观。对人类文化发展具有突出的普遍价值的“活态”乡村类遗产地，主要分为历史村落型和产业景观型[1]。我国通过六批历史文化名村评选和三批中国传统村落评选，选择出近3000个村落作为我国乡村文化遗产地进行重点保护。但是由于我们正处在一个快速城镇化而文化遗产保护观念严重滞后的历史阶段，我国特有的城乡二元化的社会结构又加剧了乡村文化遗产的破坏，因此保护速度无法赶上破坏速度。

变化在所难免，独特的文化景观应该得到重视并通过优先排序确定保护对象，通过工具来衡量文化景观变化的结果。人们不能够阻止变化，但是可以通过恢复及控制文化景观的方式来有效地管理和经营文化景观，而并不是抵抗这种变化。

（二）乡村景观基因的表现形态与识别

乡村景观基因附着于乡村文化景观物质与非物质空间，其表现形态可根据它所附着的乡村文化景观进行分类，见表6-2-1。在物质类文化景观的层面，乡村景观基因主要体现在土地利用景观、农业生产景观、传统聚落景观3个类别中；在非物质文化景观的层面，则体

[1] 周睿.乡村类世界遗产地的内涵及旅游利用［J］.地理研究，2015，34（5）.

现在生活生产方式、风俗习惯、精神信仰、文化娱乐、历史记录等类别中[1]。

表 6-2-1 乡村景观基因提取分类、方法、形态

基因提取分类	基因提取方法	基因识别形态	
物质类文化景观	元素提取 图案提取 结构提取 含义提取	土地利用景观	自然环境、山水结构、土地利用格局
		农业生产及辅业生产景观	农田景观、特色农业景观、农耕设施景观、手工业、养殖业等辅业生产景观
		传统聚落景观	乡村结构布局、民居住宅、主体公共建筑、文化标志、公用的生产与生活设施
非物质类文化景观	比较法、资料记录法、观察法	传承载体、表现形式、文化信仰、意象特征	

识别提取乡村景观基因是保护的前提。针对以上类别，目前景观基因理论已经形成了 4 种主要景观基因的识别方法，即元素提取、图案提取、结构提取和含义提取。元素提取主要指通过建立一些文化特征因子描述指标，根据这些特征指标进行识别的方法。图案提取是指采用图形来表达具有标识意义的文化特征。结构提取是指利用结构化图形的方式来表达乡村中特殊的空间结构。含义提取是指利用文字对乡村景观中具有特定含义但没有物质表现形态的文化特征进行描述。

在土地利用景观层面，从自然环境、山水结构、土地利用格局等 3 个方面进行识别。自然环境往往通过对气候、地形、物产、交通和房屋形制而影响到乡村的布局结构、生产规模等。自然环境中干旱寒冷的北方乡村与温暖多雨的南方乡村不同。同为北方，草原地区与黄土沟壑地区的乡村不同。同为南方，河网地区和丘陵山地的乡村均有各自的景观基因。山水结构是古人择地而居的首要考量因素，是其生存繁衍的自然保障。例如，浙江省兰溪市永昌村（镇）赵氏于明代万历年间编的《永昌赵氏宗谱·序》的描述，当年"太公"看到这块地方：地无矿土，坦坦平夷，泗泽交流，滔滔不绝……山可樵、水可渔、岩可登、泉可汲……如此山水结构与土地利用，本身对农业生产景观和

[1] 欧阳勇峰，黄汉莉.试论乡村文化景观的意义及其分类、评价与保护设计[J].中国园林，2012(12).

聚落生活都是最为理想的。经过数代开发，永昌村便“田连阡陌”，以至“村成市镇、商贾往来……寺可游，亭可观，田可耕，市可易，四时之景备也”[1]。

在农业生产景观层面，从农田景观、特色农业景观、农耕设施景观3个方面进行识别。中国的乡村绝大多数是农业村落，村子环绕农业开展，因各地气候、地理差异形成丰富多样的农业景观。如生产经济在农业中主要有旱作和稻作之别，有主要种粮食和种经济作物之别，有纯农业和手工业、养殖业等辅业较发达的区别等。手工业为主的乡村有林产品加工、窑业、矿业等区别，所需要的场地和设施有的在村外，有的在村内，对乡村景观的影响较大。

传统聚落景观是传统乡村景观的核心[2]。在传统聚落景观层面，从乡村结构布局、民居住宅、主体公共建筑、文化标志、公用的生产与生活设施5个方面进行基因识别。乡村结构布局，有呈团块式布局的血缘村落，如浙江省建德市的新叶村；有因水而成形的沿河村，如嘉兴市的乌镇；有些丘陵地区也有类似的沿河村，如江西省婺源县的游山村等；有不同的结构布局形态分类，如梳形的、篦形的、棋盘形的、条形的、块状的等。无论何种形态，结构布局随着村落的发展呈动态变化。民居住宅基因，因住宅的类型和形制十分丰富，列举不可能穷尽。有内向院落式住宅，有单幢式住宅；有核心家庭的独家住宅和大家族聚落式住宅；有全木构式的，也有半木构式的。住宅的形态往往对乡村的景观和结构有决定性的影响。如安徽、江苏、浙江、江西、福建等省，最常见的住宅为封闭的内向型院落住宅。它们所形成的村落，以高墙之间的小巷为村落景观的特色，村落的景观十分封闭。其主体公共建筑，包括宗祠、文教建筑、庙宇以及亭、牌坊、桥、文峰塔等其他建筑。这些主体建筑，除其基本功能外，对乡村的景观和结构有较大的影响，如风水术通过对村子的主体公共建筑如宗祠以及水口、天门等的位置和朝向的影响而对乡村的结构发生影响。文化标志主要是针对少数民族聚落景观基因中受地理及地域文化影响而产生的崇拜

[1] 陈志华，李秋香．中国乡土建筑初探［M］．北京：清华大学出版社，2012．
[2] 杨大禹．传统民居及其建筑文化基因的传承［J］．南方建筑，2011（06）．

的图腾物类，动物、植物或是气象日月之物。公用的生产与生活设施，是人们为生存和发展所做的多方面努力的见证，比建筑更能体现生活和生产的多样性。

非物质文化遗产实际上就是一个综合了传统文化、图腾、信仰和习俗等多种特征于一体的地域文化信息单元。大体上，汉民族文化的传统乡村多与科举影响、泛神崇拜与宗族文化相关联；而少数民族最为突出的是传统节庆活动等，如傣族泼水节、侗族祭萨节或哈尼族在每年的特殊节日在寨神林和磨秋场举行集体庆祝和祭祀等。包含一些民俗，如祭祖、娶亲、丧葬等，还包含特殊手工艺，如绣花、剪纸等，以及一些特殊技艺的手工艺，如酿酒、纺织、印染等。

在非物质文化景观层面，采用比较法、资料记录法、观察法，从传承载体、表现形式、文化信仰和意象特征 4 个方面进行识别[1]。传承载体基因是指非物质文化遗产的传承过程中需要特定的物质作为载体。表现形式基因包括文化传承的动作、技艺、表演等。文化信仰基因多与宗教信仰、图腾崇拜、神话传说及宗族血缘相关。意向特征基因概括了非物质文化遗产所代表、包含、表达的美好意愿。

乡村的景观基因并不单一，通常几种类型特征并存，于是，就可能有“南方河网地区以水稻种植为主兼产竹木制品和蚕丝以合院式住宅为主的血缘村落”，有“黄土高原上以窑洞为主要建筑形制的挖煤烧缸外销的杂姓村落”等。

（三）乡村景观规划中的基因控制策略

传统乡村景观规划设计是乡村景观有序发展的主要控制手段[2]。从遗产角度看，规划设计其实是对城乡遗产本体及其历史环境发生人为改变的强制性管控。在历史性的乡村环境中，由于文化的重要性，

[1] 胡最，刘沛林，邓运员，等．汝城非物质文化遗产的景观基因识别——以香火龙为例［J］．人文地理，2015.

[2] 袁媛，龚本海，艾治国，等．乡村旅游开发视角下的福溪村保护与更新［J］．规划师，2016（11）．YuanYuan，GongBenhai，AiZhiguo，etal.FuxiVillagePreservationAndRenovationFromRuralTourismViewpoint［J］.planners，2016（11）．

文化网络要比物质空间本身更为广泛、影响也更为深刻。文化是区域差异性的一个重要特征，因此在以乡村景观基因视角出发的规划设计中应重点突出“区域性”，将区域的“文化重要性”“文化关联性”作为景观基因保护和传承的基础性支撑。

基因传统聚落景观基因理论，目前已经提出以传统聚落景观“意向”的内部相似性为前提，以文化相对一致性、聚落形态相对一致性和自然地理环境相对一致性为原则，以传统聚落景观形态的地理环境、文化背景、建筑景观为主要参照因子，初步划分了 14 个景观区（图 6–2–1）。景观区的划分过程，能够逐步系统地了解我国丰富的具有差异性的聚落景观区的性质与特征，揭示聚落景观区的内在规律，在全国范围内形成特色鲜明的人居环境体系。

在区域划分的前提下，考虑景观基因完整性的特性，对乡村景观规划设计具有一定的积极意义。在做乡村景观规划设计过程中，首先确定乡村的景观信息元，即最能代表区域特征的景观基因本体。再根据村落特征，强调历史文化资源的相互联系性，将点状的资源通过血缘关系、家族关系、产业的关系、交通的关系等形成一个网络，不断

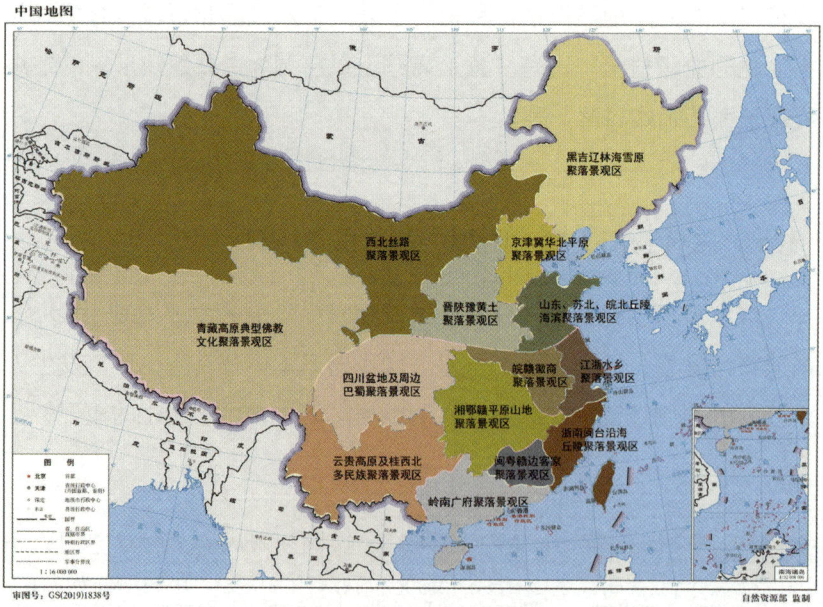

图 6–2–1　中国传统聚落景观区系

累积，最终构成了这个区域的文化特质，令研究对象具有较强的可识别性[1]。判断地区的文化价值，不仅是从数量上或是时间上来衡量，而且是以更为系统的文化重要性的观点通过对景观基因的“点—线—网—面—体”的综合价值进行考察。

从区域入手，分析区域传统乡村景观基本构成要素，确定研究对象所在区域的整体特征。注意研究对象与周围乡村景观要素异同，同时注意区域内乡村的历史文化资源相互联系性，以求历史资源带动区域复兴。

在乡村景观规划设计中，为了避免历史文脉的断裂，正确处理保护与利用的关系，需要在区域内对乡村景观进行有机更新，即严格控制下的再生，需明确哪些要素不能更新，保护的底线是什么；哪些要素是可以增加，更新的范围与程度是怎样的。

为确保景观基因在乡村景观有机更新的过程中得到合理的保护和传承，乡村景观的地域性与完整性得到保护，乡村发展转型过程中注重历史信息最大化地保存、积淀和延续，这就要求重新梳理区域的历史文化脉络，对存量和增量的关系进行综合考量，在不同层面上进行把控，从土地利用景观层面、农业生产景观层面、传统聚落层面以及非物质文化景观层面进行把控。

传统的土地使用方式的持续存在维护了生物多样性和文化多样性。环境是传统村落原始选址的依据，山、水、田野、林木是村落存在并发展的外部条件，所以原生态的环境是乡村景观基因保护的重要因素。长期以来，环境与村落相互影响，成为稳定的一体，包含着大量的历史信息。此外，土地利用景观往往与村落外围的“十景”“八景”相关联，深刻地反映农耕时代的生活理想。

乡村本是农业人口的聚集空间和地理单元[2]。农业生产景观，是农村与其所处环境长期协同进化和动态适应下所形成的独特的土地利用系统和农业景观。人们价值观念的变化、利用土地的工具和能力、品种和耕作方式的改良、供求关系及利润的变化均会导致部分地区乡

[1] 董卫.“新常态下的城乡遗产保护与城乡规划”学术座谈会发言摘要[J].城市规划学刊,2015(05).
[2] 李麦产，论接续型乡村规划及实践要点［J］.西部人居环境学刊，2016，31（01）.

村农业景观风貌发生较大的变化，如农业产业化的发展、乡村休闲旅游的发展、特色农产品及安全农产品的需求增加等均会带来乡村农业生产景观的变化。过去传统农业技术解决人们的生存延续问题，现代传统农业技术解决人们的生活质量问题；过去传统农业技术可理解为一种途径，现代传统农业技术可理解为一种目的[1]。因此在规划设计对农业生产景观形成要素的把控，通过政策导向、技术保障等方式控制农业生产景观的变化，复兴传统农耕技术及传统工艺，复兴精耕细作传统的劳动集约型农业，突出传统乡村农业生产特点，以达到农业生产景观基因的保护与传承的目的。

传统聚落景观是指传统聚落内部形态、外部形态及其相互作用的综合体带给人的视觉感受和心理意向的总称。聚落中包含了众多乡村景观基因，从物质形态看大部分是显性基因，分布在乡村布局形态、聚落民居、主体公共建筑、文化标志、生产与生活设施等不同层面。因此，在规划设计中，对以上不同层面的景观基因进行发掘、识别与利用，从二维的聚落平面布局形态、民居建筑立面形态到三维的聚落整体景观整体视觉表现，再到聚落局部建筑结构、建筑用材结构、装饰结构等方面提取聚落景观基因，特别要注意具有标志意义的景观。不但要保护乡土聚落的各类建筑，也要保护聚落里的各种公用生活设施和生产设施，它们比建筑更能表现出人们生活和生产的多样性。通过收集和保护各种日常的和劳动的器物与用具，反映乡土生活的细节与温度，表现乡民的智慧和技术[2][3]。通过聚落形象层面上的把控，可使聚落景观从宏观上和整体上具有可识别性。

文化习俗从物质形态上看往往是乡村景观基因中的隐性基因。生产生活方式、价值观念、审美偏好的改变，对于乡村景观外在表现的影响均具有决定性的作用，是乡村景观的内核。规划设计是对地方历史文脉及知识体系的梳理、总结其文化方面的演变特性、提炼传统文

---

[1] 梁惠清，王征，兵欧钊．传统农业技术在现代区域农业发展中的作用［J］．湖南农业大学学报（社会科学版），2008，9（10）．

[2] 樊亚明，刘慧．“景村融合”理念下的美丽乡村规划设计路径［J］．规划师，2016（04）．

[2] FanYaming, LiuHui.LandscapeAndVillageIntegratedBeautifulVillagePlanning[J].planners,2016(04).

化精髓、赋予景观以意义、为文化习俗活动提供场所空间、传承工匠技艺等，通过地域文化的传承和发展，确保地域的主体基因得到保护与延续。

在城市化及商业化的时代背景下，转型期的传统乡村景观在发展的过程中不能丧失其本质价值，即景观基因。乡村景观基因的保护与传承是传统乡村规划设计的关键问题。一方面，在对传统乡村景观基因的概念及特性认知的基础上进行识别、提取，有助于区域景观建设和文化多样性保护，使得该地区通过景观基因所体现出的地域性特色愈加突出。另一方面，传统乡村聚落景观随着时空的变化、社会的发展必然会有一定的变化，在规划设计的过程中通过控制各个层面的变化程度来引导乡村景观的有序变化，通过景观基因的表现形态识别，进而对景观基因进行控制，积极有效地管理和经营文化景观，令风貌协调，让传统乡村景观基因所记载的历史信息、历史记忆得以完整、真实地延续，利用历史资源带动乡村的复兴及有机更新。

（本节作者：王南希　陆琦）

三、村落景观的营建方向

乡村系统不同于城市系统，在人类社会漫长的发展历程中，乡村在对抗自然的同时表现出对自然极大的依赖性，并不断寻求与自然的平衡。在不同地域的乡村社会中，生产、生活围绕人与自然的关系呈现出丰富多样的图景，而乡村景观作为乡村系统的重要组成部分也在这样的背景下展现出自我的独特价值，并在当下的社会发展中成为重要的研究问题。

由于观察视角的不同，乡村景观的概念尚未被统一定义。从地域范围来看，乡村景观是泛指城市景观以外的，具有人类聚居及其相关行为的景观空间。从景观特征上来看，乡村景观是人文景观与自然景观的复合体，人类的干扰强度较低，景观的自然属性较强，自然环境在景观中占主体地位。综合来看，乡村景观的内涵包含两个层面：一是在乡村地域范围内的，自然景观与人文景观相互联系的“综合体”；二是具有美学价值、经济价值、生态价值和社会文化价值等“多元价值”[1]。它在本质上是融自然、社会、传统文化于一体的，具有特定景观行为、形态和内涵的自然社会综合体[2]。在现代社会，作为一个建立在地方自然环境、经济生产、居住生活三部分有机融合之上的有机体，乡村景观的内涵也在不断更新。在乡村建设中，良性、健康的乡村景观并不仅仅以外在空间与形体美感为表征，也不单是辉煌的经济指数增长，而应是指乡村“地方”或者说“本土”自然环境、经济生产、居住生活三者的有机关联、健康发展而真实呈现出的系统生命活力。

[1] 陆琦，李自若．时代与地域：风景园林学科视角下的乡村景观反思［J］．风景园林，2013（04）．
[2] 傅伯杰，陈利顶，马杰明，等．景观生态学［M］．北京：科学出版社，2001.

随着城乡一体化的逐步推进，乡村建设如火如荼，然而乡村建设正逐步演变成另一种形式的“快速城市化”，曾经的家园之梦、归乡之地以及“古道西风瘦马，小桥流水人家”的美丽图景正在一点点地被磨灭，“千村一面”的景象比比皆是。乡村建设的重要内容与成果主要体现在乡村景观上，乡村建设也同时成为改变和塑造乡村景观的主要动力。究其原因，乡村建设中乡村的形态、规模、尺度、关系等都在发生改变，这些都涉及景观的认知与把握。在乡村建设热潮之下，乡村景观正处于由传统景观向现代景观转变的历史进程中。

（一）传统乡村景观的营造特征

就全国范围来看，传统乡村景观已成碎片化，很难再找寻真正意义上的传统乡村。传统乡村景观主要指以传统农耕生产为主体的乡村景观。在传统农耕时代，人们依靠手工劳作，生活节奏缓慢，以自给自足的小农经济为主。由于技术水平低下，人们始终对自然存有敬畏之心，对环境的改造力度不大，这种“敬畏自然”的观念与“低技术”“手工劳作”的因素，使此时的乡村景观整体呈现出人与自然的和谐特征[1]。它主要体现在以下几个方面。

（1）传统乡村景观是在原有地貌气候等自然属性的基础上融入人类文化特征后形成的，既是生态系统能量流、物质流的载体，又是社会精神文化系统的信息源，具有生态与人文的双重特性。作为物质空间，传统乡村景观是人与自然不断寻求和谐共生的结果。村民在聚落的相地选址、规模与布局、农业生产场地及其劳作方式等方面都以顺应自然为前提，通过结合当地气候、发挥生态智慧，采用顺应地形、节约土地、保护并引导水源，并尽可能地运用当地材料进行可循环的建造等方法实现与自然的和谐相处。此外，由于较低的技术水平以及手工劳作，人类活动对乡村生态系统干扰程度相对较低，乡村中物种多样、景观丰富，这些都使乡村景观呈现出良好的生态性。如浙江楠

[1] 孙炜玮．传统乡村景观的特征与营建方法解析［J］．建筑与文化，2016（06）．

溪江流域的耕读村落，寻山势水系而建，平坦地带种植作物，最大程度地利用水资源满足生产生活需求。广西龙脊梯田的壮族村寨建于山腰，背山面水，村寨下方是梯田，梯田下方是河谷。这一布局主要是有利于水资源的利用，上部的森林接纳并涵蓄了充分的水资源，为中下部的村寨以及梯田提供源源不断的水。作为人文的载体，传统乡村景观建立在人类文明的基础上。如村落选址的风水观，村落村口公共空间生产、生活与宗教礼制、诗画意蕴相结合的诗意营建等。随着人类聚居生活的不断成熟，传统乡村景观被打上了深深的人文烙印。

（2）传统乡村景观具有“在地性”的实用主义和“质朴性”的审美内涵。它因生存的需求而被营建，这包括生产、生活两个部分。满足生产的需求，选择可耕之地、可饮之水是乡村景观营建最初也是最基本的要求。如在山地地区人们可用耕地较少，村落主要分布于农田与山体的交界处，既不占用耕地，又可避免水涝；在用地紧张地区，村民则“向山要地”，结合山地等高线来修建梯田。而乡村聚落的选址首先靠近水源，满足农田灌溉、日常使用、消防等生产生活的需要，乡村在建设中有水则引水、理水，无水则要挖渠、打井取水，同时河溪涌渠兼顾排水防涝，或挖池塘蓄水。在日常的生活中，人们还会根据自己生活和居住的需要来建造房屋以及改造环境，故乡村景观与生活需求有密切相关的特性，如房屋的格局布置与宗族观念、生活起居等相对应；门前屋后的植被多为果树与蔬菜，观赏与食用功能并存；宅院布置与改造也多随日常生活的变化而按需展开。总的来看，人们为了满足生产、生活的需要而进行环境与土地的改造，使乡村景观呈现出朴素、真实的实用性特征。

（3）传统乡村景观营建呈现出小规模、低技术的特征。在手工劳动、步行交通的前提下，传统乡村景观是小规模的。它体现在民居的高度上，一般不超过两层；体现在街巷上，一般宽度较窄，高宽比较大；体现在乡村聚落的整体规模上，以步行可达为标准。所以聚落不突兀，很好地隐藏在山体的背景、树木的掩映当中，与环境保持一个协调的关系。同时，在技术上，传统乡村采用的是一种低技术，这是低成本和低难度的技术，因此较易被掌握和推广。

（4）相似与差异指统一之中蕴含的差异性。差异性指事物有差异的、不相同的状态。差异性产生多样性。从聚落生活的角度，差异性本身就是乡村景观中的重要特征。细看任何一个传统村落，民居的朝向有南北、有东西，有大大小小的街巷，但是有长有短、有直有折、有些材质也不同，很难找到完全一样的。同样也很难找到完全一样的民居与院落、空间节点。因此，乡村的景观在很大程度上会给人们带来丰富的体验，会引导人们不自觉地放慢脚步，细心体验。而这些，在城市小区中却很难找到。究其原因，这是由于生存需求之下景观营建的自发性与随机性带来的结果，具有城市景观的标准化生产所难以企及的魅力。当然，乡村聚落景观的差异性很难被“设计”出来，而是生活出来的。如传统街巷空间的曲折、变化并不是事先“设计”出来，而是人们根据实际用地条件，顺应地势营造房屋而逐渐形成的。

（二）当下乡村景观的营建现状

当下人们对乡村景观的理解有一种被有意无意误读的现象，特别是随着新农村建设、美丽乡村建设的推进，乡村景观的建设被等同于空间形体、构图、植树造园等视觉美化的对象，表现出人们对景观的理解仅仅停留在表象的层面。同时，在对速度、指标的过度追求之下，乡村建设中存在着过度设计等诸多建设误区与弊端，将城市景观的设计手法硬套在乡村景观营建上，使原本质朴、多元的乡村景观走向异化，直接影响到乡村景观存在的价值和意义。当下乡村景观营建中的表面化和趋同性现象，反映出对于乡村景观内涵、主体的片面认知，也反映出我国乡村建设在制度管理、规划理念与营建方法上的不到位。它主要表现在以下几个方面。

（1）将乡村景观等同于感官审美，陷入形式主义的误区。主要表现为在乡村景观营造上单纯注重视觉形式美感而展开的“化妆运动”，使村落自然景观特色以及原生态的人文景观受到破坏，地域传统文化面临湮没的危险。如江南某些村落景观，刻意追求形象上的“传统”，到处都是整齐划一的白墙黑瓦、披檐、木门窗，使村落整体风貌如“布景”般如出一辙，导致出现一种“伪真实”。

（2）乡村景观营建与生态、地域文脉相分离，导致生态退化、文脉消逝。首先表现为大拆大建，超越时空的整体、快速重建模式。传统的乡村聚落沦为整齐划一的单调布局模式。乡村景观的“改头换面”，在自然与时间维度上失去了景观的本真。其次表现为乡村建设的盲目与无序，使乡村发展所依托的生态环境遭到严重破坏。特别是近年来，在经济利益的驱动下，乡村建设量快速膨胀，许多农田耕地被占用，许多山林水系被阻断。在经济活动尤其是农家乐经营中，村民随意占用公共资源，任意排放垃圾污水，带来水质污染，空气质量逐年降低，生物多样性受到威胁等生态环境问题。最后，村落建设缺乏系统的规划控制与引导，导致村落发展带有一定的盲目性，致使村民为了商业利用而不断地扩张规模，违章搭建，造成对土地的无序开发，以及对自然、历史脉络的破坏。

（3）乡村景观建设与真实生活相分离，乡村缺乏吸引力。由于对景观概念的非充分理解，在建设中只强调景观的某一方面，使景观建设脱离真实的根基，长远看来将导致乡村景观逐步走向异化。比如在旅游建设中将乡村概念直接等同于休闲农场、农业观光园等乡村旅游的建设方式，在旅游活动中大多只有单一的产业观光与参与体验，将村落本身仅作为服务配套，甚至有些农业园与村落和村民并无任何关系。乡村景观更多地体现了管理者或开发者的主观意志，乡村景观的营建更多地体现了直接消费者——游客的需求。在这种情况下，乡村景观形象追求视觉的“形式、动观、冲击”，乡村空间、设施功能上也主要为游客服务，而乡村真正的主体——村民及其日常的公共生活受到了忽视或者干扰。以公共空间为例，一些发展旅游业的村落，公共生活开始让位于商业化活动，有限的公共空间被游客、车辆所侵占，不但成为了中心广场，而且连生活性公共交往空间如街巷、院落等均受到挤压；加之车辆的频繁往来，使村民缺乏安全的步行空间与交流环境，日常的活动与邻里交往（尤其是老年人）明显减少，公共生活萎缩，从而导致村落的归属感遗失。同时，旅游发展的利益驱动也带来村民价值观念的变化，传统中村民质朴、勤俭、富有人情味的优秀品质正在丧失。随着旅游经济的发展，一些村民的价值观发生扭曲，在经济活动中逐利思想严重，出现抢客、宰客、欺客等背离道德规范的现象。

（三）当下乡村景观的发展图景

乡村景观有很多子系统，建筑是景观的一部分。作为一个系统，乡村景观受主体要素的影响，其中最重要的主体是村民。在乡村，村民既是景观的使用者、又是创造者，这是乡村景观获得自然、朴实之美的根基。韩国的新乡村运动的经验就告诉我们，乡村建设是在政府支援下，全民参与、自发、自觉的家乡建设活动[1]。农田、山林、水系、道路、屋舍、植被等都是村民日常生活中不可分割的一部分。自然、生产、生活是乡村景观的三个向度，三者之间相互关联、相互支撑，而“道法自然”是基本法则。

随着新农村建设、美丽乡村建设以及乡村旅游的大力发展，中国正处于传统乡村景观向现代乡村景观转型的过渡阶段，如何实现顺利转型，实现当下乡村景观的可持续发展值得我们深入思考。

当下的乡村景观呈现如下几个特征：乡村产业多元转型、产业结构分化明显、土地利用上生产性空间不断增加、村落组团沿交通方向线性蔓延、布局形态呈单一化趋向、洋房式新农居兴起、村民生活方式向城市靠拢。从营建方法上说，当下的乡村景观主要有“自下而上”“自上而下”两种模式。其中，“自下而上”指的是村民自发的营建方法，能够回应村民生活的真实需求，景观也因此呈现出多样性与创造性。但在城市化进程、市场经济的冲击之下，“自下而上”模式亦存在着营建内容单一性、营建过程随机性、山水格局破碎、公共利益的牺牲等问题；“自上而下”是以政府为主导的营建方法，在资源保护、资金组织、营建进程上存在优势，但也带来内容上的片面性、过程上的快速性与封闭性、格局上的主观性、对村民利益的忽视等问

[1] 孙炜玮．贺勇．国外乡村景观营建的整体模式解析与启示［J］．建筑与文化，2016（02）．

题。“自上而下”模式对于受现代化教育至深的建筑师而言，熟悉的是与建筑相关的物质形体的层次，而产业、植被仅作为配角出现，且产业性要素很少被纳入景观要素的视野。此外，当前的设计制度也存在一些问题，主要是设计师与使用者的分离，由设计师做设计，然后施工方按图施工。

“自下而上”的营建与“自上而下”的营建是当下乡村景观中主要的两条途径，然而偏重于任何一方的做法，认识偏差以及操作方法片面，均带来了许多问题，都不足以实现乡村景观的系统优化。乡村营建中整体性的缺失，使原本完整的乡村景观系统走向拆解，因此乡村的可持续发展呼唤整体性的营建方式。

“诗意的栖居”是人们一直以来的理想，而享受山水自然、承载中国传统文明的乡村更有可能成为这一理想的栖居地。在发展定位上，乡村既不能模仿城市的轨迹丧失自身特质，又不能固步自封回避发展。未来的乡村要通过自然、生产、生活的重构实现与城市的资源互补，从而实现城乡一体化的良性接轨[1]。其可能的发展趋势如下。

通过慢生活理念的推广和慢生活空间的营造与保护，乡村可以作为城市快速生活的平衡点。在快速城乡一体化的进程中，人们对生活品质的要求不断提升，服务于城市的第三产业的比重不断加码，兼具山水自然与城市生活的便利的“慢城”，更多地考虑生态和自然，更多地考虑系统的优化整合和资源的高效利用，更有利于经济的长远发展以及更好地提升居民的生活品质，是乡村景观最可能的优化方向。

德国的区域公园的模式是将乡村的建设纳入整个区域的统筹考虑之中，通过建立区域共同的污水管理机构，改善区域公园内部的交通状况、餐饮住宿等旅游服务，建设基础设施和开发市场等措施，给人们提供了一个休闲的专门场所，并且积极地拉动了整个区域经济与乡村景观的发展。在风景资源丰富的地区，将沿路、沿河、沿景区的乡村整合起来作为人们的休闲地，也作为城市之间的生态保障与缓冲，均有助于城乡的发展。

---

[1] 孙炜玮．贺勇．国外乡村景观营建的整体模式解析与启示［J］．建筑与文化，2016（02）．

随着城乡一体化的逐步推进，当下乡村景观营建开始被广泛讨论。景观营建的方法应适用于社会的发展需求。21世纪以来，乡村的产业结构、村庄类型、土地利用、物质空间以及人们的生活方式都在发生深刻的变化，乡村景观变迁快速而激烈。在新的社会转型背景下，综合生态、生产、生活三个方面的要素，整合多学科的知识，因地制宜地制定可操作的规划方法，与当下的可持续发展要求相适应，在景观的营建方法上，一些学者也开始提出一些新的思想和概念并付诸实践，如生态化与文化性、民主化、低碳化等，现简要说明如下。

生态与文化在乡村景观的架构中是缺一不可的，人类在与自然的相互适应中，将乡村景观打满地域文化的烙印，两者相映生辉，使乡村景观呈现出人文化的自然性。随着可持续发展思想的提出，以追求人与自然和谐的生态化建设、实现生态平衡的研究在城市与乡村的营建中展开。生态保护、生态建设、生态生产逐渐融入乡村生活和生产活动中，生态建筑、生态农业、生态能源也逐渐成为乡村发展和建设的重点对象。对于受到影响的乡村景观资源，采用生态化的技术手段进行生态修复，保证环境破坏程度降到最低。为了克服传统农业对乡村环境的不利影响，生态农业等一系列现代农业的诞生，大大提高了农业的经济效益、生态效益和社会效益，运用现代科学技术成果和管理手段与生态学的相关理论相结合，促进了农业生态化的发展，协调了资源利用与保护之间的矛盾，为乡村带来了丰厚的经济收益。乡村景观的生态化趋势在逐渐改善乡村景观以往受损的面貌，使景观向着健康、生态的方向发展。而乡土文化的复兴也如火如荼地开展开来，乡土工艺、乡土民俗得到保护和发展，进而催生了乡土性的创意产业。在当下乡村景观的营建中，乡土文化与生态景观相结合，形成了新时代的乡村景观模式。

民主化方向是以利益的协调共生为目标的整体营建方法。在初期对景观的生态格局关注之后，人们越来越意识到乡村归根到底还是村民的乡村，乡村景观远不是一个物质形态是美观还是生态的问题，开始重视利益格局的平衡，多从乡村社会学的角度，对乡村景观的营建提出相应的策略与方法。如南京大学建筑与城市规划学院赵辰教授的团队在福建屏南北村推行的乡村复兴计划。南大团队在对北村自然、人文背景持续研究的基础上，与村民共同确定乡村复兴的基本目标，制订总体复兴计划的空间范围和时间表，在复兴项目的运行与实施策略上提出 3 个基本原则，由浅入深地展开各项工作——社会学意义的“村民自主体系”、空间规划和景观学意义的“整体性规划”及建筑设计意义的“闽东北传统建造体系”。村民与建筑师密切合作，成为乡村建筑与景观营建的核心，取得了示范性成果[1]。

低碳有别于生态的地方是它更现代，更代表一种经济、生活的方式。英国政府在 2003 年的《能源白皮书》上首次提出“低碳”的概念，并迅速被国际社会接受与宣传。在我国政府的大力倡导下，低碳的发展模式探索进入人们的视野并成为新的热点。面对当下城市建设的高碳行为向农村的渗透，从“低碳营建”的视角，对乡村建设中的高碳误区进行纠偏，旨在以“低碳社区”为目标，为建立基于“开汇节源”目标下的低碳乡村人居环境营建提供科学支持，引导社区低碳转型，如苏州科技学院建筑与城市规划学院丁金华教授主持的苏州黎里镇朱家湾村乡村景观更新计划。该计划在低碳化可持续发展方向上做了有益探索。其团队提出在朱家湾村乡村景观营建中，首先要从优化水网体系，完善绿地系统上织补村落破损的景观基底，再造村落的外部自然环境；其次，要重点构建村落的步行体系，倡导慢行模式；再次，完善环保型公共设施，如生态厕所、生态村民活动中心等；最后，加强村民的环保教育，使村民真正成为乡村景观营造的主体[2]。

乡村景观的营建归根结底取决于参与者对土地及其之上的生产、生活的态度。每一个村庄，从广袤的田野到一栋民居、一棵植物，无形中都在反复诉说着彼此之间的关联，这包括人与自然之间，以及人与人之间的关系。乡村景观就是一个生命系统，经过长久的自然演化，有其自身的合理逻辑和严密构造，从而获得了丰富的地域性特征。因此当下乡村景观营建的整体方法并不是发明一套方法或策略，而是倡

[1] 罗辉，赵辰，LuoHui，等 . 中国南方乡村复兴要点讨论——从福建屏南北村谈起［J］. 建筑学报，2015（09）.

[2] 丁金华，陈雅，胡中慧，等 . 低碳旅游需求视角下的乡村景观更新规划——以黎里镇朱家湾村为例［J］. 规划师，2016，32（01）.

导向乡村学习，顺应乡村景观生命系统的内在规律与特征，在新的时代背景之下，通过具体场地的认知与分析、资源的保护、价值的发掘与提升、利益的平衡与协调，以设计的眼光重新去发现、改造，以新的价值观和方法论，引导乡村景观在新的经济与社会转型时期健康、平衡地发展。

（本节作者：陆琦　闫留超）

四、园林建筑的地域表达

梁思成先生曾指出："建筑之始，产生于实际需要，受制于自然物理，非着意与创新形式，更无所谓派别。其结构之系统及形制之派别，乃其材料环境所形成。"[1] 这句话解释了"地域性"是建筑的基本特征之一。建筑是由多种因素经长期相互作用、渗透和结合的物质与精神产物，地域差异则是导致建筑风格迥异的主要原因。学者 Arati Chari 指出："传统建筑，它们的形式是对场地气候和地形制约的自发回应，也是对其与人们之间复杂结构的回应，从中我们可以领悟颇多，像他们一样扎根于'基于地志的共同感受'且更加深远地理解人们的处境。"[2]

（一）装饰艺术产生和发展的环境

岭南，五岭之南，面向南海，北部为连绵的山地丘陵，南部为平原、低丘陵和台地，地势自西北向东南倾斜。冬季受北部山脉阻隔，北方南下冷空气被阻挡在南岭，使其冬季较为温暖。夏季受到海洋暖湿气流的影响，台风和暴雨肆虐，高温、潮湿、多雨[3]。基于对地理环境及气候条件的适应、利用和改善，岭南传统园林建筑及其装饰在技术和艺术上具有异于中国其他地方的园林建筑的装饰文化。

岭南传统园林主要集中在珠江三角洲一带的粤中地区，其地理条

[1] 梁思成 . 中国建筑史［M］. 天津：百花文艺出版社，2005（05）.
[2] AratiChari.ATimelesstraditionofopenspace［J］.TheHinduSpecialIssuewiththeSundayMagazine，2000（6）.
[3] 司徒尚纪 . 广东文化地理第 3 版［M］. 广州：广东人民出版社，2013.

件优越，经济发达，文化繁荣，至清中期和晚期，园林造园兴盛，为岭南传统园林的发展提供了经济与文化环境。岭南传统园林在经历古今、中西文化的抉择之后，在吸收、变通和选择中形成了独特的地域创作技巧与审美情趣。如岭南传统园林建筑在屋脊、檐下、墙头、梁架等重点部位重以装饰，因这些建筑构件装饰与其结构功能休戚相关；岭南传统园林建筑中作为分隔与沟通内外空间的手段、中介和过渡的屋顶、墙体、门、窗等，其装饰技术与空间布局相辅相成；加之岭南传统园林大多是集生活区和园林区于一体的住宅式庭园，使其具有浓郁的民居气息，其装饰情感取向和审美趣味在实用性生活方式中应运而生。

岭南传统园林的发展是分阶段的，从史料记载和现存园林来看，最具影响力的是南越王朝园林、南汉王朝园林、明清宅居园林、近代园林 4 个阶段的园林。这 4 个历史阶段的造园活动的侧重点各有不同。南越王朝园林善于利用自然地形和自然环境，通过大自然的有利因素来把握园林造园的总趋势，如西汉南越宫蜀遗址是我国最早的宫苑实例。南汉王朝园林主要把握园林与城市环境、园林与建筑物的关系，创造了地域性山水城市格局，最为著名的当数药洲。明清造园活动重在宅园，特别是建筑与宅园的营建艺术，现保存较为完整的是粤中晚清四大名园：顺德清晖园、番禺余荫山房、东莞可园和佛山梁园，以及粤东黄宅书斋庭园、澄海樟林西塘、潮阳西园、普宁春桂园等。近代的岭南园林是多元兼容形式发展，从原有的宅居庭园走向公建园林以及公共茶楼酒家园林，同时也产生了融合西方建筑和造园手法的岭南公园和别墅花园。明清、近代岭南古典园林是迄今保留最为完整的案例，仅广州明清时名园就有五六十处之多，且规模相当，与北方的皇家园林、江南的私家园林形成三大地方风格鼎峙的局面[1]。从现存的史料记载来看，现存完整的岭南传统园林不多，且宅园改动较大，还有不少宅园因得不到修缮而走向消亡。在诸多庭园中，晚清的四大名园在岭南传统园林的性格与艺术取向上最为典型。

---

[1] 周维权 . 中国古典园林史［M］. 北京：中国建筑工业出版社，1999.

（二）装饰与地域环境的协同表达

岭南传统园林建筑一般又称住宅式庭园，庭园内住宅在布局中注重建筑的朝向、通风条件和防晒降温等因素。岭南的传统园林因用地环境限制，园林规模较小，建筑和庭园密度高，其中主要的原因在于：一是珠江三角洲面积较小而当地经济发达，对土地需求相对紧俏，造成用地规模受到较大限制；二是受当地气候影响，岭南地区夏季炎热多雨、台风肆虐，冬季潮湿阴冷，因而建造者常利用建筑与廊墙连接方式来组织庭园空间，产生了两种主要庭园式住宅布局。一为“前疏后密式”，园林设在南面，住宅设在北面，前后院以洞门花墙、廊亭小院、花木池水相连，形成良好的通风；二为“连房广厦式”，具有居住功能的建筑物沿四周成群成组布置，围合成院落或庭园，一可减少风暴侵袭造成的灾害，二可利用建筑群产生的阴影来遮阴避晒。

吴良镛先生曾指出，建筑空间领域的组织理论应基于空间层次的合理划分[1]。岭南传统园林虽面积不大，但巧妙的平面组合营造出了小巧玲珑的庭园空间，为适应用地限制以及气候特征，岭南传统园林强调园内建筑的朝向、通风、防晒、隔热等原则作为建筑必备功能之一。

岭南庭院里的主要建筑物基本面向夏季主导风向，为取得良好的通风环境，前后院相连的前庭后院式布局，使夏日海风无论从平面或纵断面都能吹到后院的每一角落。后院密集度较高的建筑群之间则通过敞厅、连廊、庭院、巷道、天井、柱廊等组织通风，高密集建筑群可使建筑墙体、门窗及天井等处于阴影之下，减少阳光直射，适宜南方的居住环境[2]。东莞可园，东临可湖，由建筑物围合成庭院格局，形成 3 个互为联系的庭院，前院疏朗开阔，后院建筑连房广厦（图 6–4–1）；顺德清晖园，南部筑方池，疏朗开阔；中部由船亭、真砚斋等疏朗建筑组成；北部由归寄庐、笔生花馆等建筑小院组成，形成前疏后密的庭院格局（图 6–4–2）。

[1] 吴良镛 . 人居环境科学导论［M］. 北京：中国建筑工业出版社，2002.
[2] 陆琦 . 岭南建筑园林与中国传统审美思想［J］. 华南理工大学学报：社会科学版，2006（03）.

图 6-4-1 可园平面

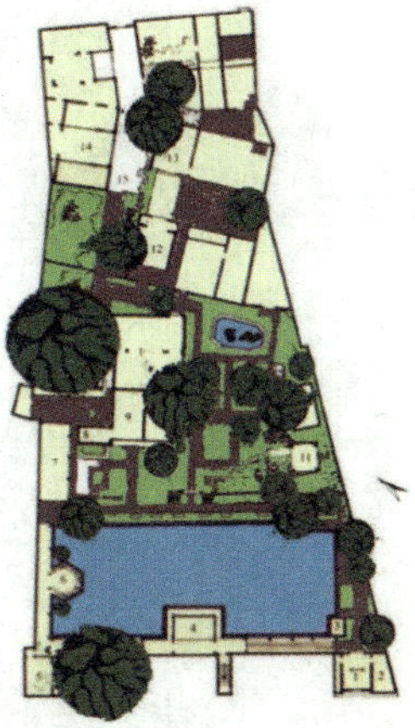

图 6-4-2 清晖园平面

园内曲折的敞廊把各类建筑连在一起，将庭园划分成若干不同的景观空间，足不出户便可游赏于厅、堂、阁、舫、亭、榭之中，躲避烈日、暴雨、狂风等。清晖园六角亭廊道围合形成的水亭院，连续相通的敞廊有效组织起建筑与庭院空间（图 6–4–3）。岭南传统园林建筑装饰带有浓郁的地域特色，园中建筑根据不同部位选择不同材料，体现因地制宜、物尽其用的原则。园中建筑重要部分如屋脊、屋檐、门窗等的细部装饰采用富有岭南特色的木雕、石雕、砖雕、灰塑、陶塑、嵌瓷、套色玻璃等工艺，其题材多采用岭南风物如岭南佳果、风俗故事等，体现了浓郁的岭南入世生活态度。建筑的外部用砖、石、陶、瓷等材料，以抵挡风吹雨淋的侵害；室内或檐下构件，则用木、灰、泥等材料，以避免潮湿和日晒。廊檐梁架多采用精美华丽的装饰，而廊檐构架的细部，如梁头、瓜柱、垂莲、楚尾，则雕饰工艺细致精美，如余荫山房榄核厅与玲珑水榭之间的连廊的冰裂纹装饰（图 6–4–4）。

在岭南传统园林建筑中常采用清水青砖墙或土坯砖墙，因其良好的耐腐性、热导性与隔热性能适应当地强辐射热环境，砖墙隔热性能有效减低建筑室内的环境温度，也减少了空气接受外环境传递的热量。在南北冷暖气流交汇频繁的季节以及春天海洋暖湿空气登陆时期，升温较慢的建筑内部就会出现泛潮现象，石材作为不透水材料，一般在墙体基础与底部连接处砌筑，从而阻隔地下水往上渗透，利于墙体防潮。而建筑外围结构、基础、柱础等构件作为建筑主要外观形态之一，

图 6-4-3　清晖园六角亭廊道檐廊挂落

图 6-4-4　余荫山房连廊冰裂纹装饰

常饰以青砖砖雕、石雕来丰富建筑的立面形式。岭南传统园林建筑注重装饰的艺术表现，因而木雕、石雕、砖雕、灰塑、陶塑、嵌瓷、套色玻璃等工艺大量使用。岭南传统园林建筑雕饰工艺特征与地域协同的表达见表 6-4-1。

岭南传统园林建筑构件的收口及搭接部位，在装饰处理中是一个棘手的问题，而当其经过科学的结构处理后，一可体现结构的构件美，二可将有碍观瞻的部件藏拙于无形。岭南传统园林建筑屋顶与北方传统园林建筑形制不同，一般不采用凹曲屋面而采用直坡屋面，这缘于岭南雨季多且雨量大，直坡屋面结构更利于屋面排水。为求得视觉美观，在正脊和垂脊部分仍采用曲线形态，如龙舟脊、迴纹脊等，端部则装饰成如牛角形的弯曲，用灰塑或陶塑做成较高的脊饰，如龙饰、鱼饰等，既美观，又可防风、防雨。双层瓦屋顶也是岭南园林建筑应对炎热气候的产物，瓦间空气层良好的隔热效果，有效地减少了太阳对室内的热辐射。两侧增高的曲线形态镬耳墙饰以雕刻，兼具防火遮阳功能，减少了屋面日光直射，岭南传统园林建筑各式墙头丰富了屋顶的轮廓形态，也形成了岭南传统园林建筑的独特装饰艺术。

岭南传统园林建筑中的装饰工艺从实用性出发，使建筑功能、结

表 6-4-1　岭南传统园林建筑雕饰工艺特征与地域协同的表达

工艺类型	使用构件	特征属性	地域协同	
木雕	外檐、内檐装修、梁架等建筑功能构件	广州木雕倾向绘画式空间组织关系，与建筑构件关系融合紧密；潮州木雕空间维度丰富，内容细致繁密	满足庭园建筑审美距离不同需求	近人尺度：采用工艺精制浅浮雕
				远距离观赏：高浮雕、圆，雕或镂空
			与岭南海洋环境相关，线条柔和，流动	
石雕	斗拱、梁枋、柱础、栏杆、门窗、窗槛石、门鼓石等	以镂通雕工艺为主、精巧，层次丰富，空间对比强烈；部分石雕附以彩绘，彰显华丽	应对岭南临海潮湿气候，防白蚁侵蚀	
砖雕	门头、照壁、墙面等，	水磨青砖为底，局部点缀为主；柔和、精致；线条规律、纤细如丝	岭南气候温和，精细的雕刻不需顾虑低温断裂	
灰塑	门头、山墙、墙楣、墀头、脊饰、照壁、楹联等	制作及工序现场性强，需要匠师的现场表现力；概括并抽象，一气呵成	岭南温热气候，灰塑所用草筋灰与纸筋灰材料不需顾虑在低温下断裂	
陶塑	屋面脊饰、花窗、栏杆等	强调个性特征、刻画细致；形象生动自然、技法丰富	地貌	地貌丘陵与台地提供制陶天然生产条件
			气候	空气湿度能够提供更精细的刻画，不会因为干燥过快而拉裂坯体
			材料	山岗提供了制陶所需的陶土原料和制陶岗沙
嵌瓷	屋面脊饰、檐下壁饰、照壁等	色彩鲜亮、使用持久、制作便利、视觉效果绚丽	气候	防止临海酸性空气腐蚀灰塑母体，经济持久
			材料	潮州瓷土不耐高温，烧制易坍塌变形，结合灰塑、陶塑之长，为塑造大型雕饰提供便利
套色玻璃	满洲窗的画心部分	色彩和谐，浮雕立体、中西合璧、异域风情	受西方文化影响，对西洋艺术兼容并蓄	

构、材料与艺术达到协调统一。这些装饰工艺虽不是建筑结构最主要的制约形式，但它们与建筑的结构逻辑存在关联，因而这种顺应实用生活方式的装饰语言在建筑中得以保留和传承[1]。岭南传统园林建筑雕刻工艺在构图的经营、形象的刻画、刀法的运用等方面都有着独特的创造，是融雕刻、绘画于一炉的艺术。从结构上重视牢固稳定与

[1] 刘冠．中国传统建筑装饰的形式内涵分析［D］．北京：清华大学建筑学院，2004.

艺术形式的匹配；在题材选取上注重装饰美观与实用的协调统一。岭南传统园林建筑中的建筑构件属于结构需要的处于建筑端部的梁头、枋尾等，会影响人们在观赏近人尺度建筑细节的效果[1]。岭南传统园林中的连廊是结合实用性生活方式而产生的空间形式，连廊在组织和联系交通的同时也是人们游园的视觉媒介之一。连廊将庭院内的厅堂、阁舫、亭榭相连，解决遮阴、防晒、避雨的问题，同时形成院落或庭园，划分景区和增加空间层次。

岭南炎热气候持续时间较长，因而建筑内部空间的通风、遮阳性能在适应实用生活方面的作用尤为突出。岭南传统园林建筑装饰在设计上顺应人们的视觉规律与观赏角度，根据视线、视距等因素来考虑装饰的内容、题材和精致程度。岭南传统园林建筑内部空间中的门、窗、屏、罩、隔断等镂空雕刻工艺，除了起到分隔空间的功能外，还能使建筑内部有效形成“穿堂风”，满足室内空气的凉爽及适宜的温度。“窗”通常开向庭院、天井，以获得采光和通风。梁园船厅镂窗，透过镂空雕花，院内景物若隐若现，隔而不断，给人虚实相生的感觉，加之良好通风使建筑内部空间闭而不塞（图 6-4-5）。“罩”则是对室内空间进行划分，或单纯作为室内装饰，或用于柱间和廊檐柱之间，满足近人尺度视觉观赏。梁园客堂秋爽轩厅堂门罩装饰，使室内外空间似分似合，有效地扩大了空间（图 6-4-6）。

图 6-4-5　梁园船厅镂窗

图 6-4-6　梁园客堂秋爽轩门罩装饰

[1] 陆琦. 岭南造园与审美 [M]. 北京：中国建筑工业出版社，2005.

地域环境、实用性生活方式对岭南传统园林建筑装饰艺术形成具有重要的作用，而这些门、窗、隔断、罩、挂落等传统装修方式在《营造法式》中称为小木作，岭南传统园林建筑小木作装饰与地适性表达见表 6-4-2。

表 6-4-2　岭南传统园林建筑小木作装饰与地适性表达

<table>
<tr><th colspan="2">类别</th><th>构件功能</th><th colspan="2">木作方法</th><th colspan="2">装饰方式</th><th>地适性表达</th></tr>
<tr><td rowspan="3">门</td><td rowspan="2">隔扇门</td><td rowspan="2">既是门，又可做窗；根据开间大小设置四、六、八扇，取偶数制</td><td>格芯</td><td>高规格整块木板通雕雕饰</td><td>格芯</td><td>棂子构成花格、条框、菱花、卍字、冰裂纹；或框格做法，镶嵌玻璃</td><td rowspan="2">构造上做成拆装型，夏可拆除，以利通风；冬可装上，避寒风</td></tr>
<tr><td>裙板</td><td>浮雕、隐雕</td><td>裙板</td><td>花卉、植物、动物雕刻；题材：花鸟、人物故事</td></tr>
<tr><td>屏门</td><td>室内空间分隔构件，较隔扇更为精致；门扇偶数制</td><td colspan="2">门框用木，框心镶嵌玻璃</td><td colspan="2">素板装饰、直棂装饰或其他花纹</td><td>样式、大小随房间需要按高矮宽窄而定，适应湿热气候环境下不同室内的需求</td></tr>
<tr><td rowspan="3">窗</td><td>槛窗</td><td>开向庭院天井的窗，用在厅堂次间、亭榭柱间</td><td colspan="2">形式做法与隔扇相似，但没隔扇灵活</td><td colspan="2">花草、文字或几何图案</td><td>一般面积较大，便于采光通风</td></tr>
<tr><td>满洲窗</td><td>庭园建筑中常用的窗户形式</td><td colspan="2">常做方形，分上、中、下三段，九宫格窗状</td><td colspan="2">格芯棂子纹样多样、窗棂间常饰以彩色玻璃</td><td>开启方式上下推拉、或向上推动</td></tr>
<tr><td>支摘窗</td><td>民居运用较少，一般在庭园中采用，作为点缀</td><td colspan="2">上段可支、下段可摘，下扇窗固定，中、上连扇相连，向上折叠开启</td><td colspan="2">窗棂镶嵌玻璃</td><td>遮阳、挡雨、通风；炎热夏季摘窗，增大室内通风量，降温</td></tr>
<tr><td colspan="2" rowspan="2">隔断</td><td rowspan="2">分隔室内空间的构件，分活动式、固定式</td><td>间隔式</td><td>单纯分隔空间</td><td colspan="2" rowspan="2">格芯常用博古架装饰</td><td rowspan="2">分隔室内空间，隔而不断，兼具装饰和通风等实用功能</td></tr>
<tr><td>立体式</td><td>柜式隔断</td></tr>
<tr><td colspan="2">罩</td><td>庭园门厅、书斋</td><td colspan="2">浮雕通雕手法</td><td colspan="2">硬木雕刻，几何图案或缠交的动植物、人物、故事题材</td><td>分割空间
单纯装饰
扩大有限空间</td></tr>
<tr><td colspan="2">挂落</td><td>两柱间的枋下或外廊两檐柱间枋下</td><td colspan="2">棂条编织，网络状</td><td colspan="2">极少彩饰，题材以植物、几何图案为主</td><td>分隔空间、近人尺度的装饰</td></tr>
<tr><td colspan="2">檐板</td><td>也称封檐板，檐下花板，建筑物檐口下</td><td colspan="2">隐雕或浅浮雕</td><td colspan="2">题材：花卉、飞鸟、动物、图案、纹饰</td><td>保证檩条端部免受珠江三角洲地区强烈日晒以及暴雨侵袭</td></tr>
<tr><td colspan="2">横披</td><td>设置在槛窗、隔扇上部或柱子之间上部横向的屏壁，岭南较高大的住宅厅堂、斋轩或庭院建筑中</td><td colspan="2">细木条组成花纹图案</td><td colspan="2">棂子拼成的图案花纹</td><td>在珠江三角洲地区湿热气候中，常不安玻璃，既通风，又美观</td></tr>
</table>

一个时代具有什么样的文化形态，就必然形成什么样的建筑格局，具有什么样的建筑美[1]。岭南独特的地域环境决定了其园林建筑与自然保持良性对话，因而阴阳五行学说在岭南地区极具影响。齐国的阴阳学家邹衍提出了“五行生胜”的观点，认为木生火、火生土、土生金、金生水、水生木是“五行相生”的转化形式，而水胜火、火胜金、金胜木、木胜土、土胜水则是“五行相胜（克）”的转化形式，前一种说明事物之间相统胜一的关系，后一种说明事物之间相对立的关系[2]。邹衍的“五行”哲学思想最终成为整个社会的主导哲学。按照“五行”观念，其与色彩的对应关系为：青—木、白—金、赤—火、黑—水、黄—土。群星草堂入口山墙墙头色彩装饰，金生水对应的是“白和黑”，山墙博风处刷成五行属水的黑色和属金的白色纹样，以金生水，以水克火，强化了山墙作为防火分区的实用性功能（图 6–4–7）。

岭南传统园林建筑不施彩画而用灰塑彩描，形成了淡雅明快和朴实自然的装饰风格。岭南传统园林建筑主体色调以灰色为主，通常是灰麻石勒脚、灰青砖墙面、灰瓦屋面，而在屋脊、山墙、檐下、墙头、梁架等重点部位饰以较鲜艳夺目的灰塑、陶塑。山墙的色彩装饰重点集中在上半部，采用色带、彩画、灰塑或嵌瓷作为装饰，在屋檐与屋

图 6–4–7　群星草堂入口山墙墙头装饰

[1] 许祖华．建筑美学原理及应用［M］．南宁：广西科学技术出版社，1997.
[2] 肖箑父，李晋全．中国哲学史（上卷）［M］．北京：人民出版社，1997.

面交界处常施以黑色边线，画上白色卷草，使轮廓醒目，立面变化丰富，表现出建筑造型的节奏和韵律感。岭南先民有着对生活方式的不同理解，采用顺应气候环境的装饰艺术，求得建筑与环境的和谐统一。

我们通常会提到传统聚落通过空间的组合结构以及秩序来认识社会，空间与社会关系是一种依存、辩证且交互的关系[1]。冯纪忠先生指出，园林要从人和自然共生这个问题来看[2]。在中国传统园林中，同样通过空间构形来传递其文化性和社会性。总体来说，岭南传统园林建筑装饰地域协同特征可归纳为4点。①艳丽色彩与素朴交相辉映。庭园的建筑是以层次丰富的灰为主色，而梁柱门窗多为黑色，这和岭南从古越始的尚黑传统和五行认知有重要关联。②世俗题材与文人审美并重。岭南文化世俗性决定了岭南传统园林建筑装饰既存在祈求吉祥，又关乎生活日常，不同审美并存，体现了岭南园林美学世俗和儒家兼容并蓄。③建筑装饰侧重功能性。高温多雨气候及用地局限性，使建筑装饰追求丰富的层次渗透性，质感细腻，追求视觉景观效果。④与时俱进，兼收并蓄。岭南文化受中原文化及外来文化的影响，其特有的建筑布局和多样的建筑装饰实现了日常的舒适性和赏心悦目的统一。

岭南传统园林建筑装饰艺术在其独特地域环境下孕育并得以发展，从而产生了传统建筑与装饰艺术这种整合性产物。无论是平面布局、立面造型，还是空间组织、构件细部处理，都体现出传统建筑装饰艺术对地域环境客观适应性原理的遵循，它顺应自然、改善自然并利用自然，强调了传统建筑、传统艺术、传统审美意识的结合，创造出地域环境与人居环境共赢的科学营建法以及共融的发展规律。

（本节作者：陈亚利　陆琦）

[1] HillierB.Societyseenthroughtheprismofspace.ProceedingsoftheThirdSpaceSyntaxSymposium，Atlanta，2001.
[2] 冯纪忠．人与自然——从比较园林史看建筑发展趋势［J］．建筑学报，1990（05）．

附录1 图片目录

编号	图名	来源
一	粤岭汉民系聚落特点	
图1-1-1	广东地区民系迁移时序与分布区域示意图	段佳卉根据《岭南历史人文地理——广府、客家、福佬民系比较研究》改绘
图1-1-2	广东省传统聚落高程分布图	段佳卉绘
图1-1-3	广东省传统聚落高程统计图	段佳卉绘
图1-1-4	广东省传统聚落选址坡度分布图	段佳卉绘
图1-1-5	广东省传统聚落选址坡度统计图	段佳卉绘
图1-1-6	三大民系典型用地布局平面示意图	段佳卉绘
图1-1-7	三大民系典型聚落景观格局初步示意图	段佳卉绘
图1-1-8	广府民系的桑基鱼塘	华南理工大学民居建筑研究所提供
图1-1-9	客家民系精耕细作的农田	华南理工大学民居建筑研究所提供
图1-1-10	客家民系的梯田果林	华南理工大学民居建筑研究所提供
图1-1-11	广府的梳式布局	华南理工大学民居建筑研究所提供
图1-1-12	潮汕的密集式布局	华南理工大学民居建筑研究所提供
图1-1-13	客家的分散式布局	华南理工大学民居建筑研究所提供
图1-1-14	广府大旗头村的三间两廊建筑	华南理工大学民居建筑研究所提供
图1-1-15	广府三间两廊建筑	华南理工大学民居建筑研究所提供
图1-1-16	潮汕凤红村密集式布局建筑群	华南理工大学民居建筑研究所提供
图1-1-17	潮汕府第式建筑	华南理工大学民居建筑研究所提供
图1-1-18	客家梅县侨乡村围垅屋建筑	华南理工大学民居建筑研究所提供
图1-1-19	客家围垅屋式建筑	华南理工大学民居建筑研究所提供
图1-2-1	广府聚落：开平蚬岗横石乡中心村	卓晓岚绘
图1-2-2	潮汕聚落：揭阳樟市和平乡魏村	卓晓岚绘
图1-2-3	广府聚落群：从化江埔聚落群	卓晓岚绘
图1-2-4	潮汕聚落群：潮安登塘聚落群	陆琦《广东民居》
图1-2-5	广府梳式布局聚落的方向性	卓晓岚改绘自《广东民居》
图1-2-6	潮汕密集式布局聚落的向心性和中轴对称性	卓晓岚改绘自《广东民居》

续表

编号	图名	来源
图 1-2-7（a）	广府梳式布局村落中的纵巷	卓晓岚摄
图 1-2-7（b）	广府梳式布局村落中的主街	华南理工大学民居建筑研究所提供
图 1-2-8	广府梳式布局村落中的主街	卓晓岚绘
图 1-2-9	潮汕向心式布局村落的街巷系统	卓晓岚改绘自《广东民居》
图 1-2-10(a)	潮汕向心式布局村落中的火巷	卓晓岚摄
图 1-2-10(b)	潮汕向心式布局村落中的后包	卓晓岚摄
图 1-2-11	广府三间两廊民居平面图	卓晓岚绘
图 1-2-12	由相同的三间两廊民居构成的广府聚落	卓晓岚改绘自《广东民居》
图 1-2-13	潮汕下山虎民居平面图	卓晓岚绘
图 1-2-14	由各种民居单元组合成的潮汕聚落	卓晓岚绘
图 1-2-15	广府聚落祠堂位置及空间场强变化	卓晓岚绘
图 1-2-16	潮汕聚落祠堂布局及空间场强变化	卓晓岚绘
图 1-2-17	钟楼村村落防御体系	《从化市大江埔村总体规划》（草案），从化大江埔村村委提供
图 1-2-18	潮南峡山桃溪乡桃内寨	陆琦《广东民居》
图 1-2-19	广府地区河网示意图	卓晓岚绘
图 1-2-20	潮汕地区河网示意图	卓晓岚绘
图 1-3-1	江西抚州流坑村总平面图	李秋香《河北教育出版社》
图 1-3-2	广东从化钟楼村总平面图	华南理工大学民居建筑研究所提供
图 1-3-3	湘赣民系传统民居平面模式	华南理工大学民居建筑研究所提供
图 1-3-4	广东从化木棉村总平面图	华南理工大学民居建筑研究所提供
二	珠江三角洲水乡聚落	
图 2-1-1	水乡市镇	陆琦摄
图 2-1-2	肇庆高要蚬岗镇蚬岗村平面	陆琦根据 google_earth_ 图修改
图 2-1-3	广东顺德杏坛镇逢简村平面	陆琦根据 google_earth_ 图修改
图 2-1-4	水口石桥	陆琦摄
图 2-1-5	水口古榕码头	陆琦摄
图 2-1-6	广州海珠区小洲村古榕广场	陆琦摄
图 2-1-7	小洲村内临河祠堂的古榕广场	陆琦摄
图 2-1-8	顺德逢简村巨济桥	陆琦摄
图 2-1-9	水乡村落平桥	陆琦摄

续表

编号	图名	来源
图 2–1–10	水乡村落木板桥	陆琦摄
图 2–1–11	河涌较宽水道驳岸	陆琦摄
图 2–1–12	河涌较窄水道驳岸	陆琦摄
图 2–1–13	与水道垂直的水埠	陆琦摄
图 2–1–14	与水道平行的水埠	陆琦摄
图 2–1–15	与河涌平行的村落主干道	陆琦摄
图 2–1–16	转折式水埠	陆琦摄
图 2–1–17	与河涌垂直的耙齿巷道	陆琦摄
图 2–1–18	临水而建的顺德逢简刘氏大宗祠	陆琦摄
图 2–1–19	职方第牌门	陆琦摄
图 2–1–20	职方第牌门与厅堂之间的过亭	陆琦摄
图 2–1–21	职方第大厅	陆琦摄
图 2–1–22	广东顺德碧江金楼——赋鹤楼	陆琦摄
图 2–1–23	碧江金楼木雕隔断	陆琦摄
图 2–1–24	碧江金楼二楼室内花罩	陆琦摄
图 2–2–1	民国顺德县营届署图	民国版《顺德县志》
图 2–2–2	佛山八景图之“汾流古渡”	民国版《顺德县志》
图 2–2–3	有机增长式的大岭村	陈亚利整理绘制
图 2–2–4	规划发展型的松塘村	陈亚利整理绘制
图 2–2–5	松塘村坊巷朝塘格局	陈亚利整理绘制
图 2–2–6	北亭村任卿李公祠龙船脊	罗兆伟摄
图 2–2–7	大岭村两塘公祠鳌鱼脊	陈亚利摄
图 2–3–1	清宣统（1909—1912）番禺县民田沙田交汇区主要宗族聚居点分布图	陈家欢根据《宣统番禺县续志》舆图及相关资料改绘
图 2–3–2	开平防御性建筑	陆琦摄
图 2–4–1（a）	长三角地形图	ditu.google.com
图 2–4–1（b）	珠三角地形图	ditu.google.com
图 2–4–2	珠江三角洲开发进程	曾昭璇，曾宪珊 . 宋代珠玑巷迁民与珠江三角洲农业发展［M］. 广州：暨南大学出版社，1995.
图 2–4–3	桑基鱼塘	段佳卉摄
图 2–4–4	嘉兴王江泾镇	施瑛根据 google earth 改绘

续表

编号	图名	来源
图 2-4-5	桐乡乌青镇	施瑛根据 google earth 改绘
图 2-4-6	嘉兴王店镇	施瑛根据 google earth 改绘
图 2-4-7	吴江同里	施瑛根据 google earth 改绘
图 2-4-8	开弦弓村民居分布示意图	费孝通．江村经济——中国农民的生活［M］．北京：商务印书馆，2001．
图 2-4-9	开弦弓村单块圩田与民居的位置关系	费孝通．江村经济——中国农民的生活［M］．北京：商务印书馆，2001．
图 2-4-10	番禺大岭村	施瑛根据 google earth 改绘
图 2-4-11	番禺沙湾三善村	施瑛根据 google earth 改绘
图 2-4-12	顺德杏坛古粉村	施瑛根据 google earth 改绘
图 2-4-13	顺德杏坛龙潭村	施瑛根据 google earth 改绘
图 2-4-14	顺德杏坛逢简村	施瑛根据 google earth 改绘
图 2-4-15	顺德杏坛高赞村	施瑛根据 google earth 改绘
图 2-4-16	番禺小洲村	施瑛根据 google earth 改绘
图 2-4-17	鹤山古劳水乡图	段佳卉摄
图 2-4-18	番禺横沥镇	施瑛根据 google earth 改绘
图 2-4-19	番禺万顷沙	施瑛根据 google earth 改绘
图 2-4-20	单项等级子群图	段进，季松，王海宁．城镇空间解析——太湖流域古镇空间结构与形态［M］．北京：中国建筑工业出版社，2002．
图 2-4-21	双向等级子群	段进，季松，王海宁．城镇空间解析——太湖流域古镇空间结构与形态［M］．北京：中国建筑工业出版社，2002．
图 2-4-22	并列子群	段进，季松，王海宁．城镇空间解析——太湖流域古镇空间结构与形态［M］．北京：中国建筑工业出版社，2002．
图 2-4-23	江南水乡古镇复合群	段进，季松，王海宁．城镇空间解析——太湖流域古镇空间结构与形态［M］．北京：中国建筑工业出版社，2002．
图 2-4-24	岭南围田区聚落复合群	段进，季松，王海宁．城镇空间解析——太湖流域古镇空间结构与形态［M］．北京：中国建筑工业出版社，2002．
三	南粤古驿道文化遗存	
图 3-1-1	南粤古驿道与传统村落分布图	蔡宜君改绘
图 3-1-2	南粤古驿道形成年代图	蔡宜君改绘
图 3-1-3	粤北驿道传统村落形态图	蔡宜君绘

续表

编号	图名	来源
图 3-1-4	粤东驿道传统村落形态图	蔡宜君绘
图 3-1-5	粤西驿道传统村落形态图	蔡宜君绘
图 3-2-1	南粤古驿道线路图	底图审图号：粤 S（2019）069，方逸真绘
图 3-2-2	三条古道沿线聚落分布	方逸真绘
图 3-2-3	三条古道沿线聚落高程分析	方逸真绘
图 3-2-4	三条古道沿线聚落规模分析	方逸真绘
图 3-3-1	唐宋时期北方往岭南的主要线路	底图审图号：粤 S（2019）069，林广臻绘
图 3-3-2	宋代广州城和广州西湖（药洲）关系复原想象图	林广臻绘
图 3-3-3	目前仍有迹可循的“城市—湖泊”系统	底图审图号：粤 S（2019）069，林广臻绘
图 3-3-4	唐宋时期北方往岭南的主要路线与城湖分布	底图审图号：粤 S（2019）069，林广臻绘
图 3-3-5	宋代广州六脉渠图	林广臻绘
图 3-3-6	唐贞观—天宝年间正南线、东南线各州府辖县户均增减图	林广臻绘
图 3-3-7	北宋熙宁十年广南东路各州府商税增减图	林广臻绘
图 3-3-8	连州海阳湖遗留北宋熙宁四年题刻	林广臻摄
四	南粤古城镇景观营造	
图 4-1-1	宋以前广州的城市功能分区	邢启艳绘
图 4-1-2	广州宋三城的建设	邢启艳绘
图 4-1-3	历代水利与港口建设	邢启艳绘
图 4-1-4	南越国时期水井分布与居住区分二元共生关系	邢启艳绘
图 4-1-5	沿河道水坊发展过程示意图	邢启艳绘
图 4-1-6	泉州城带状商业布局	邢启艳绘
图 4-1-7	广州城渗入式商业布局	邢启艳绘
图 4-2-1	潮州古城官方祠庙分布图	林榕绘
图 4-2-2	清代古城主要功能区分布图	林榕绘
图 4-2-3	潮州古城佛寺道观分布图	林榕绘
图 4-2-4	现存佛寺分布图	林榕绘
图 4-2-5	潮州古城民间神庙分布图	林榕绘
图 4-2-6	城南十巷区位图	林榕绘
图 4-2-7	甲第巷大型民居	林榕摄
图 4-2-8	义井巷大型民居	林榕摄

续表

编号	图名	来源
图 4-2-9	现存民间神庙分布图	林榕绘
图 4-2-10	潮州古城公共祭祀空间分布图	林榕绘
图 4-3-1	南越国时期广州水陆环境分布图	蔡宜君改绘
图 4-3-2	番禺城城市布局示意图	蔡宜君绘
图 4-3-3	南汉国时期广州水陆环境分布图	蔡宜君改绘
图 4-3-4	宋代广州水陆环境分布图	蔡宜君改绘
图 4-3-5	宋代三城城市布局示意图	蔡宜君绘
图 4-3-6	清代广州水陆环境分布图	蔡宜君改绘
图 4-3-7	明清古城城市布局示意图	蔡宜君绘
图 4-3-8	1858 年广州全景	《中华帝国》
图 4-3-9	广州古城水系分布图	蔡宜君绘
图 4-3-10	广州古城形态与水系分布演变	蔡宜君绘
图 4-3-11	广州古城的扩张趋势示意图	蔡宜君绘
图 4-3-12	清代广州古城远观	中国记忆论坛
图 4-4-1	汉魏时期主要水系景观分布图	蔡宜君绘
图 4-4-2	曲流石渠遗迹图	《广州秦汉考古三大发现》
图 4-4-3	今光孝寺大雄宝殿	蔡宜君摄
图 4-4-4	今六榕寺花塔	蔡宜君摄
图 4-4-5	唐宋时期主要水系景观分布图	蔡宜君绘
图 4-4-6	南海神庙老照片	《羊城寻旧》
图 4-4-7	怀圣寺光塔老照片	《羊城寻旧》
图 4-4-8	明清时期主要水系景观分布图	蔡宜君绘
图 4-4-9	镇海楼	华声论坛
图 4-4-10	花塔	《帝国丽影》
图 4-4-11	广州怀远驿	《清代广州十三行记略》
图 4-4-12	清代外销画中的广州十三行外国商馆	《清代广州十三行记略》
图 4-4-13	广州十三行外国商馆	《中国近代中西建筑文化交融史》
五	岭南城市造园与理景	
图 5-1-1	布朗的佩特沃斯庄园局部（版刻画）	朱建宁 . 西方园林史——19 世纪之前［M］. 北京：中国林业出版社，2008.
图 5-1-2	克劳德·洛兰绘制的罗马近郊风景画	朱建宁 . 西方园林史——19 世纪之前［M］. 北京：中国林业出版社，2008.

续表

编号	图名	来源
图 5-1-3	亨德里克绘制、凡布缕和霍克斯摩尔设计的霍华德庄园	朱建宁．西方园林史——19 世纪之前［M］．北京：中国林业出版社，2008.
图 5-1-4	日本京都西芳寺以苔藓象征森林	朱建宁．西方园林史——19 世纪之前［M］．北京：中国林业出版社，2008.
图 5-2-1	惠州西湖全景	刘管平．惠州西湖的形成及其园林特色［J］．南方建筑，1981（1）
图 5-2-2	宋代潮州西湖园林概貌图	肖毅强．岭南园林发展研究［D］．广州：华南理工大学，1992.
图 5-2-3	南宋静江府城池图	引自《中国古代地图集战国至元》（曹宛如，任金城，等．［M］．北京：文物出版社，1990）
图 5-2-4	清代雷州西湖与雷州城	林广臻改绘于清康熙年间纂修的《海康县志》
图 5-2-5	明惠州府、肇庆府、雷州府城址与湖区尺度比较	林广臻绘（广东历史地图集编委会．《广东历史地图集》［M］．广州：广东省地图出版社，1995）
图 5-3-1	古代城市山、水、湖、城、田的空间构型	林广臻绘
图 5-3-2	宋代潮州西湖复原示意	林广臻绘
图 5-3-3	清代雷州西湖与雷州城	林广臻改绘自清康熙《海康县志》
图 5-3-4	戴凤岐题“泽梁无禁，岩石勿伐”石刻	林广臻摄
图 5-4-1	五代南唐顾闳中《韩熙载夜宴图》中的山水细节	北京故宫博物院藏本
图 5-4-2	唐代李思训《京畿瑞雪图》	北京故宫博物院藏本
图 5-4-3	唐代孙位《高逸图》（局部）	上海博物馆藏本
图 5-4-4	南汉时期药洲九曜石遗存	林广臻摄于药洲遗址
图 5-4-5	九曜石遗存图	林广臻摄于药洲遗址
图 5-4-6	北宋熙宁十年南粤各州商税增减图	引自葛洪撰．西京杂记［M］．国家图书馆馆藏本，卷 1.
图 5-4-7	南汉王宫遗址考古现场所留存的园林石块	林广臻摄于南越王宫署博物馆
图 5-4-8	宋代苏汉臣《秋庭戏婴图》	台北故宫博物院
图 5-4-9	宋代赵伯驹《汉宫春晓图》	美国大都会博物馆藏本
图 5-4-10	宋代《梧桐庭院图》	北京故宫博物院藏本
图 5-4-11	宋代蹴鞠铜纹镜	中国国家博物馆
图 5-4-12	明代文徵明《东园图》（局部）	北京故宫博物院藏本
图 5-4-13	清代陈枚《月曼清游图》（局部）	北京故宫博物院藏本
图 5-4-14	石景由具象向抽象转化的认识进程	林广臻绘
图 5-5-1	东莞可园平面图	华南理工大学民居建筑研究所
图 5-5-2	潮州黄氏庭园平面图	华南理工大学民居建筑研究所

续表

编号	图名	来源
图 5-5-3	佛山梁园群星草堂平面图	华南理工大学民居建筑研究所
图 5-5-4	顺德清晖园平面图	华南理工大学民居建筑研究所
图 5-5-5	潮阳樟林西塘平面图	华南理工大学民居建筑研究所
图 5-5-6	潮阳西园平面图	华南理工大学民居建筑研究所
图 5-5-7	可园空间配置分析	刘国维绘
图 5-5-8	可园邀山阁	东莞可园博物馆官网
图 5-5-9	清晖园建筑装饰	刘国维摄
图 5-5-10	清晖园建筑花墙	刘国维摄
六	传统聚落之近现代演化	
图 6-1-1	溪口村传统形态	卓晓岚根据《华南的乡村生活：广东溪口村的家族主义社会学研究》改绘
图 6-1-2	新和村老寨形态	卓晓岚绘
图 6-1-3	巷道两侧民居首尾相连，界面连续	卓晓岚摄
图 6-1-4	溪口村多元空间	卓晓岚根据《华南的乡村生活：广东溪口村的家族主义社会学研究》改绘
图 6-1-5	新和村老寨多元空间	卓晓岚绘
图 6-1-6	归湖镇 1949—1978 年人口和耕地情况	卓晓岚绘
图 6-1-7	归湖镇 1949—1978 年人均耕地情况	卓晓岚绘
图 6-1-8	归湖镇在 1958—1959 年建设的几条主要公路	卓晓岚绘
图 6-1-9	溪口村 1949—1978 年建设情况	卓晓岚绘
图 6-1-10	省南新村纵巷	卓晓岚摄
图 6-1-11	省南新村横巷	卓晓岚摄
图 6-1-12	省南新村民居——下山虎加前院	卓晓岚摄
图 6-1-13	溪口村 1978—1990 年的建设情况	卓晓岚绘
图 6-1-14	一些祠堂平时作为老人组活动场地（溪口村腾懋公祠）	卓晓岚摄
图 6-1-15	老寨中大部分祠堂在没有祭祖活动时大门紧闭（新和村林氏祠堂）	卓晓岚摄
图 6-1-16	潮阳区三个时期的“下山虎”民居	卓晓岚绘
图 6-1-17	溪口村 20 世纪 80 年代住宅	卓晓岚摄
图 6-1-18	新和村几个建设片区	卓晓岚绘
图 6-1-19	溪口村 2000 年至今新建设区	卓晓岚绘
图 6-1-20	溪口村近年在新分配的宅基地上建起的新楼房	卓晓岚摄

续表

编号	图名	来源
图 6-1-21	新和村新虹城居住区	卓晓岚摄
图 6-2-1	中国传统聚落景观区系	王南希绘
图 6-4-1	可园平面	陈亚利绘
图 6-4-2	清晖园平面	陈亚利绘
图 6-4-3	清晖园六角亭廊道檐廊挂落	陈亚利摄
图 6-4-4	余荫山房连廊冰裂纹装饰	陈亚利摄
图 6-4-5	梁园船厅镂窗	陈亚利摄
图 6-4-6	梁园客堂秋爽轩门罩装饰	陈亚利摄
图 6-4-7	群星草堂入口山墙墙头装饰	陈亚利摄

附录 2　表格目录

后 记

进入21世纪后，我们团队的研究对象已从单纯的岭南传统民居研究拓展到对岭南传统聚落形态和聚落景观的一体化研究。我们越来越意识到一个地区的自然生态、产业类型和居住模式最终可以在广义“景观”研究的视角下统合起来，那么，自然景观、产业景观和聚居景观就联系成为一个紧密的系统，同时三者相互之间存在多元的互动方式又推动整个系统的不断演化。

今天，我们在广义“景观”研究的基本理念下整理既往的研究成果，用“广东传统人居环境”的标题予以概括，并从“粤岭汉民系聚落特点”“珠江三角洲水乡聚落”“南粤古驿道文化遗存”“南粤古城镇景观营造”“岭南城乡造园与理景”“传统聚落之演化发展”6个板块来对应我们历年来持续关注和投入的6大研究专题——岭南民系聚落专题、岭南水乡聚落专题、南粤古驿道保护专题、南粤城镇景观专题、岭南城市园林专题和聚落历时性演化专题，能够比较全面地反映我们团队的学术特点和研究聚焦。在具体的篇目中则会呈现针对特定学术问题的研究方法探索和观点成果积累。

最后，必须提到的是，近20年的学术成果累积有赖于团队老师和一届又一届研究生们的持续探索，除了3位主编老师，参与本书前期课题研究的老师和同学有：施瑛、王南希、林广臻、卓晓岚、陈家欢、刘国维、邢启艳、段佳卉、蔡宜君、方逸真、闫留超、林榕、陈玉叶。参与后期成果整理的老师和同学有：施瑛、李丰延、段佳卉、吴奇、白芮、白佳钰。感谢他们的辛勤工作，向所有参编人员致谢！

华南理工大学建筑学院民居建筑研究所

2020年8月

浙江天姿园林建设有限公司

天姿园林

公司简介

浙江天姿园林建设有限公司创建于1998年，是具备国家城市园林绿化建设壹级、市政公用总承包叁级、园林古建专业承包叁级资质的综合性工程企业，主要从事园林、古建筑工程，市政工程，绿化与养护工程，苗木生产与销售等。

公司拥有530亩苗木基地以及1500余亩横向联合经营的苗木基地，具有一条龙配套施工的服务体系。企业基本员工有312名，其中高级工程师6名，工程师67名，助理工程师52名，建造师15名，园林项目主管36名，高级专业技术人员52名。

公司荣获浙江省中小型科技型企业、浙江省重合同守信用AAA级企业、浙江省信用管理示范企业等荣誉，“天姿”已成为嘉兴著名商标，并取得国际ISO质量、环境、职业健康安全等管理体系认证。在工程建设方面，御上江南项目获浙江省“钱江杯”优质工程奖和国家金奖，吴江皇家·领誉获中国风景园林学会国家金奖，除此之外多次荣获省、市优质工程金奖。

历年来，公司坚持“讲信誉、重服务、树品牌、保质量”的企业宗旨，求真务实，以新颖独特的设计，高质量的施工水平和优质的后期服务，受到了业主以及社会各界的好评。

微信公众号

手机网站

地址：浙江省嘉兴市中环西路 1047 号友谊广场三层

电话：0573-82061889

网站：http://www.zjtzyl.net

Landes

朗迪景观建造（深圳）有限公司

办公地址：深圳市龙岗区坂田街道黄君山125号4楼
电　　话：0755-89585738
E-mail　：landes@landes-sz.com

花都苗圃：广州市花都区狮岭镇山前大道

肇庆苗圃：高要市蚬岗范山村
电　　话：13450196561

朗迪景观建造（深圳）有限公司为港资全资（独资）企业，成立于2004年4月，注册资金2600万元。2015年获得国家城市园林绿化企业一级资质，并取得了CQC的质量管理体系、环境管理体系及职业健康安全管理体系认证。现为中国风景园林学会会员单位、中国中小企业3A级诚信企业、广东省风景园林协会理事单位、深圳市风景园林协会会员单位、广东省园林绿化4A级信用企业、广东省守合同重信用单位。荣获深圳市园林管养优质样板工程金奖、深圳市风景园林优质样板工程银奖等奖项。

公司拥有优质苗木基地800亩。业务范围涉及公园建设、道路绿化、社区住宅小区环境建设、厂矿企业办公区域、酒店环境建设以及苗木生产销售、绿化养护等，项目分布广州、深圳、海南、贵州、杭州、广西等地。

金庐精神，担当责任

坚守诚信，开拓创新

合作共赢，崛起奋进

江西省金庐园林工程有限责任公司
联系地址：江西省吉安市吉州区沿江路117号
联系电话：0796-8260328
传　　真：0796-8235558
网　　址：http://www.jlylgc.com

《筑苑》丛书